Nicholas Pesch
Der bewusste Leader

Wenn du dein Potenzial realisierst
und in deine eigenen Fähigkeiten vertraust,
kannst du eine bessere Welt erschaffen.

Dalai Lama XIV.

Nicholas Pesch

DER BEWUSSTE LEADER

Fokussiert, gelassen und erfolgreich
führen im digitalen Zeitalter

Bibliografische Information der Deutschen Nationalbibliothek

Die Deutsche Nationalbibliothek verzeichnet diese Publikation in
der Deutschen Nationalbibliografie; detaillierte bibliografische Daten
sind im Internet über http://dnb.d-nb.de abrufbar.

ISBN 978-3-86936-966-2

Lektorat: Sabine Rock, Frankfurt a. M. | www.druckreif-rock.de
Umschlaggestaltung: Martin Zech, Bremen | www.martinzech.de
Autorenfoto: Roderick Aichinger | www.roderickaichinger.com
Grafiken: Stephanie Bodenstedt
Satz und Layout: Das Herstellungsbüro, Hamburg | www.buch-herstellungsbuero.de
Druck und Bindung: Salzland Druck, Staßfurt

Copyright © 2020 GABAL Verlag GmbH, Offenbach

Wir drucken in Deutschland.

www.gabal-verlag.de
www.facebook.com/Gabalbuecher
www.twitter.com/gabalbuecher
www.instagram.com/gabalbuecher

PEFC zertifiziert
Dieses Produkt stammt aus nachhaltig
bewirtschafteten Wäldern und kontrollierten
Quellen.
www.pefc.de

Inhalt

Über dieses Buch

Wir sehen die Dinge nicht, wie sie sind,
sondern wir sehen sie, wie wir sind.
TALMUD

Viele, die mich als Executive Coach zu sich rufen, wirken müde und ratlos, manche sogar verzweifelt. Sie empfinden ihren Alltag als Hamsterrad, in dem sie sich jeden Tag abstrampeln, um nicht auf die Nase zu fallen. Und es sind nicht sie selbst, die das Rad in Gang setzen und am Laufen halten, es sind die Hektik und Unsicherheit unserer Zeit, der hohe Wettbewerbsdruck, die neuen Geschäftsmodelle sowie die wachsende Komplexität der Digitalisierung und Vernetzung.

Etliche meiner Klienten sind gestandene Topmanager aus der Wirtschaft. Sie sagen mir, Menschen und Organisationen zu führen, sei heute schwerer denn je. Ich kenne dieses von Gefühlen heraufbeschworene Zerrbild der Wirklichkeit aus meiner Zeit als Geschäftsführer eines Unternehmens mit 1000 Mitarbeitern. Tatsächlich ist das Führen heute nicht anders oder komplexer als früher. Ob es tatsächlich schwerer ist? Das liegt zu einem großen Teil am Leader selbst.

In diesem Buch werden Sie mit mir hinter die Kulissen des rasanten Wandels in unserer Welt blicken – die inneren Zusammenhänge besser zu verstehen, ist die erste Voraussetzung, um die fortwährenden Veränderungen für sich zu nutzen, statt sich ihnen auszuliefern. Die einzige Antwort auf diesen äußeren Wandel ist eine *innere* Transformation. Sie lernen Wege des »vertikalen Lernens« kennen, um konzentrierter, gelassener und erfolgreicher zu führen. So erlangen Sie wieder mehr Raum für Entscheidungen in einer zunehmend komplexen Welt.

Wann haben Sie zuletzt den Blick von dem »alltäglichen Wahnsinn« abgewandt und sich gefragt, was Ihnen an Ihrer Arbeit Freude macht? Wenn ich viel beschäftigte Führungskräfte darauf anspreche, ernte ich vorwiegend Lippenbekenntnisse zu »spannenden Herausforderungen«, nicht selten auch nur leere Blicke.

In einer Welt, in der nichts beständiger ist als der Wandel, geraten selbst die Motiviertesten und Leistungsfähigsten früher oder später an ihre Grenzen. Sie verlieren die Freude an der Arbeit und oft sogar am Leben. Man hält nur noch durch, von Wochenende zu Wochenende, von Urlaub zu Urlaub. Um weiter zu funktionieren, greift dann mancher zu Alkohol, Tabletten und anderen Suchtmitteln. Aber keine Pille oder Droge, keine noch so ausgeklügelte neue Managementmethode und schon gar kein Supertool wird Ihren Führungsalltag auf Dauer entspannen.

Die Welt wird sich in Zukunft noch schneller drehen, die globale Konkurrenz weiterwachsen und junge Mitarbeiter werden Ansprüche stellen, bei denen »alten Hasen« die Ohren schlackern. Der neuen Generation ist ihre Work-Life-Balance wichtiger als der nächste Karrieresprung. Statt eines höheren Einkommens sucht sie Sinn in ihrem Tun. Noch fehlt vielen Führungskräften darauf die passende Antwort.

Die gute Nachricht ist: All das braucht Sie nicht zu beunruhigen. Zu meinen Klienten zählen Manager, die früher den Tag ohne Medikamente kaum überstanden haben und die nach Feierabend nur mit ein paar Gläsern Wein runtergekommen sind. Heute wissen sie: Das beste »Hirndoping« gibt es nicht in der Apotheke, es ist vollkommen kostenlos und mit etwas Übung jederzeit verfügbar: Es ist ein klarer, fokussierter, bewusster Geist. Dieser ermöglicht eine mentale, emotionale, körperbewusste und spirituelle Präsenz im Hier und Jetzt, um sein Leben erfolgreich zu meistern. Ich nenne diesen Zustand *Mind Movement Mastery*.

Verzeihen Sie, wenn ich Ihnen diesen englischen Begriff zumute. Englisch ist nun mal die Sprache der Wissenschaft und da macht die Literatur zu Führungstheorien und -methoden keine Ausnahme. Ich werde Anglizismen aufs Nötigste beschränken und die Ausnahmen hinreichend erklären. Besonders die Begriffe »Führerschaft« und »Führer« wecken im Deutschen zu Recht negative Assoziationen; ihre englischen Entsprechungen *Leadership* und *Leader* lenken da weniger vom eigentlichen Thema ab.

Zudem lässt sich kaum eingängig ins Deutsche übertragen, wofür der Begriff *Mind Movement Mastery* steht. Die Übersetzung »Geist-Bewegung-Meisterschaft« vermittelt das zugrunde liegende Konzept eher vage und ist etwas irreführend. Tatsächlich verwandelt *Mind Movement Mastery* Ihren Geist in einen Meister, der durch regelmäßiges Training immer mehr Kraft, Ausdauer und Geschicklichkeit gewinnt. Zudem versetzt dieses Konzept Sie in die Lage, sich auf das Wesentliche zu fokussieren. Dann handeln Sie aus tiefer Ruhe heraus, selbst wenn draußen ein Sturm tobt. Sie werden durch Souveränität beeindrucken und echte Führungsstärke beweisen. Und all das geschieht mit »Selbst-bewusst-sein«, also mit Bewusstheit und Fürsorge für sich selbst, für die eigenen Gedanken und Gefühle. Nur mit diesem »Selbst-bewusst-sein« können Sie anderen mit Bewusstheit und Fürsorge begegnen. Dieser Seinszustand ist die einzig vernünftige Antwort auf die Hektik der Außenwelt.

Mind Movement Mastery zu erlangen, ist ein oft jahrelanger Prozess, der über mehrere Stufen verläuft. Doch wie Sie bei der Lektüre dieses Buches feststellen werden, können schon kleine Veränderungen im Innern zu großen Veränderungen im Äußeren führen: im Umgang mit Mitarbeitern oder im Führen Ihres Unternehmens.

Das Buch zeigt, wie Sie sich und anderen sinnvolle Ziele setzen und diese erreichen. Es will kein neues Standardwerk für Psychologiestudenten sein, sondern ein Praxisbuch für Leader und solche, die es werden wollen. Wo immer sinnvoll, verweise ich auf aktuelle Forschungsergebnisse, auch um Ihnen das nötige Grundlagenwissen zu vermitteln. Das erschien mir gerade im Hinblick auf die Schwerpunkte Achtsamkeit, Meditation, Embodiment und Spiritualität wichtig, damit sich mein Kompendium klar von den zahllosen »esoterischen« Ratgebern zu diesen Themen abgrenzt.

Sie werden auf den folgenden Seiten auf etliche praktische Übungen stoßen; dennoch habe ich bewusst darauf verzichtet, einen umfassenden Meditationsleitfaden zu verfassen. Zwar halte ich die Meditation für den wirkungsvollsten, doch nicht für den »allein selig machenden« Weg zu *Mind Movement Mastery*. Doch in diesem Buch geht es um mehr. Sie werden modernste Ansätze wie Embodiment und vertikales Lernen kennenlernen. Die Erkenntnisse aus den jüngsten Forschungen in den Bereichen der Neurowissenschaften und der Entwicklungspsychologie geben uns heute Methoden an die Hand, mit denen wir Veränderungen weitaus effektiver realisieren können, als dies bis vor wenigen Jahren für möglich gehalten wurde.

So werden Sie lernen, sich von Ihren verborgenen Überzeugungen und mentalen Konstrukten zu lösen. Sich diese »Blocker« bewusst zu machen, ist der erste Schritt zu Ihrer inneren Befreiung: Sobald solche Prägungen nicht länger ein Teil von Ihnen sind, werden Sie diese wie ein

Objekt kontrollieren, untersuchen, verändern und sich sogar ganz von ihnen verabschieden können. Dies ist eine vertikale Entwicklung, die Ihnen mehr und mehr Zugriff auf Ihr volles Potenzial ermöglicht.

Vielleicht werden Sie keine riesige »Delle im Universum hinterlassen«*, aber als bewusster Leader können Sie der Welt offensiver begegnen und so Ihr Leben und das vieler anderer aktiver gestalten. Sie werden Ihre Mitarbeiter durch Empathie und mitreißende Visionen inspirieren, Sie werden in neue Rollen schlüpfen und Dinge völlig neu denken. Wo auch immer Sie als Leader wirken – Sie werden einen Beitrag leisten, um andere und auch Unternehmen zu transformieren, sodass diese sowohl für die Gesellschaft als auch für den Planeten eine Bereicherung sind. Und so können Sie unsere Welt dann doch um ein gutes Stück besser machen.

Herzlichst
Ihr Nicholas Pesch

---

* Zitat aus dem Film »Triumph of the Nerds«.

MIND MOVEMENT MASTERY:
Das Geheimnis des klaren Geistes

*Zwischen Reiz und Reaktion liegt ein Raum.
In diesem Raum liegt unsere Macht zur Wahl
unserer Reaktion. In unserer Reaktion liegen
unsere Entwicklung und unsere Freiheit.*
VIKTOR E. FRANKL

Jede Generation von Führungskräften muss sich ihren Erfolg neu verdienen. Erfolg ist kein Selbstläufer. Es gibt darauf auch keinen erblichen Anspruch wie bei der Thronfolge des britischen Königshauses. Er ist vielmehr das Ergebnis aller richtigen Entscheidungen unter klar umrissenen Bedingungen in einer bestimmten Epoche der Geschichte. Und da die Welt sich verändert, kann ein heute noch erfolgreicher Führungsstil morgen schon in die Katastrophe führen.

Der Bankrott der Niederländischen Ostindien-Kompanie war so eine Katastrophe. Die 1602 gegründete *Vereenigde Oostindische Compagnie* (kurz »VOC«) war die erste börsennotierte Aktiengesellschaft der Wirtschaftsgeschichte. Zweihundert Jahre lang zählte sie zu den größten Handelsunternehmungen der Welt. Ihre Businessstrategie bestand aus drei Maximen: Expansion, Expansion, Expansion.

Auf den zu Spitzenzeiten etwa 4700 Segelschiffen der VOC fuhren insgesamt eine Million Menschen über die Weltmeere. Sie befehligte Heere und eroberte Länder – Merkantilismus in Reinkultur. Die meiste Zeit erschien sie so unangreifbar wie Amazon heute. Aber sie ging trotzdem unter. Was war geschehen?

Die Welt hatte sich verändert, vor allem die der Kunden. Die VOC war mit Gewürzen zu Macht und Größe gelangt. Nur nützte ihr das Monopol darauf wenig, als plötzlich Tee, Seide und Porzellan ganz oben auf dem

Einkaufszettel standen. Auf einmal musste sich die Niederländische Ost-indien-Kompanie gegen lästige Konkurrenz behaupten. Hinzu kam ein echtes Führungsproblem, das sich in Korruption und einer verbreiteten Selbstbedienungsmentalität äußerte. Einige weitere Faktoren und zuletzt der Börsencrash von 1772 führten schließlich zum Niedergang.

Warum erzähle ich Ihnen diese Geschichte? Weil sie ein Lehrstück ist für das, was die Wirtschaft heute erlebt. Keine Organisation ist unverwundbar, auch Global Player wie damals die VOC und heute Amazon, Facebook, Google und Apple nicht. Im 18. Jahrhundert hatte sich die Welt transformiert. Die Musketen- und Kanonenpolitik des Merkantilismus war ein Auslaufmodell. Im Zeitalter der Aufklärung bezogen die neuen Industriekonzerne ihre Macht aus technischer Innovation, nicht aus Kanonen. Der heutige Wandel in der Welt vollzieht sich schneller als je zuvor. Und wer sich nicht mit ihr transformiert, der wird untergehen wie die VOC.

Aber wir verändern uns doch, mögen Sie jetzt sagen. Wir entwickeln innovative Produkte, betreiben Content-Marketing, verlagern Standorte, produzieren nachhaltiger, schicken unsere Führungskräfte auf Managementseminare mit Rafting und allem Pipapo, das den Teamgeist stärkt … Darf ich Sie kurz unterbrechen? Ich kenne solche Listen aus zahlreichen Unternehmen. Einige dieser Maßnahmen mögen durchaus sinnvoll sein. Und immer wieder fällt mir auf, dass etwas Wichtiges fehlt. Lassen Sie mich Ihnen dazu eine kleine Geschichte erzählen.

In Japan lebte einst ein reicher Mann. Er hatte alle Annehmlichkeiten, die sich ein Mensch nur vorstellen kann: köstliches Essen, prachtvolle Häuser und die schönsten Konkubinen weit und breit. Trotzdem war dieser Mann nicht glücklich. Er fühlte sich schlecht, weil er seinen Reichtum, sagen wir, nicht ohne gewisse Gemeinheiten erlangt hatte und weil er ein ausgemachter Fiesling war.

Um seinen inneren Nöten abzuhelfen, ging der reiche Mann in einen Tempel. Dort lebte eine alte Zen-Meisterin namens Sono, deren Reinheit des Herzens weithin bekannt war. »Ich bin böse und schlecht«, schüttete der reiche Mann ihr sein Herz aus. »Wahrscheinlich fühle ich mich deshalb so elend.«

Die Meisterin hörte ihm geduldig zu. Dann sagte sie: »Danke für alles! Was auch immer sein mag, ich habe nichts zu beklagen.« Der reiche Mann knirschte mit den Zähnen. Er fühlte sich nicht ernst genommen. Mochte ja sein, dass es der weisen Sono prächtig ging, *er* aber fühlte sich schlecht. »Ja, aber was kann *ich* tun, damit es *mir* besser geht«, zeterte er.

Sie deutete ihm durch ein Nicken an, dass sie ihn verstanden hatte und wiederholte: »Ich bin dankbar für alles. Was auch immer sein mag, ich habe nichts zu beklagen.« Dem reichen Mann fiel es nicht leicht, die Fassung zu bewahren. »Und dafür bewundere ich Euch, Sono-sama. Doch wie kann mein Herz Ruhe und Frieden finden?«

Nun endlich half Sono ihrem ungeduldigen Schüler auf die Sprünge. »Jeden Morgen und jeden Abend und wenn dir etwas zustößt, dann sprich: ›Danke für alles. Was auch immer sein mag, ich habe nichts zu beklagen.‹« Endlich verstand der reiche Mann. Er bedankte sich, ging nach Hause und befolgte ein ganzes Jahr lang die Anweisung der Zen-Meisterin. Doch Ruhe und Frieden fand sein Herz dabei nicht. Deshalb kehrte er zum Zen-Tempel zurück und klagte Sono sein Leid. »Ich habe Euer Gebet immer und immer wieder gesprochen, und doch hat sich in meinem Leben nichts geändert. Ich bin nach wie vor die gleiche egoistische Person wie früher. Was soll ich jetzt machen?«

»Danke für alles. Was auch immer sein mag, ich habe nichts zu beklagen«, erwiderte Sono sofort. Da endlich verstand der reiche Mann. Nun vermochte er sein geistiges Auge zu öffnen und ging voll Freude nach Haus. ●

Was hat diese Geschichte mit der erfolgreichen Leitung eines Unternehmens im 21. Jahrhundert zu tun? Sehr viel! Vordergründig handelt sie vom Wert der Dankbarkeit. Wie wir später sehen werden, ist sie eine der kraftvollsten Geisteshaltungen, die ein Mensch einnehmen kann. Dankbarkeit und Lebensglück sind untrennbar miteinander verknüpft. Doch die Geschichte vom reichen Mann und Sono lässt sich noch weiter fassen.

Die Zen-Meisterin sagte dem Reichen nicht, er solle erst etwas an seinen äußeren Umständen ändern, um Frieden und Ruhe im Herzen zu finden. Sie sagte ihm, er solle zuerst *sich selbst* verändern, sein Denken. Stressforscher bestätigen diesen Zusammenhang: Es sind nicht die äußeren Umstände, die uns so zusetzen, sondern in jedem Moment ist es unsere innere *Haltung* ihnen gegenüber. Sobald ein äußeres Geschehen unsere Erwartungen stört, empfinden wir Stress.

Nehmen wir einmal an, der reiche Mann hätte gelernt, für die vielen kleinen Segnungen des Lebens dankbar zu sein. Er spricht sein Mantra selbst bei Rückschlägen, weil er diese als Chance zum Lernen begreift.

Infolgedessen ist ihm sein Reichtum eines Tages nicht mehr so wichtig. Er teilt seinen Wohlstand mit anderen, die das Leben weniger verwöhnt hat als ihn, gibt zurück, was er sich erschlichen hat, und behandelt Frauen mit allem Respekt. Und weil er auch für die Gaben der Natur dankbar ist, schützt er sie und gründet eine Organisation, die er Greenpeace nennt ...

Wie Sie sehen, habe ich die Geschichte etwas ausgeschmückt, doch nur um das Hauptthema dieses Buches herauszustreichen: Es geht darum, wie sich durch Ihre eigene Transformation Ihr Führungsstil ändern wird – um eine neue Grundhaltung, ein verändertes *Mindset,* aus dem heraus Sie Ihre Mitarbeiter und Ihre Organisation konzentrierter, gelassener und erfolgreicher führen werden. Kurz: Es geht um *Mind Movement Mastery.*

Der tradierte Wahnsinn

Vielleicht haben Sie sich auch schon einmal wie der Mann aus der japanischen Legende gefühlt. Irgendetwas in Ihnen ist aus dem Gleichgewicht geraten. Sie sind unzufrieden mit sich und beklagen sich über Personen und Umstände, denen Sie sich ausgeliefert fühlen. Ständig drehen sich Ihre Gedanken um die Dinge und Menschen, die Sie scheinbar daran hindern, Ihr Potenzial zu entfalten. Manchmal sehnen Sie sich nach dem Kindheitstraum, den Sie nie verwirklicht haben, wie den Pilotenschein oder die Schauspielerkarriere. Heute erscheint Ihnen das alles unerreichbar fern und Sie wünschen sich innere Ruhe und Frieden.

Selbst wenn keiner oder nur einer dieser Aspekte auf Sie zutrifft, verdeutlicht das Szenario doch, wer bei den allermeisten Menschen für innere Unruhe sorgt. Es ist ihr Geist. Er gleicht einem ungezähmten Pferd: Er ist kraftvoll, ungestüm, fantasievoll, neugierig. Er hüpft ruhelos von der Vergangenheit in die Zukunft und verweilt nur selten in der Gegenwart.

Woher kommt diese Rastlosigkeit des Geistes, die beinahe jeden Menschen umtreibt? Auf der Suche nach der Antwort müssen wir erkunden, wie unsere mentale Grundausstattung entsteht. Die moderne Entwicklungspsychologie erklärt: Neugeborene sind zunächst völlig hilflos. Alles ist von externen Einflüssen abhängig. Deshalb ist die Wahrnehmung der

Babys immer nach außen gerichtet. So verinnerlichen sie, dass ihr Überleben vom Außen abhängt.

In den ersten Lebensjahren arbeitet der kindliche Geist dann wie ein Staubsauger: Er zieht sich alles rein, was er zu fassen bekommt. Unablässig stellt er Fragen, erzählt Geschichten, sucht sich Wege, kehrt wieder um und sucht andere Wege. Er ist noch nicht fokussiert, denn am Anfang des Lebens würde der junge Geist sich dadurch seiner Möglichkeiten berauben.

Im Lauf der weiteren Entwicklung prägen ihn dann die Erziehung, das persönliche Umfeld und kulturelle Einflüsse – das Gehirn organisiert sich zunehmend. Den ersten harten Schnitt erleben Kleinkinder bereits im Alter von etwa drei Jahren, wenn Erwachsene sie zu Objekten von Erziehung, Unterricht und anderen »Maßnahmen« machen. Dadurch gerät ihre Entwicklung ins Stocken, und es beginnt »eine fokussierte Suche nach Lösungen«, wie es Gerald Hüther umschreibt, einer der bekanntesten Hirnforscher Deutschlands (Wellnitz 2018).

In dieser frühen Phase seiner Entwicklung ahmt das Kind alles nach und unterscheidet kaum zwischen Richtig und Falsch. So verwandeln manche die anderen Menschen einfach genauso zum Objekt, wie sie es am eigenen Leib erfahren. Das äußert sich in Kommentaren wie »blöder Papa« oder »doofe Lehrerin«. Solche Kinder neigen dazu, andere »Objekte« (Menschen) für eigene Zwecke einzuspannen. »Diejenigen, die das am besten gelernt haben, sind unsere Führungskräfte in Wirtschaft und Politik«, behauptet Hüther. »Andere für sich einzuspannen, sie zu manipulieren, hätten sie ja nicht nötig gehabt, wenn ihnen mal jemand gesagt hätte, dass sie per se bedeutsam sind, dass sie dazugehören« (Wellnitz 2018).

Einige Kinder, erklärt der Neurobiologe, machten sich selbst zum Objekt. Sie fühlten sich nicht schön, nicht liebenswert genug und litten meist unter psychosomatischen Störungen. Je komplexer die Welt wird und je weniger Orientierung Kinder durch Eltern und ihr soziales Umfeld bekommen, desto leichter schleifen sich schädliche Verhaltensmuster ein. Später sind diese dann nur noch schwer zu korrigieren.

Wir werden im weiteren Verlauf des Buches immer wieder auf diesen Mechanismus zurückkommen, den Fachleute »psychologisches Immunsystem« nennen. Vorerst genügt es festzustellen: Die frühkindlichen Prägungen tragen entscheidend dazu bei, dass viele ihr Leben im Allgemeinen und die heutige Arbeitswelt im Besonderen wie ein endloses Abstrampeln im Hamsterrad empfinden. Vor allem Topmanager, die Verantwortung für zahlreiche Menschen und für den geschäftlichen Erfolg großer Unternehmen tragen, klagen mir ihr Leid über ihr Eingebundensein in ein System, in dem sie all ihre Energie verbrauchen. Und es scheint trotzdem nie genug zu sein.

So war es auch bei Rolf*, dem erfolgreichen Manager, der mich vor einiger Zeit um ein Coaching gebeten hatte. Oberflächlich betrachtet wirkte er wie der Prototyp einer Führungskraft, die ihr Leben im Griff hat: Anfang vierzig, steile Karriere, Bilderbuchfamilie, teurer Anzug, teure Uhr, sportlich, gepflegt vom Scheitel bis zur Sohle.

»Ich habe mich selbst nicht wiedererkannt«, antwortete er zerknirscht auf meine Frage nach den Gründen für seinen Entschluss, sich coachen zu lassen. »Was ist passiert?«, fragte ich ruhig. »Ich bin im Abteilungsmeeting ausgerastet«, erzählte Rolf. Regelrecht angebrüllt habe er einen Mitarbeiter, als der zum dritten Mal die Projektplanung mit einem lahmen »Ja, aber ...« infrage stellte. Ich sah, wie in Rolf erneut der Ärger hochstieg. »Dem kann man ohnehin im Gehen die Schuhe besohlen. Manchen Leuten ist einfach nicht klar, unter welchem Druck wir stehen«, knurrte er.

»Und wie denken Sie heute über Ihre Reaktion?«, fragte ich. »Der Ausraster ist natürlich unentschuldbar.« »Und deswegen sitzen Sie jetzt hier im Coaching?« »Na ja«, gab er zögerlich zu, »das war nicht mein erster Wutausbruch. Die Mitarbeiter halten mich für cholerisch, sagt mein Vorstand. Die Fluktuation in meiner Abteilung ist überdurchschnittlich. Das gefährdet den Bonus und die weitere Beförderung. Ich muss und will an mir arbeiten.« ●

Und so haben wir mit der Arbeit begonnen. Im Verlauf des Coachings ist sich Rolf einer aus seiner Kindheit stammenden Prägung bewusst geworden, die sein Verhalten wie ein Autopilot steuerte. Er glaubte, dass am Ende nur der sich durchsetzt und recht bekommt, der am lautesten schreit. Doch wie entstehen solche »Grundannahmen«?

---

* Privatsphäre und Diskretion sind mir sehr wichtig. Deshalb habe ich in den Lebensberichten meiner Klienten alle Namen und zum Teil auch persönliche Details geändert.

Grundannahmen: unser inneres Betriebssystem

Wollten wir Menschen uns mit einem Computer vergleichen, dann hätte jeder von uns ein Betriebssystem, eine Grundsoftware, die aus der Hardware ein nützliches Werkzeug macht. Alle höheren geistigen Prozesse sind in diesem Bild die Apps, Anwendungsprogramme, mit denen sich die verschiedensten Aufgaben lösen lassen. Ohne das *Mind Operating System (MindOS)* funktioniert gar nichts. Die Basisroutinen in diesem *MindOS* sind die Prägungen, Konditionierungen, mentalen Konstrukte, Grundannahmen *(Big Assumptions)* und Glaubenssätze. Auch die »verborgenen Verpflichtungen« *(Hidden Commitments),* mit denen wir die Automatismen unbewusst vor uns selbst rechtfertigen, gehören dazu. Jede Begrenzung im MindOS limitiert unweigerlich auch die Möglichkeiten der Apps.

Glaubenssätze wie »Wer am lautesten schreit, hat recht« wurzeln oft im kindlichen Imitationslernen und in der unbedingten Liebe zu den Eltern. Dieser gesunde »Mechanismus« erleichtert Kindern das Lernen ungemein. Sie entwickeln so mühelos Fertigkeiten, Werte, emotionale und soziale Kompetenzen. Doch leider übernehmen Kinder aus dem für die Persönlichkeitsentwicklung so wichtigen Eltern-Kind-Verhältnis oft auch limitierende Grundannahmen.

Ein solcherart sozialisierter Geist neigt dazu, die Ansichten von Autoritäten unreflektiert zu übernehmen. Eine eigene Haltung zu entwickeln fällt ihm dementsprechend schwer. Für viele bleibt daher die oberste Instanz lebenslang der Vater oder die Mutter, zumindest unbewusst. Wenn also Daddy in der Familie jeden zusammengebrüllt hat, der ihm zu widersprechen wagte, dann trägt auch Klein Rolf an dieser Hypothek. Und so lang er das Niederbrüllen als untrennbaren Teil seines Ichs begreift, als Grundroutine in seinem MindOS, wird sich daran auch nichts ändern.

Die Psychologin und Stanford-Professorin Carol Dweck spricht in diesem Zusammenhang von einem *Fixed Mindset,* einer »unveränderlichen Denkweise« (Watkins 2015). Bei einigen Menschen führe diese statische Weltsicht zu dem Glauben, sie seien bereits auf der Ziellinie geboren. Das genetische Erbe, das Schicksal oder Gottes Gnade habe ihnen ihre Fähigkeiten, Vorlieben und Talente in die Wiege gelegt. Sie hätten in der großen Lotterie des Lebens eben den Hauptgewinn gezogen, für die glücklosere Mehrheit blieben nur Nieten.

Moderne wissenschaftliche Erkenntnisse widerlegen diese verbreitete Ansicht. Selbst ein Genie wie Wolfgang Amadeus Mozart sei kein Wunderkind gewesen, sagt der Neuropsychologe Lutz Jäncke von der Universität Zürich. Er habe nur viel fleißiger geübt als andere (Wolff 2015). Aktuelle Forschungsergebnisse legen daher eher eine »Denkweise des Wachstums« *(Growth Mindset)* nahe. Danach können Menschen prinzipiell ein Leben lang lernen, sich anpassen und entwickeln.

Im wirklichen Leben tun sich viele damit schwer. Oft haben schon die Eltern ihre Ansichten von deren Eltern oder Großeltern übernommen. Um diesen »tradierten Wahnsinn« zu beenden, bedarf es der Konzentration aufs eigene Ich.

Die Rückkehr zum Ich

Nicht, dass Sie mich falsch verstehen. Ich plädiere hier nicht für rücksichtslosen Egoismus. Doch um souverän mit seiner Umwelt zu interagieren, soziale Kompetenz zu beweisen und die für Führungskräfte unverzichtbare Empathie an den Tag zu legen, muss man sich selbst achten und lieben. Sie brauchen ein Gespür für Ihre wahren Bedürfnisse – nicht für die von den Eltern und vom kulturellen Umfeld eingeimpften »vermeintlichen« Anforderungen. Diese Rückkehr zum Ich gelingt nur mit einer inneren Neuausrichtung. Erst, wenn Sie sich Ihre Ich-Momente zurückerobern, werden Sie glücklicher leben und mehr erreichen.

Dazu bedarf es Konzentration, Anstrengung und Ausdauer. Geduld und Ausdauer gehören zu den Tugenden, die scheinbar inkompatibel sind zu dem Takt minütlicher Statusmeldungen in den sozialen Medien. Die schnelllebige Zeit fordert schnelle Lösungen. Sicherlich, Bücher zu den Themen »Achtsamkeit« und »Resilienz« boomen, Meditation ist salonfähig und Managementgurus bekennen sich zur Mindfulness. Das Ganze aber bitteschön per App auf dem Smartphone, damit man sein Wohlbefinden »schnell mal zwischendurch« abrufen kann. Wer etwas mehr tun will, läuft Marathon oder verabschiedet sich ins Wellnesswochenende, um endlich mal wieder zu entspannen.

Und all das ändert nichts. Meistens jedenfalls. Denn vor uns selbst können wir nicht weglaufen, und drei Tage Wellness haben nicht sofort einen Einfluss auf unsere Verhaltensmuster. Mit solcherlei Aktionismus verdrängen wir die Misere nur. Wir suchen Erlösung im Außen, in neuen Kompetenzen, erlernbaren Managementstrategien, in rasch wirksamen »Meditationstechniken«. Manches davon ist nützlich, doch es dringt eben nicht zum Kern des Problems vor: ins eigene Ich.

Jedes Lebewesen auf unserem Planeten erschafft sich ein eigenes Bild von der Welt. Das nennen wir dann Realität. In unserer dreidimensionalen Wirklichkeit erleben wir ein Ich als Subjekt und die Umwelt als Objekt. Diese Realität aus voneinander getrennten Subjekten und Objekten ist konstruiert – dazu später mehr. Da unsere Wirklichkeit von uns selbst »erschaffen« ist, findet letztlich alles Erlebte in unserem Ich statt. Man spricht in diesem Zusammenhang von mentalen Landkarten. Diese lassen sich wie ein Eisberg darstellen: Das für andere sichtbare Verhalten einer Person ist nur zu einem winzigen Teil ursächlich für die Ergebnisse ihres Handelns. Die weitaus meisten Ursachen für mehr oder weniger gute Ergebnisse liegen unter der Oberfläche des Offensichtlichen: im Denken, in den Gefühlen, Empfindungen und sogar in der Physiologie (siehe Abb. 1).

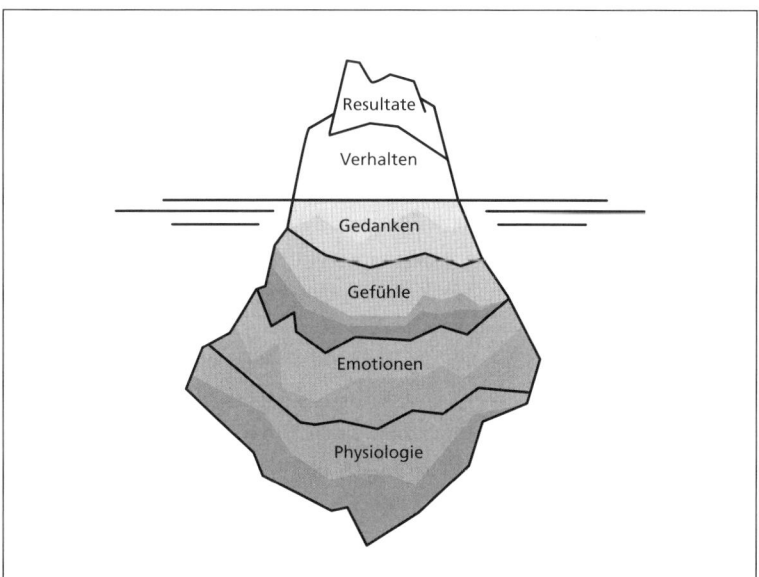

Abb. 1: Unsere Resultate und unser Handeln werden vor allem durch unbewusste, interne Faktoren bestimmt.

Wie Neurologen nachweisen konnten, bestimmen unsere Gefühle das Handeln stärker als unsere Gedanken. Menschen kaufen keine Dinge, weil sie *denken,* sie bräuchten sie. Sie kaufen Dinge, weil sie ein Bedürfnis *verspüren.* Die Emotionen wiederum speisen sich aus noch tieferen Sphären unseres Selbst. Wissenschaftler sprechen von »rohen Emotionen« oder von *E-Motionen* – von »Energie in Bewegung«.

Zu diesem unterschwelligen Cocktail gehören auch physiologische Signale, denn Bewusstsein ist ein stetiges Wechselspiel aus Geist und Körper. Im 19. Jahrhundert stellten erstmals William James und Carl Lange die Theorie auf, dass der Organismus sich nicht in Körper und Geist aufspalten lässt. Sie bilden ein einheitliches Ganzes, was sich auch darin zeigt, dass physiologische Erregung Gefühle auslösen kann.

»Emotionen entstehen dort, wo Verstand und Körper zusammentreffen«, betont auch der spirituelle Lehrer Eckhart Tolle in seinem Bestseller *Jetzt! Die Kraft der Gegenwart* (2011). Unzählige Forschungen haben ergeben, dass starke Emotionen Veränderungen in der Biochemie des Körpers hervorrufen. Wir alle kennen den berühmt-berüchtigten Adrenalinschub, der unseren Körper in den Kampf- und Überlebensmodus schaltet. Umgekehrt kann ein veränderter Adrenalinpegel auch Emotionen *auslösen.*

Der Strom an Signalen aus verschiedensten Regionen des Körpers bricht niemals ab. Unser Unterbewusstsein ist ihm ständig ausgesetzt, doch der Geist muss sich ihm nicht ausliefern. Zu lernen, wie wir diese »Botschaften« im eigenen Körper-Geist-System bewusst wahrnehmen und ihre Qualität positiv verändern können, ist einer der wichtigsten Schlüssel zu *Mind Movement Mastery* und damit zu fokussierter Leadership. Im Kapitel »Das Herz – Signalgeber im Körper« werden wir uns eingehender mit den Akteuren beschäftigen, die unser Körpergefühl bestimmen.

Vorerst wollen wir uns mit der Erkenntnis begnügen, dass die Rückkehr zum Ich einem Tauchgang in die verborgenen Tiefen des Selbst gleichkommt. Das geht weder schnell noch einfach. Doch dieser Weg ist jedem zugänglich, der entschlossen nach *Mind Movement Mastery* strebt.

Wer einen klaren Geist besitzt und ihn beherrscht, gewinnt die Oberhoheit über sein Leben zurück. Was damit gemeint ist, zeigt das Beispiel Rolfs, des cholerischen Erfolgsmanagers. Er hatte von sich selbst gesagt, er sei »wie auf Autopilot«, wenn er ausrastet: »Ich nehme mir jedes Mal vor, beim nächsten Ärger ruhig zu bleiben, doch es gelingt mir einfach nicht!«

Fragt sich nur, wer genau da eigentlich steuert, wenn wir uns fremdgesteuert fühlen und hinterher sagen: »Ich habe mich selbst nicht wiedererkannt.« An welchen Fäden hängen wir dann? Hier kommt wieder unser Geist ins Spiel, den ich mit einem ungezähmten Pferd verglichen habe. Er ist die mentale Instanz in uns, die wir so selten hinterfragen, obwohl sie doch recht eigenmächtig unser Denken, Fühlen und Handeln organisiert.

Buddhisten bezeichnen das Kontrollorgan unseres Ichs auch als »Affengeist« *(Monkey Mind)*, weil dieser wie ein Affe ständig sein Maul aufreißt und uns unendlich geschwätzig in alles hineinredet. Immerfort müssen wir diesen »Affengeist« beschäftigen, ihm gleichsam eine Banane reichen, damit er schweigt. Wie soll das gehen?

Ich empfehle hierfür eine sehr einfache Meditationsübung: das Konzentrieren auf den eigenen Atem. Probieren Sie es doch gleich einmal aus.

Übung zum eigenen Atem

Setzen Sie sich bequem und aufrecht hin und schließen Sie die Augen. Sie können für diese Meditation auch direkt eine unterstützende Körperhaltung einnehmen, wie Sie im Kapitel »Tipps für die tägliche Praxis« beschrieben ist (in diesem Fall bleiben die Augen leicht geöffnet).

Konzentrieren Sie sich jetzt auf Ihren Atem: Nehmen Sie das Einatmen wahr. Das Ausatmen. In der winzigen Pause zwischen dem Ende des Ausatmens und dem Beginn des Einatmens nehmen Sie Ihr Körpergefühl wahr. So entsteht ein Objekt aus drei Punkten: Sie folgen dem Einatmen. Sie folgen dem Ausatmen. In der Pause dazwischen spüren Sie Ihren Körper. Dieses Objekt aus den drei Punkten bleibt im Fokus Ihrer Aufmerksamkeit.

Einatmen. Ausatmen. Körpergefühl. Einatmen. Ausatmen. Körpergefühl. Atemzug für Atemzug. Moment für Moment. Wenn Ihre Konzentration fortwandert, steuern Sie Ihre Aufmerksamkeit wie mit einem Lenkrad wieder zurück. Sie können Ihre Aufmerksamkeit beobachten. Immer öfter und immer früher können Sie wahrnehmen, wenn Ihre Konzentration fortwandert. Nutzen Sie das »Lenkrad« und steuern Sie Ihre Aufmerksamkeit wieder zum Atem zurück. So trainieren Sie Ihre Konzentration wie einen Muskel.

Für Ihre erste Übung genügen drei Minuten. Später können Sie die Praxis je nach Bedarf auf zehn Minuten ausdehnen. Als kleine Atem-übung zwischendurch empfehle ich Ihnen folgende Mikropraxis: Die Kurzform der Übung dauert nur etwa sechs Sekunden. Atmen Sie einfach bewusst ein, pausieren Sie und achten Sie beim Ausatmen darauf, wie Sie sich entspannen und die Konzentration zunimmt. Im Arbeitsalltag können Sie diese kleine Übung zum Beispiel vor wichtigen Telefonaten durchführen.

Abschied von den inneren Antreibern

Atemübung fertig? Das Schöne daran: Sie können den »Affengeist« damit überall bändigen: in einem Meeting, beim Warten an einer roten Ampel, in der Straßenbahn … Versuchen Sie es doch gleich bei der nächsten Gelegenheit!

Doch zunächst lassen Sie uns kurz reflektieren, was Sie bei der Übung erlebt haben. Waren Sie die ganze Zeit auf Ihren Atem konzentriert? Oder wanderte Ihre Aufmerksamkeit zwischendurch immer wieder fort – zu Gedanken, Gefühlen, Körperwahrnehmungen oder Geräuschen? War Ihr Geist still und ruhig oder war er ständig in Bewegung? Hatten Sie ei-nen Moment der Metakognition, konnten Sie die Aktivitäten Ihres Geis-tes beobachten? Konnten Sie Ihre Aufmerksamkeit wieder zurück auf den Atem ausrichten? Oder waren Sie »einfach weg«? Haben Sie drei Minuten durchgehalten?

»Wer führt eigentlich in Ihrem Leben?«, frage ich in meinen Semina-ren regelmäßig. »Steuern Sie Ihren Geist, oder steuert Ihr Geist Sie?« Die meisten Teilnehmer halten diese Frage für unverständlich bis blödsinnig, und die Mutigen sagen das auch laut.

Dann begleite ich sie durch die eben gezeigte Meditationsübung. »Schauen Sie, wo Ihre Aufmerksamkeit jetzt ist. Wenn Sie fortgewandert ist, bringen Sie sie jetzt sanft zurück zu Ihrem Atem«, erinnere ich die Teilnehmer während der Meditation wieder und wieder. Trotzdem mel-det sich nie jemand, wenn ich anschließend frage: »Und, waren Sie die ganze Zeit bei Ihrem Atem?«

Tatsächlich denken die Teilnehmer an alles Mögliche: das Mittagessen, die überfällige Steuererklärung, den Streit vom Morgen, die Schwester, deren Parfüm genauso duftet wie das der Nachbarin. Überhaupt: Wann habe ich zuletzt mit meinem Schwesterherz telefoniert? Dass die auch kein Handy hat! Na ja, altmodisch war sie ja schon immer …

Verstehen Sie jetzt, was mit dem »Affengeist« gemeint ist? Ein Wunder, wenn wir bei so viel Geschwafel überhaupt einen einzigen klaren Gedanken fassen können. Fatalerweise versucht der *Monkey Mind* uns nicht nur vom Meditieren abzulenken. Er plappert fast immer. Eine der wenigen Ausnahmen ist ein Zustand, den wir Flow nennen und über den Sie später noch mehr erfahren. Meist jedoch kostet es uns unendliche Mühe, uns auf den Moment zu fokussieren, weil es unablässig in uns denkt und denkt und …

In diesem Zustand vermögen wir auf die meisten Situationen nur reflexhaft zu reagieren. Was uns derweil durch den Kopf schwirrt, ist weit entfernt von einer objektiven Analyse aktueller Ereignisse. Vielmehr schustern frühere Erfahrungen, tief verwurzelte Emotionen und halbbewusste Verhaltensmuster ein Konstrukt zusammen, das wir für unsere Vernunft halten. Diese Pseudo-Ratio treibt uns dann an.

Überlegen Sie bitte: Wie oft am Tag – oder besser: wie selten – sind Sie ganz bei der aktuellen Sache? Und wie oft lenken überraschende Gedanken oder Gefühle Sie ab und reißen Sie aus dem Hier und Jetzt? Das ist so, weil die meisten Menschen ihren Rucksack voller Erziehungsregeln, Erfahrungen, Glaubenssätze, persönlicher Antreiber, Gewohnheiten und anderer »Lebenssouvenirs« als Teil des eigenen Ichs ansehen.

Mind Movement Mastery bedeutet zu begreifen, dass man diesen Rucksack selektiv ausleeren und sogar ablegen kann, um – dieserart erleichtert – sein volles Potenzial zu entfalten. Damit das gelingt, müssen Sie lernen, sich von Ihren inneren Antreibern zu distanzieren. Dazu zwei Beispiele:

Zu den Mitbringseln aus der Kindheit gehört bei vielen die Effizienzgetriebenheit, ein bei Managern durchaus geschätztes Verhaltensmuster. Wer seine Mitarbeiter zur Eile antreibt, wiederholt meist nur das »Trödel nicht!« seiner Eltern und Großeltern. Für Zeitverschwendung hatte im abendländisch geprägten Kulturkreis schon früher niemand Verständnis. Diese Prägung verrät sich in beiläufigen Wendungen wie »Ich will nur mal schnell …« oder »Hol mal schnell …!« Achten Sie bewusst darauf, wie oft Sie dergleichen aus eigenem oder fremdem Mund hören.

»Sei stark! Ein Indianer kennt keinen Schmerz.« Auch das ist so ein

Antreiber, der bei Führungskräften zur mentalen Grundausstattung gehört. In dieser unerbittlichen Lebensregel wurzeln Ehrgeiz und Selbstdisziplin. Man »reißt sich zusammen«, auch wenn es schwierig wird. Und nun sitzt diesem Manager im Meeting einer gegenüber, der sich Langsamkeit erlaubt und/oder Schwäche zeigt, und das mit enervierender Hartnäckigkeit. Kurzum: jemand, der all das spiegelt, was der knallharte Manager sich selbst versagt. Vor Jahrzehnten erworbene und unhinterfragte Wertungen und Muster brechen sich Bahn, schon kochen die Emotionen über, und dann nagelt der Manager die vermeintliche Schlafmütze an die Wand. Sigmund Freud hätte ihm erklärt: »Sie haben da gerade eine Projektion von sich selbst plattgemacht, mein Lieber. Das wird Sie nicht weiterbringen.«

»Der Geist ist ein guter Diener, aber ein schlechter Herr«, lautet eine alte Weisheit. Solange wir uns den Automatismen unseres Geistes ausliefern, anstatt sie bewusst zu steuern, werden wir immer wieder in denselben Fallen rennen. Kein Entspannungskurs, kein Verhaltenstraining mit Rollenspielen zu Dialogtechniken und kein Führungsseminar wird daran etwas ändern.

Noch einmal: Die eigenen Muster zu transformieren, gelingt nicht von heute auf morgen. *Mind Movement Mastery* braucht Übung. Doch selbst Menschen, die täglich ihren Körper stählen, scheuen vor dieser mentalen Anstrengung zurück. Dabei bereichern ein trainierter, bewusster Geist und echtes Körperbewusstsein das Leben viel stärker und tiefer als ein strammer Bizeps oder ein Waschbrettbauch.

Übung zur Präsenz

Apropos Bewusstheit (*Awareness*). Lassen Sie uns das doch mit einer kleinen Übung zur Zentrierung des eigenen Körpers gleich einmal ausprobieren. Die Fachliteratur nennt diese von Mark Walsh entwickelte Methode »ABC Centering«. Es geht darum, im Körper und damit im Hier und Jetzt präsent zu werden. Die Übung besteht aus folgenden einfachen Schritten:

Awareness

1. Sitzen Sie aufrecht, Füße auf dem Boden.
2. Spüren Sie Ihren Körper. Wie geht es Ihnen?

Balance

3. Richten Sie sich so aus, dass Sie vollkommen aufrecht und zentriert sitzen.

Core Relaxation

4. Entspannen Sie die Vorderseite Ihres Körpers und Ihren Bauch.
5. Atmen Sie tief durch die Nase ein und vollständig durch den Mund aus.

Fertig! War doch gar nicht so schwierig, oder? Wie geht es Ihnen jetzt? Ich hoffe gut, denn gleich geht es richtig los.

Sind Sie bereit, tiefer ins Thema ein- und zum bewussten, fokussierten Leader aufzusteigen? Dann begleiten Sie mich nun auf dem Weg zu *Mind Movement Mastery!* Bevor ich Ihnen den RAIN Prozess vorstelle, der Sie über vier Etappen zu mehr Bewusstheit, Präsenz, Effektivität und Erfüllung führt, schauen wir uns zunächst an, welche Herausforderungen unsere (Arbeits-)Welt für uns bereithält und welche Führungsstile es gab, gibt und zukünftig geben könnte.

Neben den wissenschaftlichen und theoretischen Grundlagen erfahren Sie mehr über praktische Methoden, durch die Sie lernen, sich bewusster wahrzunehmen und zu steuern. Dazu gehören Meditation und Embodiment, das gezielte Bewusstwerden und die Steuerung der Wechselwirkung zwischen Körper und Geist. Im weiteren Verlauf sehen Sie, wie Sie mithilfe von *Mind Movement Mastery* sich selbst, andere und Organisationen erfolgreicher führen können. Abschließend folgt ein Ausblick in die Zukunft oder zumindest eine Utopie dessen, was *Mind Movement Mastery* in der sich weiter verändernden Welt zu bewirken vermag.

Und nun lassen Sie uns loslegen! Gehen wir dem täglichen Wahnsinn auf den Grund und stellen wir uns den Herausforderungen der schönen neuen VUKA-Welt.

Mind Movement Mastery (Definition)

Mind Movement Mastery ist ein erweiterter, klarer Seinszustand *(State of Being)*, den der Mensch gewöhnlich nur durch eine umfassende Entwicklung von Bewusstheit *(Awareness)* für sich selbst, seine Denk- und Verhaltensmuster sowie für die ihnen zugrunde liegenden Glaubenssätze *(Big Assumptions)* erreicht. Die so erhöhte Bewusstheit, kombiniert mit der Fähigkeit, den Geist zu fokussieren und zu entspannen, schafft Präsenz (Gewahrsein im Moment) und ermöglicht tiefe und nachhaltige Transformation.

Mind Movement Mastery stärkt das Selbstwertgefühl und verbessert die Konzentration, das präzise Denken sowie den effektiven Umgang mit Komplexität und emotionalen Herausforderungen. In diesem Seinszustand lässt sich im Alltag gelassener, engagierter und mitfühlender agieren. In allen Bereichen des Lebens erschließt *Mind Movement Mastery* den Zugriff auf Zustände tiefer Konzentration, die Spitzenleistungen und hohe Kreativität ermöglichen. Zudem erzeugt es eine positive und optimistische Grundhaltung gegenüber sich selbst und anderen. In diesem Zustand wird das eigene Ich als Teil eines großen Ganzen erlebt, woraus auch ein nachhaltigerer Umgang mit der Natur resultiert.

Die Entwicklung von *Mind Movement Mastery* ist ein Weg vertikalen Wachstums, das sich durch regelmäßige Meditation und Embodiment *(Somatic Practices)* fördern und vertiefen lässt.

Alles in allem beschreibt *Mind Movement Mastery* also eine mentale, emotionale, körperbewusste und spirituelle Präsenz im Hier und Jetzt, um sich selbst und sein Leben erfolgreich zu meistern.

DIE HERAUSFORDERUNG:
Schöne neue VUKA-Welt

*Wir befinden uns inmitten einer tiefgreifenden
Veränderung der gesellschaftlichen Strukturen,
weg von hierarchischer, hin zu lateraler Macht.*
JEREMY RIFKIN

Täglicher Irrsinn: Alle sind agil,
keiner blickt durch

»Wenn du erfolgreich bist, dann wirst du glücklich sein.« Diesem Glaubenssatz scheint die ganze Welt zu folgen, zumindest der Teil, der sich westlich und kapitalistisch nennt. Die Erfolgs-Glücks-Maxime geht auf den Reformator Johannes Calvin (1509 – 1564) zurück. Und sie ist Quatsch.

Wie zahlreiche Studien belegen, ist der Mensch viel erfolgreicher, wenn er bereits *im Hier und Jetzt* glücklich ist. Nicht die Arbeit macht glücklich, sondern Glück verbessert die Arbeit. Botenstoffe im Gehirn machen uns dann produktiver, kreativer und ausdauernder. Ohnehin misst sich Glück ja nicht an materiellem »Erfolg«, also daran, wie kostspielig »mein Haus, mein Auto, mein Garten« ist. Was nützt es, der reichste Mann auf dem Friedhof zu sein? Ein Mensch kann im Äußeren arm dran sein, aber im Innern reich und vollkommen glücklich.

Diese Vorstellung irritiert Sie? Verständlich. Doch darüber nachzudenken lohnt sich. Umso mehr, wenn Sie Verantwortung für Mitarbeiter und/oder ein Unternehmen tragen. Richard Branson, der Gründer von Virgin, sagte einmal: »Ich habe kein Erfolgsgeheimnis. In der Wirtschaft gibt es eigentlich keine Regeln zu berücksichtigen. Ich arbeite einfach hart und glaube – wie ich es schon seit jeher tue –, dass ich es schaffen kann. Vor allen Dingen versuche ich aber, Spaß zu haben« (2006, S. 35).

Spaß ist zwar nicht dasselbe wie Glück, doch ohne Spaß ist echtes Glück kaum vorstellbar. Spaß kann man nur im Hier und Jetzt erleben. Möglicherweise setzt uns Branson hier auf die Fährte des Glücks.

Zu viele Menschen suchen Erlösung – Glück und Zufriedenheit – im Außen. Der Weg dorthin führt aber über unser Inneres. Glück erfahre ich nicht, weil *es* besser wird, sondern weil *ich* anders mit meinen Gedanken und Gefühlen umgehe: bewusster, präsenter, gelassener. Dadurch sehe ich klarer und interagiere aktiver mit der Situation. Das ist *Mind Movement Mastery*.

Wagen Sie also ruhig, die calvinistische »Glücksformel« zu hinterfragen. Das ist in unserer sich schnell verändernden Welt von existentieller Bedeutung. Wenn ein großer Teil der heutigen Manager ihren Führungsstil nicht aus sich selbst heraus ändert, wird die Welt sie abhängen, so wie sie einst die Niederländische Ostindien-Kompanie abgehängt hat.

Die Welt überholt sich selbst

Dieser Wandel duldet keinen Aufschub. 1965 formulierte Gordon Moore, Mitbegründer von INTEL, eine nach ihm benannte Faustregel: *Moore's law* (mooresches Gesetz) besagt, dass sich die Komplexität integrierter Schaltkreise regelmäßig verdoppelt. Den Zeitraum für einen solchen hundertprozentigen Entwicklungssprung bemaß er auf 18 Monate. Grundsätzlich gilt dieser exponentielle Anstieg der Komplexität für viele Bereiche des heutigen Lebens.

Die Welt scheint sich jedes Jahr selbst zu überrunden und die Menschen kommen kaum mehr mit. Stellen Sie sich vor, Sie würden auf der Straße 30 große Schritte gehen. Das entspricht grob einer Strecke von 30 Metern. Mit 30 *exponentiellen* Schritten hätten Sie 13 Mal die Welt umrundet. So rasant verändert sich unser Leben.

Die neuen Herausforderungen sind immer seltener linear. Nehmen Sie nur den Wandel in der Gesellschaft, etwa bei der Demokratisierung von Informationen. Als man Weltnachrichten noch in Stein meißelte oder als Hieroglyphen an Palast- und Tempelwände malte, lag das Wahrheitsmonopol bei Königen, Priestern, hohen Beamten und Adligen. Diktaturen erheben diesen Anspruch nach wie vor. Im Internet jedoch kann heute jeder seine »Wahrheit« in epischer Breite der ganzen Welt verkünden – einschließlich der »alternativen Fakten«.

Auch die Migration trägt zum gesellschaftlichen Wandel bei. Berlin etwa wird laut *ZEIT Online* »gemeinhin als zweitgrößte türkische Stadt auf der Welt bezeichnet« (2013). Im Jahr 2018 waren laut einer Statistik des UNHCR Deutschland (2019) weltweit fast 71 Millionen Menschen auf der Flucht. Die Zahl der Migranten, die außerhalb ihres Heimatlandes leben, betrug nach Angaben der Bundeszentrale für politische Bildung (2018) im Jahr 2017 sogar knapp 258 Millionen.

Aufgrund der stärkeren kulturellen Durchmischung sind die Märkte heute schwerer voneinander abzugrenzen als noch vor wenigen Jahren. Viele Menschen halten weiter Kontakt zu ihrem Heimatland oder kommunizieren aus anderen Gründen in Echtzeit kreuz und quer über den Erdball. Die ganze Welt ist ein Dorf.

Selbst das Machtgefüge befindet sich in ständigem Umbruch. Während auf der einen Seite der Nationalismus in vielen Regionen neu aufblüht, sehen sich auf der anderen Seite immer mehr Zeitgenossen als Weltbürger.

Im großen Gerangel um Macht und Einfluss melden auch die »Global Player« ihre Ansprüche an. Apple etwa erzielte im Geschäftsjahr 2018 einen Umsatz von über 265 Milliarden US-Dollar. Wäre der iPhone-Konzern ein Land, läge er gemessen am Bruttoinlandsprodukt im internationalen Vergleich auf Platz 45, gleich hinter Finnland und vor Nationen wie dem Emirat Kuwait oder dem Bankenstandort Luxemburg. Deutschlands größter Konzern, die Volkswagen AG, schlägt auf dieser Vergleichsbasis die Hälfte aller EU-Staaten. Im Gegensatz zu Staaten, deren Auslandsvertretungen vergleichsweise klein und zu strikter Neutralität verpflichtet sind, nehmen die Global Player der Wirtschaft durch Lobbyarbeit, durch die »Macht der Arbeitsplätze« und manchmal auch durch Korruption Einfluss auf Politik und Gesetze zahlreicher Länder.

Das eingangs angeführte Beispiel der niederländischen VOC zeigt: Selbst Megakonzerne sind nicht unverwundbar. Schon im Fall der Ostindien-Kompanie hatte der Wandel der Welt, gepaart mit »Managementsünden« wie Untreue und Korruption, zum Niedergang geführt. Heute muss sich die Wirtschaft ähnlichen und ganz neuen Herausforderungen stellen. In unserer vernetzten Welt hängt alles voneinander ab. Für operative Abläufe und Produktzyklen bleibt immer weniger Zeit.

Das erste iPhone von Apple kam 2007 auf den Markt, das ist eine gefühlte Ewigkeit her. Das erste Flugtaxi kommt vielleicht schneller, als wir glauben. Schon formiert sich die Industrie 4.0, die voll digitalisierte und vernetzte Industrieproduktion. Werbung funktioniert heute dank Onlinemarketing nicht mehr mit der Gießkanne, sondern so präzise wie ein Laserskalpell: Sie wendet sich maßgeschneidert an einzelne Käufer mit ganz spezifischen Vorlieben und Bedürfnissen. Trotzdem folgt die Zielgruppe lieber Influencern statt Fernsehspots und Plakaten. Und das ist erst der Anfang.

Wir leben in einer Übergangsperiode; wir stehen auf der Schwelle zum Morgen, haben aber noch keine Rezepte dafür. Der US-amerikanische Ökonom und Politikberater Jeremy Rifkin sprach gar von Veränderung »weg von hierarchischer, hin zu lateraler Macht« (Seliger 2014). Damit sagte er den Wandel von einer differenzierenden zu einer *integrierenden* Weltsicht voraus. Dieses neue Paradigma verlangt nach neuen Konzepten der Führung, weil die althergebrachten nicht mehr greifen.

Grenzen der Vereinfachung

Wenn die Quantenmechanik Sie nicht gründlich schockiert hat, dann haben Sie sie noch nicht verstanden. Alles, was wir als real bezeichnen, besteht aus Dingen, die nicht als real angesehen werden können.

Niels Bohr

Vereinfachung war im Zeitalter der Industrialisierung *das* grundlegende Erfolgsrezept. Eine aufstrebende Wissenschaft, die sich zunehmend selbstbewusst von den metaphysischen Erklärungsmustern der Kirchen abgrenzte, lieferte dafür die passenden Erklärungen. Die Vordenker der Aufklärung wollten objektive Wahrheiten ergründen und verkünden. Nicht von ungefähr fand der Determinismus in dieser Zeit seine glühendsten Anhänger. Ihm zufolge ist jede Wirkung durch eine klar zuzuordnende Ursache bestimmt (determiniert). Seine Glaubenssätze beherrschen bis heute das Denken vieler Menschen:

- Wir können die ganze Welt durch Beobachten und Analysieren verstehen.
- Die so gewonnenen Erkenntnisse ermöglichen uns objektive Aussagen über jedes Phänomen.
- Die Naturgesetze sind das Fundament einer stabilen Weltordnung.
- Ausnahmslos alle Prozesse des Lebens sind Auswirkungen klar bestimmbarer Ursachen.
- Die Welt vom »primitivsten« Geschöpf bis hin zum obersten Wesen (Gott) ist hierarchisch geordnet.

Bereits Ende des 19. Jahrhunderts lieferten Wissenschaftler gut begründete Einwände gegen den Determinismus. Den Mathematikern wie Henri Poincaré und Jacques Hadamard etwa fiel auf, dass schon einfache dynamische Systeme sehr komplizierte Abläufe erzeugen. Ihre Arbeit bildet die Grundlage der heutigen Chaostheorie. Der modernen Quantenmechanik zufolge gibt es im Mikrokosmos der Atome Entweder-oder-Zustände, die erst dann in eine eindeutige Erscheinungsform wechseln, wenn man sie – etwa durch ein Messgerät – beobachtet. Somit wären unbeobachtete Abläufe im Universum unvorhersehbar.

Damit gäbe es dann auch keine klassischen Dualitäten mehr, keine berechenbaren Entweder-oder-Zustände. Selbst die Zeit und jedes einzelne Individuum existieren nur im Augenblick und besitzen zugleich ein nahezu unbegrenztes Potenzial zur Veränderung. Dies entspricht genau den Erfahrungen, die auch die Meditation in fortgeschrittenen Stadien vermittelt.

Die deterministische Weltsicht hat zu einer beispiellosen Jagd nach immer mehr Wissen geführt. Die Folge: Statt Komplexität zu vereinfachen, haben Wissenschaft und Technik diese nur vermehrt. Jede beantwortete Frage wirft neue Fragen auf. Und manch scheinbare Vereinfachung entpuppt sich letztendlich als Irreführung.

Früher genügten Ansagen wie »Fokussieren Sie sich auf den Verkauf« oder »Reduzieren Sie die Kosten«, um eine Schieflage auszugleichen. Viele Entscheidungen bezogen sich auf eine polarisierte Welt:

- Entweder niedriger Preis oder Qualität
- Entweder Individualität oder Teamgeist
- Entweder zentrale Koordination oder lokale Verantwortung

◆ Entweder interner Wettbewerb oder abteilungsübergreifende Zusammenarbeit

Dieses Entweder-oder-Denken zeigt, wo die Grenzen der Vereinfachung liegen: an der Linie zwischen Vernunft und Unvernunft. In unserer hochkomplexen Welt muss eine zu grobe Simplifizierung unweigerlich in eine Sackgasse führen. Das bedeutet im Umkehrschluss:

> **Manches im Leben kann man nur vernünftig handhaben, wenn man sich mit seiner Komplexität verbündet, statt sie zu bekämpfen.**

So ging es übrigens auch den Militärs, als ihnen Ende der 1980er-Jahre das herrlich einfache Freund-Feind-Bild des Kalten Krieges abhandenkam. Plötzlich mussten sie sich völlig neuen Herausforderungen und Bedrohungsszenarien stellen.

Schon einige Jahre zuvor hatten der US-amerikanische Wirtschaftswissenschaftler Warren Benis und sein Kollege Burt Nanus das Kürzel VUCA (deutsch: »VUKA«) geprägt. Es ist ein Akronym für die englischen Begriffe *Volatility* (Volatilität, Unbeständigkeit), *Uncertainty* (Unsicherheit), *Complexity* (Komplexität) und *Ambiguity* (Ambiguität, Mehrdeutigkeit). Auf der Suche nach einem Führungsstil für die Ära nach dem Kalten Krieg interessierte sich vor allem das US-Militär für die Ideen von Benis und Nanus. Von den Militärhochschulen gelangten die neuen Erkenntnisse dann, wie so oft in der Geschichte, in die Führungsetagen der Wirtschaft.

Da die Realität der wissenschaftlichen Forschung grundsätzlich hinterherhinkt, hat die schöne neue VUKA-Welt viele Manager kalt erwischt. Jede Entscheidung gerät sofort ins Kreuzfeuer unzähliger Einflussfaktoren. Phänomene lassen sich selten auf singuläre Ursachen zurückführen und oft gibt es auch keine einfachen Lösungen mehr. All das erzeugt gefährliche Stressspiralen.

So war es auch bei Robert, einem Manager auf der mittleren Führungsebene aus meinem Bekanntenkreis. Sein Chef hatte ihm mangelnde Durchsetzungskraft attestiert, während seine Mitarbeiter ihm vorwarfen, er vertrete die Interessen des Teams bei »denen da oben« nicht energisch genug. »Ich bin rhetorisch nicht versiert genug, da habe ich Nachholbedarf«, klagte mir Robert sein Leid. Kein Wunder, dass ihn Magenschmerzen plagten. Körperliche Symptome sind oft die Folge geistiger Überforderung.

Wie er, so glauben viele Führungskräfte klassischen Zuschnitts an eine Welt des »Fressens und Gefressenwerdens«, an die nächsten Quartalszahlen und an die Maxime »Jeder kämpft für sich selbst«. Aus dieser Haltung heraus geben sie ständig Vollgas, ruinieren dabei ihre Partnerschaft, die Beziehung zu ihren Kindern und ihre Gesundheit – aber der Erfolg bleibt trotzdem aus oder zumindest hinter den Erwartungen zurück.

Aus meiner Erfahrung als Executive Coach heraus halte ich die beschriebenen *Big Assumptions* für »Männerspiele«. Ich coache auch viele brillante Frauen in den oberen Führungsetagen von Unternehmen. Ihnen ist das Machogehabe ihrer männlichen Kollegen oft suspekt. Deshalb meiden sie eher die Vorstandsposten, um sich nicht den ungeschriebenen Spielregeln der Männerwelt unterwerfen zu müssen. Schade, denn das weibliche Geschlecht ist beim Entwickeln von *Mind Movement Mastery* klar im Vorteil. Auch deshalb bin ich ein entschiedener Verfechter der Frauenquote. Säßen in Vorständen zur Hälfte Frauen, würden die Karten anders gemischt. Dann hätten die Männerspiele ein Ende und neue Regeln bekämen schneller die Chance, sich zu bewähren.

Leider fehlt der Wirtschaft die Zeit, auf die Geschlechterparität zu warten. In der VUKA-Welt muss *jede* Führungskraft in der Lage sein, einen Schritt zurückzutreten und sich zu fragen: »Halt mal! Welchen Regeln folge *ich* eigentlich und sind das immer noch die besten Vorgaben für mein Unternehmen?«

Maßvolle Vereinfachung hat durchaus ihre Berechtigung. Immerhin hat die »differenzierende Weltsicht« erstaunliche Fortschritte ermöglicht im Kampf gegen Hunger, Armut, Krankheiten, Analphabetismus ... Zur Kehrseite der Medaille gehört aber auch der Bodenverlust bei so wichtigen Themen wie dem Klimaschutz oder bei der Bekämpfung von Ungleichheit, Arbeitslosigkeit und Korruption.

Um die Herausforderungen der VUKA-Welt zu meistern, brauchen wir einen Quantensprung in unserem Bewusstsein. Wie nie zuvor sind wir gefordert, Fähigkeiten des Verbindens, Integrierens und Vernetzens zu entwickeln. Solche bewussten Leader sind bereit, die Welt als lebenden Organismus voller Unberechenbarkeiten und Überraschungen anzunehmen.

Womöglich fragen Sie sich jetzt: Wie bitteschön soll man integrieren und vernetzen, wenn die Grenzen zwischen Märkten und Branchen zu-

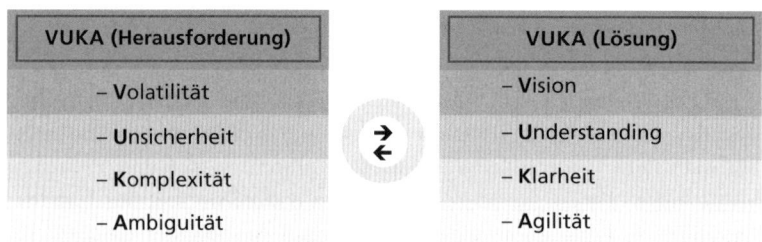

Abb. 2: VUKA versus VUKA: Herausforderung und Lösung

nehmend verschwimmen und es kaum noch verlässliche Fixpunkte gibt? Die klassischen Führungsstile halten da nicht mehr Schritt. Und fast noch wichtiger: *Wer* soll in dem neuen, integrativen Paradigma die Führung übernehmen?

Diese Frage stellte sich auch die National Security Agency, der größte Auslandsgeheimdienst der USA, und bat einige der klügsten Köpfe um eine Antwort. Die Forscher kamen zu der Erkenntnis, dass Führungskräfte eine signifikante Lücke aufweisen, die zwischen der Komplexität der zu bewältigenden Aufgaben und ihrer eigenen mentalen Komplexität klafft. Andere Studien belegen einen Mangel an emotionaler Intelligenz unter den Führungskräften.

Es läuft also darauf hinaus, dass der Geist vieler Manager zu beschränkt ist, um die rasant zunehmende Komplexität im Führungsalltag souverän zu meistern. Das ist nicht abwertend, sondern bildlich gemeint. Ich werde Ihnen später zeigen, wie man diese Schranken im Kopf abbauen kann. Dazu bedarf es einer inneren Änderung, einer »vertikalen Transformation«.

Ankerpunkt für den Wandel

Die heutigen Unternehmen und Führungskräfte müssen sich neu erfinden, sonst sind sie weg vom Fenster. Ein prominentes Beispiel dafür ist »Blockbuster«. Unter diesem Namen gründete David Cook 1985 eine Videothek in Dallas (Texas, USA). Die Individualisierung der Fernsehunterhaltung fand sofort viele Freunde und Blockbuster ging ab wie Schmidts Katze. Mehrere Filialen später verkaufte Cook seine Rechte, und die neuen Eigentümer eröffneten landesweit weitere Filialen, bis sie das Unternehmen für 8,4 Milliarden Dollar an Viacom weiterreichten. In seinen besten Zeiten unterhielt Blockbuster weltweit über 9000 Filialen. Doch Erfolg ist ein scheues Reh. Die Geschäftsführung schätzte das Potenzial der Streamingdienste falsch ein und wirtschaftete das Unternehmen in den Ruin. Heute gibt es nur noch *eine* Blockbuster-Videothek. Sie befindet sich in Bend im US-Bundesstaat Oregon.

Des einen Leid ist des andern Freud. In diesem Fall hatte Netflix gut lachen, das 1997 ebenfalls als Videothek startete. Reed Hastings und sein Partner Marc Randolph setzten von Anfang an auf das Onlinegeschäft und verschickten die Filme zunächst als DVD an die Abonnenten. Acht Jahre später gingen täglich eine Million Disks in die Post. Im Gegensatz zum Management von Blockbuster erkannte Hastings rechtzeitig die Transformation des Marktes und setzte auf Video-on-Demand. Eine kluge Entscheidung, denn im Jahr 2018 nutzten weltweit 765 Millionen Menschen Streamingdienste. Davon haben 130 Millionen ein Netflix-Abo.

Hastings, der sich früher im Friedenscorps engagierte, begreift Veränderung nicht als Kriegserklärung, sondern als Chance. Seit 2011 produziert sein Unternehmen eigene Serien, darunter das mit drei Emmys prämierte *House of Cards*. Obwohl die Jurymitglieder einiger renommierter Filmfestspiele wie dem von Cannes sich noch zieren, werden auch sie sich über kurz oder lang der VUKA-Dynamik nicht entgegenstellen können. Es ist nur eine Frage der Zeit, bis eine Netflix- oder Amazon-Prime-Produktion auch eine Goldene Palme gewinnen wird.

Gemessen an seinem Erfolg wirkt Reed Hastings wie der Prototyp des neuen Unternehmensführers. In einem Interview antwortete er auf die Frage, was die Aufgabe eines CEO sei:

> *»Wenn du echt groß wirst, achte vor allem darauf, was wirklich wichtig ist: [...] Vision, Fokus, Inspiration, Kultur. Aber du [selbst] kannst*

nicht viel von der Arbeit machen – wenn du es versuchst, wirst du ausbrennen und alle anderen verärgern. […]

In meiner ersten Firma, ich war 33 Jahre alt und wir hatten 50 Leute, […] war [ich] zu sehr damit beschäftigt, Holz zu hacken, anstatt die Axt zu schärfen. Ich hätte mehr Zeit mit anderen Unternehmern verbringen sollen. Ich hätte Yoga oder Meditation machen sollen. Ich verstand nicht, dass ich dem Unternehmen half, indem ich mich besser machte, auch wenn ich von der Arbeit weg war.« (Yeh 2018)

Ist Ihnen etwas aufgefallen? Hastings spricht hier nicht von Programmierkursen, Managementseminaren und ähnlichen Formen der Wissensvermehrung, die man gemeinhin als »horizontales Lernen« bezeichnet. Vielmehr schwingt in seinen Worten viel von dem mit, was ich oben als »innere Transformation« bezeichnet habe. Er sieht den Ankerpunkt für den Wandel bei sich selbst. Sein Beispiel führt uns bei unserer Suche nach den Führungspersönlichkeiten des 21. Jahrhunderts auf die richtige Fährte.

Die neuen Leader werden aus einer Position der höheren Bewusstheit heraus entscheiden und agieren – deshalb nenne ich sie »bewusst«. Sie fördern mutiges Handeln und Teambeziehungen, die auf Vertrauen beruhen und unsere grundlegenden Bedürfnisse nach Autonomie, Verbundenheit und Glück miteinbeziehen, statt sie »dem Wohl des Unternehmens« zu opfern.

Der britische Nationalökonom Richard Layard fordert sogar eine Revolution der Wissenschaft, die das Glück der Menschen in den Mittelpunkt stellt. Wie Ruth Seliger in ihrem Buch *Positive Leadershship: Die Revolution in der Führung* (2014) beschreibt, sieht Layard die Probleme der Wirtschaftswissenschaft darin,

»dass Wirtschaftsexperten nicht daran interessiert sind, wie glücklich die Menschen wirklich sind. Stattdessen betrachten sie nur die Kaufkraft und lassen die Bedürfnisse der Menschen beiseite. Wir benötigen eine Wirtschaftstheorie, die die Erkenntnisse der neuen Psychologie einbezieht. Auf dieser Grundlage brauchen wir eine neue Vision, wie wir tatsächlich Wohlstand schaffen können.« (S. 50)

Ein hehres Ziel! Leider hat das Gros der Führungskräfte bis heute viel zu selten das Glück ihrer Mitarbeiter auf dem Schirm. Dabei wäre dieser Perspektivwechsel enorm hilfreich.

Das schwächste Glied: der Mensch

Die ersten Astronauten der NASA durften nicht zimperlich sein. Immerhin galt es, den Mond zu erobern – und zwar vor den Sowjets, die schon den ersten Menschen ins All geschickt hatten! Da waren die Zentrifugen wohl nur ein Vorgeschmack dessen, was die Pioniere des Raumfahrtzeitalters zu erwarten hatten.

Im Schleudergang der großen Zentrifuge spürten die Männer eine Erdanziehungskraft von 5 g und mehr. Das Fünffache der Erdanziehungskraft sei ungefähr so, als säße man bei 200 km/h mit dem Rücken zur Fahrtrichtung und würde dann in einer einzigen Sekunde zum Stehen kommen, erklärte der deutsche Astronaut Alexander Gerst einmal. Man habe das Gefühl, seine Zunge zu verschlucken, weil sie mit Macht in den Rachen drängt. Wenn beim Training der Apollo-Besatzungen die Fliehkräfte groß genug waren, verlor jeder die Besinnung. Das Material hielt den Belastungen mühelos stand.

Was man in der Vorbereitung auf die Mondmission durch Messungen belegte, ist keine große Überraschung: Das schwächste Glied in den meisten Wirkungsketten ist der Mensch. Sein Organismus ist nur begrenzt belastbar. Das gilt auch für die Psyche. Im Hinblick auf die exponentiell zunehmende Komplexität der VUKA-Welt ist diese Einsicht bedeutsam.

»Aktuellere Schätzungen gehen davon aus, dass sich das Wissen der Welt […] etwa alle fünf bis zwölf Jahre verdoppelt, wobei sich diese Rate noch beschleunigt«, lese ich in *Wikipedia* unter dem Stichwort »Informationsexplosion« und staune. Das heißt, das mooresche Gesetz ist, mit einer geringfügig größeren Zeitdimension, auch auf das Wissen der Welt anwendbar. Zugleich sehen wir an dem Beispiel, dass Quantität nicht gleich Qualität ist. Auch wenn es heute keine Universalgelehrten mehr gibt, kann der menschliche Geist doch einen recht nützlichen Querschnitt des *relevanten* Wissens in sich aufnehmen. Und wenn er dann die passenden Strategien einsetzt, vermag er Dinge zu vollbringen, die an Wunder grenzen.

Und genau da liegt der Knackpunkt bei der ganzen Sache. Die meisten von uns sind so verwachsen mit ihren Prägungen und kulturellen Glaubenssätzen, dass ihnen der Wandel hin zu *Mind Movement Mastery* wie die Quadratur des Kreises erscheint: eine unlösbare Aufgabe.

Arbeiten bis zum Umfallen

So mag auch Yoshi gefühlt haben. Er lebte in Toyota, der Stadt, die ihren Namen einem der größten Automobilhersteller verdankt – so wie fast alles hier. Yoshi war in den Toyota-Kindergarten gegangen, später auf die Toyota-Schule, anschließend hatte er am Toyota Technological Institute studiert. Auf Wunsch seines Vaters hatte er nach der Ausbildung eine Karriere als Manager bei der Toyota Motor Corporation begonnen. Eigentlich hätte sich Yoshi, in guter japanischer Tradition und tiefer Dankbarkeit gegenüber seinem Arbeitgeber, bis zum Ruhestand für den Autobauer abrackern sollen. Und am Ende seines Lebens wäre er wohl in ein Toyota-Seniorenheim gegangen.

So weit der Plan. Doch Yoshi war schon mit 35 total ausgebrannt. Innerlich hatte er den Kontakt verloren, erst zu seiner Firma, dann zu seiner Familie und schließlich zu sich selbst. Für ihn war das Leben nur noch beschwerlich, unendlich ermüdend, leer und sinnlos. Deshalb kaufte er sich ein schönes, festes Seil, wie es Bergsteiger benutzen, sowie ein Erste-Klasse-Bahnticket.

Am nächsten freien Arbeitstag fuhr Yoshi dann mit dem Shinkansen über Nagoya bis Shin-Fuji. Er verließ den Hochgeschwindigkeitszug im Schatten des heiligen Berges Fujiyama und stieg in ein langsameres Gefährt um, einen gemieteten Toyota – was sonst? Der Wagen mit dem umweltfreundlichen Hybridmotor brauchte auf der Straße nach Norden etwa eine Stunde bis zum Wald von Aokigahara. Dort, am Fuße des ehrwürdigen Fuji-san, stellte Yoshi das Auto vorschriftsmäßig auf einem Parkplatz ab, wanderte ein Stück in den Wald hinein und setzte seinem Leben ein Ende. ●

Yoshis Geschichte ist eine von vielen, und damit spiele ich nicht auf den Aokigahara an, den »Selbstmordwald«, der wie magisch immer wieder lebensmüde Menschen anzieht. Ich rede von der Bereitschaft vieler Japaner, sich im Dienst ihrer Firma völlig zu verausgaben, bis sie restlos ausgebrannt sind.

Das hohe Tempo der Veränderung in der VUKA-Welt hängt viele ab, nicht nur in Japan. Die Menschen sind zunehmend überfordert, leiden an Erschöpfungsdepressionen, landläufig als »Burn-out« bezeichnet. »Für Deutschland schätzt die WHO die Zahl der Menschen mit Depressionen auf 4,1 Millionen, 5,2 Prozent der Bevölkerung«, berichtete 2017 das *Deutsche Ärzteblatt*.

Yoshis Schicksal ist noch die »harmlosere« Variante dessen, was andere Leidensgenossen ereilt. Sie sterben, ohne Hand an sich zu legen, von einem Tag auf den anderen. Die Japaner nennen es *karoshi* – »Tod durch Überarbeitung«: Es sieht aus wie ein Schlaganfall oder Herzinfarkt, doch die eigentliche Ursache ist eine zutiefst erschöpfte Seele. Auffallend oft reißt *karoshi* Manager aus dem Leben. Unzählige Fälle dieses Phänomens sind dokumentiert. Bei den Südkoreanern heißt der »Erschöpfungstod« *kwarosa* und in China *guolaosi*. Warum tritt er besonders oft in den fernöstlichen Leistungsgesellschaften auf?

Vermutlich, weil dort die Tradition einer inneren Transformation mehr als anderswo im Wege steht. Besonders in Japan ist Selbstaufopferung ein Teil der Kultur. Für einen Samurai gehörte es zum guten Ton, seine beschädigte Ehre durch *seppuku* wiederherzustellen, also sich den Bauch aufzuschlitzen. Dieses Erbe prägt bis heute das Verhalten, auch in der Wirtschaft. Nimmt der Druck zu, ist am Ende das schwächste Glied immer noch der Mensch. Die von mir beschriebenen Extreme mögen Ihnen bizarr erscheinen. Doch Leistungswahn ist beileibe kein rein asiatisches Phänomen.

Das Jahrhundert des Leistungswahns

»Zeit ist Geld.« Tim hatte dieses Lebensmotto schon mit der Muttermilch aufgesogen. Als Manager verkörperte er es wie kein anderer im Team. Er hat wahrlich einen ausgefüllten Tag! Morgens um 5 Uhr tätigte er seinen ersten *Conference Call* mit Australien und beendete den Tag mit einem

Onlinemeeting, deren übrige Teilnehmer an der Westküste der USA saßen. Die Zeit regierte Tims Leben. Er ist einer meiner Klienten, die auf ihre Leistungsfähigkeit stolz waren. Und trotzdem war er unglücklich.

Ein aussichtsreicher Kandidat für *karoshi,* mitten in Europa.

In Ländern wie Japan, China und Korea zeigt sich kulturell bedingt in überhöhter Form eine Haltung, die das ganze 20. Jahrhundert hindurch auch die westliche Welt geprägt hat. Der Leistungswahn treibt uns zu immer besseren Ergebnissen für den Job, die Firma, die Familie und dann erst für das eigene Ich: für unseren Geist und den Körper. Politik und Wirtschaft predigen das Leistungsprinzip, als sei es der einzige Weg zur Glückseligkeit.

Statt uns wenigstens im persönlichen Leben Ruheinseln zu schaffen, füllen wir es mit noch mehr Dynamik und erhöhen dadurch die Komplexität der Welt. Das Zeitmanagement soll uns dann vor dem Kollaps retten, es zählt zu den Schlüsselfertigkeiten in der Mitarbeiterentwicklung. Zeit zu verschwenden gilt als Todsünde. »Die Zeit rinnt mir durch die Finger« – das ist nicht nur eine Redewendung. Es ist eine Volkskrankheit. Mehr denn je sind wir im digitalen Zeitalter durchökonomisiert, von der Empfängnis bis zur Einäscherung. Und zugleich bemessen wir in den besten Jahren des Lebens unseren Wert daran, wie viele Likes wir auf Facebook oder Instagram bekommen.

Die Chinesen sind uns mit ihrem sozialen Punktesystem schon einen Schritt voraus. Dort bestimmen die Nachbarn mit ihren Bewertungen, ob meine Kinder auf die Uni gehen. Und wenn ich bei Rot die Straße überquere, dann hat das garantiert irgendeine Kamera mitgefilmt und an eine künstliche Intelligenz verpetzt, die meinen Fehltritt hierauf mit negativem Vorzeichen in die staatliche Formel für Wohlverhalten einspeist. Und schon ist das Studium für den Nachwuchs wieder ein Stück weiter weggerückt.

Dieser technisch perfektionierte Wahnwitz beruht auf dem Irrglauben, ein Anpassen des Verhaltens könnte die Gesellschaft verbessern. Aber das ist nur Augenwischerei, wenn auch eine weit verbreitete.

Das letzte Jahrhundert war geradezu besessen von der Verhaltensoptimierung. Wenn etwas nicht stimmte, so die einhellige Ansicht, musste man nur das Verhalten korrigieren. In den USA nennt sich die Justizvollzugsbehörde nicht von ungefähr *Department of Correction* – »Korrekturabteilung«. Und wenn ein Manager seine Zielvorgaben nicht erreichte, dann stimmte etwas an seinem Verhalten nicht. Dann bekam er ein Training, das dem Mangel abhelfen sollte. »Sei jünger!«, »Sei gesünder!«, »Sei smarter!« – all diese Parolen zielen auf ein und dasselbe ab: das Verhalten zu ändern. Kein Wunder, wenn viele unter dem Stress des Leistungsdrucks zusammenbrechen.

Es mag Sie überraschen, dass die Wissenschaft zur Wirkung von Stress schon Anfang des 20. Jahrhunderts aufschlussreiche Erkenntnisse gewonnen hat. Wegweisend waren auf diesem Gebiet die Experimente der Psychologen Robert Yerkes und John D. Dodson mit einer nicht näher bekannten Zahl von Mäusen. Die Wissenschaftler heizten die Gitterstäbe am Boden der Mäusekäfige auf und maßen dann, wie gut die Nager dabei Aufgaben bewältigten. Das Ergebnis: Die Leistungsfähigkeit steigt nur bis zu einem bestimmten Stresslevel und fällt danach wieder ab. Nun sagen ja viele: »Unter Druck kann ich am besten arbeiten.« Das mag bis zu einem gewissen Punkt sogar stimmen. Doch jenseits davon sinkt die Konzentration in einer steil abfallenden Kurve, deren Verlauf das Yerkes-Dodson-Gesetz beschreibt.

Übrigens lässt sich das gleiche Phänomen bei Teams, ganzen Unternehmen, komplexen Systemen und sogar bei »seelenlosen« Computern nachweisen. Bis heute kennen viele Manager nur eine Richtung: Ziele höherschrauben, Druck erhöhen. In Unternehmen gibt es keine Erholung mehr. Die Folge sind nicht selten Erschöpfungsdepressionen (Burn-out) bis hin zu Selbstmord oder *karoshi*.

Dabei weiß jeder Sportler: Wirksames Training ist ein Wechsel zwischen Belastung und Erholung. Einige Unternehmen, oft solche aus dem stressigen IT- und Technologiesektor, erkennen die Gefahren pausenlosen Drucks und steuern dagegen. Sie fördern das notwendige Relaxen durch Gesprächs- und Erholungsinseln oder andere Maßnahmen für die »Entspannung zwischendurch«. Diese gewiss guten Ansätze wirken mehr von außen als von innen, also im Geist der stressgeplagten Mitarbeiter. Später zeige ich Ihnen, wie Sie das Potenzial in Ihrem Team besser aktivieren.

Auch Tim hat das gelernt. »Zeit ist Leben«, lautet sein jetziges Motto. Er nimmt sich jeden Mittag die Zeit für einen Lauf in freier Natur. Er macht, von wenigen Ausnahmen abgesehen, pünktlich gegen 18 Uhr Feierabend und widmet sich seiner Familie. Er hat gelernt, gut zu sich zu sein. Bewusster die eigenen Bedürfnisse und die der anderen wahrzunehmen. Daraus schöpft er Kraft, die ihn kreativer und leistungsfähiger macht als je zuvor. Denn auch das hat Tim verinnerlicht: Energie ist Leben.

Flexibilisierung der Arbeit

Im Jahr 1960 arbeiteten bundesdeutsche Arbeitnehmer im Schnitt 44,6 Stunden pro Woche. Dann setzten die Gewerkschaften den Unternehmen und Behörden zu, bis viele Erwerbstätige 1995 wöchentlich nur noch 37,7 Stunden arbeiteten. Zu dieser Zeit suchte die Wirtschaft händeringend nach neuen Wegen, um die Produktivität anzukurbeln. So entdeckte man das Geheimrezept zur Steigerung der Leistung: die Flexibilisierung der Arbeitszeit.

Viele Arbeitnehmer empfinden ihre »flexibleren« Dienstpläne nicht unbedingt als Win-win-Situation, sondern sehen sich eher als Verlierer. Für sie bedeutet diese Regelung den Verzicht auf planbare Freizeit für die Familie und / oder den Verlust des Privaten, der gemeinsamen Zeit – wenn der eine das Haus verlässt, kommt die andere gerade von der Arbeit. Und wer an freien Tagen oder nach Feierabend ständig im Stand-by-Modus läuft, kann sich nur schwer erholen. Das Konzentrationsvermögen fällt ab, die Zahl der Fehler nimmt zu. All das verursacht neuen Stress, der zu noch schlechterer Leistung führt – ein fataler Teufelskreis.

Der »Raubtierkapitalismus« ist so sehr damit beschäftigt, die nächsten Quartalszahlen zu erfüllen, dass er dabei seine Kinder frisst. Inzwischen gibt es eine wachsende Bewegung von Wissenschaftlern, die einen Wandel zum *Conscious Capitalism* für unvermeidbar halten. Dieser »bewusste Kapitalismus« sucht zwar durchaus die Vorteile für ein Unternehmen, hält sich dabei aber an einen ethischen Kodex, welcher gesellschaftliche Veränderungen aufgreift und die damit verbundenen Interessen der Gesellschaft berücksichtigt.

Diese neue Art von Bewusstheit ist in der Wirtschaft bislang eher die Ausnahme als die Regel. Darum fehlen den Managern alten Schlages zunehmend die Erfolge. Und das bekommen sie dann am eigenen Leib zu spüren.

Kurzlebige Manager

Führungskräfte haben es nicht leicht. Viele fühlen sich verloren zwischen den Rollen als Fach- und Führungskraft. Wie die Boston Consulting Group (BCG) 2019 berichtete, fühlen sich laut einer internationalen Onlineumfrage 81 Prozent der Manager in westlichen Ländern überarbeiteter, gestresster und weniger unterstützt als noch vor wenigen Jahre. Ein Fünftel der 5000 Teilnehmer an der Umfrage kam aus Deutschland, 70 Prozent waren *keine* Manager. Davon sagten 31 Prozent, sie wollten lieber weiter als Experten arbeiten, als sich den Stress einer Führungsposition aufzuhalsen. Nur 37 der befragten Führungskräfte sehen sich in den nächsten fünf bis zehn Jahren noch auf dem Chefsessel.

Das ist eine alarmierende, wenn auch realistische Einschätzung. Nach Untersuchungen von McKinsey & Co. beträgt die »Lebenserwartung« eines modernen CEO nur sechs Jahre (Watkins 2014). 1995 waren es noch zehn. Andere Quellen sagen, dass 72 Prozent der Vorstandsvorsitzenden der *Fortune* Top 500 weniger als fünf Jahre überleben mit der Tendenz zu drei Jahren (Todaro, Smith 2003).

Die dramatische Talfahrt der Lifecycles von Führungskräften untergräbt jede Nachhaltigkeit. Wie soll ein Manager, der um sein kurzes »Verfallsdatum« weiß, ein Unternehmen mittel- oder gar langfristig transformieren? Was einzig zählt für den eigenen Erfolg, sind die Ergebnisse des nächsten Quartals. Warum auch längerfristig denken? In ein paar Jahren wird man seine Abfindung genießen und die Nachfolger können sich mit den Folgen des kurzfristig orientierten Handelns herumschlagen.

Die Folge dieser Dynamik: Nur wenige Manager stecken zumindest einen Teil ihrer Energie in die Entwicklung von Strategien, Mitarbeitern und Unternehmenskultur. Familienunternehmen kommen diesem Anspruch noch am nächsten. Sie planen ihr Geschäft aus ihrer Geschichte heraus oft schon für die Folgegeneration. Eine weitblickende Strategie, die sich in vielen Fällen bewährt hat.

Führung heute – Krise und Chancen

In den 1990er-Jahren rief die Unternehmensberatung McKinsey den *War for Talents* aus, den »Krieg um Talente«. Man schlussfolgerte, dass in der modernen Welt nur die bestehen werden, die mit dem *Talent Mindset* – der »Talentdenkweise« – ausgestattet sind. Die Folge war eine ultimativ talentfokussierte Personalpolitik in den Unternehmen. Sie schütteten die begehrten Talente mit mehr Geld zu, als diese selbst für möglich hielten. Diese Philosophie hat der Welt die Dotcom-Blase und einige andere dramatische Fehlentwicklungen beschert. Heute wissen wir: Ein hoher IQ sagt nichts über den beruflichen Erfolg aus (Gladwell 2010).

85 Prozent der heutigen Führungskräfte besitzen nicht die Reife, das Bewusstsein oder die Perspektive, ihr Geschäft in einer VUKA-Welt erfolgreich zu führen, sagt die Mehrheit der Wissenschaftler, die zum Thema »Entwicklung von Erwachsenen« publizieren. Die von guten Führungskräften erzielte Wertschöpfung könnte im Vergleich zu der von »schlechten« Managern drei Mal höher liegen. Außergewöhnliche Leader schaffen sogar noch deutlich mehr wirtschaftlichen Wert (Zenger et al. 2019, Studie über 30 000 Führungskräfte). Jedoch verfügen nur 5 Prozent der Leader tatsächlich über die mentale und emotionale Fähigkeit, komplexe, systemische Veränderungen zu bewältigen und zuverlässig organisatorische Veränderungen zu generieren (Brown 2013). Sie stehen an der Spitze der mentalen Entwicklung hin zu *Mind Movement Mastery*.

Integrieren statt spezialisieren

Jede Ära der Menschheitsgeschichte hatte ihre Leitwissenschaft. In der Antike war es die Philosophie, im Mittelalter die Theologie, und in der Moderne sind es die Naturwissenschaften. Heute spielen die Neurowissenschaften, die Komplexitäts- und die Kommunikationsforschung eine immer stärkere Rolle. Wir haben das Zeitalter der Wissenschaften über lebende Systeme betreten.

Von jeher hat das vorherrschende wissenschaftliche Paradigma auch das Verständnis von Führung *(Leadership)* beeinflusst. In der *Leadership* des 21. Jahrhunderts gibt es laut dem Neurobiologen Gerald Hüther zwei Schlüsselbegriffe: Selbstorganisation und Potenzialentfaltung.

Ich möchte sogar noch einen Schritt weiter gehen. Die Antwort auf eine Welt, in der alles zusammenhängt, muss eine Führung sein, in der alles zusammenhängt, eine »integrale Leadership«. Der zukünftige Erfolg von Organisationen wird davon abhängen, ob Führungskräfte in ihren Entscheidungen den Kontext und die Beziehungen verstehen und miteinbeziehen. Um diesen Grad der Reife zu erreichen, müssen sie bewusst an körperlicher, persönlicher und zwischenmenschlicher Intelligenz arbeiten. Das bedeutet *Mind Movement Mastery*. Und damit sind wahrhaft erstaunliche Ergebnisse möglich – mit oder ohne Talent.

Die Antwort auf VUKA besteht also nicht in noch mehr Spezialisierung. In einer Zeit, in der Experten so viel Ansehen genießen wie einst das Orakel von Delphi, klingt das revolutionär. Die meisten größeren Unternehmen haben ja für alles eine Fachabteilung oder einen Spezialisten.

Sein Wissen zu spezialisieren ist angesichts der Informationsexplosion unserer Tage sicherlich nicht verkehrt. Nur sollte dieses horizontale Lernen stets mit einer vertikalen Entwicklung einhergehen. Wir brauchen Führungskräfte, die über den Tellerrand hinausblicken, die grenzüberschreitend wahrnehmen, denken und handeln, so wie es jüngst Levi Strauss und Google vorgemacht haben.

Was kommt dabei heraus, wenn ein Jeanshersteller und eine »Datenkrake« zusammenarbeiten? Nein, keine Hose mit acht Beinen, sondern die *Commuter X Jacquard by Google.* Das ist eine Jeansjacke, mit der Sie telefonieren können. Dazu haben die Designer eine Bluetooth-Fernbedienung fürs Smartphone in das Kleidungsstück eingearbeitet. Sie erhält ihre Befehle über hauchdünne, in den Jeansstoff eingewebte Metallfäden.

So etwas wie die *Commuter* (wörtlich »Pendler«) kommt heraus, wenn Führungskräfte verbindend statt spezialisierend denken. Als Chip Bergh 2011 den Posten als CEO bei Levi Strauss & Co. übernahm, wollte er nicht einfach weitermachen wie bisher. Sein Unternehmen verkaufte die legendäre Levi's 501 seit 150 Jahren. Aber Tradition allein würde die Marke nicht in die Zukunft tragen. Bergh wollte Innovationen, die den Ansprüchen des 21. Jahrhunderts genügen.

Die Google-Levis-Jacke ist ein schönes Beispiel dafür, wie eine integrierte Führung zu völlig neuen Produkten und Sparten der Marktführerschaft führen kann. Dieser disruptive Ansatz ist typisch für Unternehmen wie Google, Apple, Dyson oder Sony, die durch echte Innovationen hervorstechen. Das gelingt auf Dauer nur, wenn die dort arbeitenden

Menschen beweglich, anpassungsfähig, bereit und fähig sind, sich ständig zu verändern und neu zu erfinden.

Vertikales Lernen – wenn das Glas voll ist

Etwas *neu* zu *erfinden* bedeutet ja, eine abgeschlossene Entwicklung entweder in umwälzendem Maß fortzusetzen oder sie durch etwas komplett Neues auszutauschen. Wenn wir dieses Wortbild auf Menschen anwenden, sind die »fertigen« Personen die Erwachsenen. *Adult Development* – die Weiterentwicklung oder innere Transformation von Erwachsenen – ist ein zentrales Thema in der Forschung zur »transformationalen Führung«. (Was darunter zu verstehen ist, erkläre ich im Kapitel »Transformationale Führung: ein zukunftsweisender Entwurf«). Hier genügt es zu wissen: Vertikales Lernen ist das Vehikel dafür, sich mental, emotional und charakterlich weiterzuentwickeln.

Um sich den Unterschied zwischen horizontalem und vertikalem Lernen zu verdeutlichen, stellen Sie sich am besten vor, Sie wären ein Gefäß. Wenn Sie horizontal lernen, dann erhöhen Sie darin den *Pegel* Ihres Wissens, verändern also, *was* Sie denken. In jeder Weiterbildung erfahren Sie mehr über Computertechniken, Markttechniken, Gesprächstechniken, Zeitmanagementtechniken ... Sie *erhöhen* somit Ihr funktionales Wissen und verbessern Ihre Fertigkeiten. Zum Lösen klar definierter Probleme in einem wenig vernetzten Umfeld ist horizontales Lernen ideal.

Durch vertikales Lernen indes vergrößert sich das Gefäß – der Raum, in dem Sie Ihre Kompetenzen erweitern können. Sie entwickeln mentale Komplexität sowie emotionale und soziale Kompetenz für einen weiseren und achtsameren Umgang mit Mitarbeitern und anderen Ressourcen. Vertikales Lernen verbessert die Art und Weise, *wie* Sie denken, bestimmte Sachverhalte deuten und Sinn stiften. Sie wechseln leichter in neue Perspektiven, erweitern Ihren Blickwinkel und nehmen mehr wahr. Das macht Sie klüger, fürsorglicher und weiser.

Auf den Punkt gebracht: Horizontales Lernen entwickelt Kompetenzen. Vertikales Lernen entwickelt das Mindset, das heißt unsere Weltsicht, aus der heraus wir Bedeutung geben und mit Komplexität, Unsicherheit und Mehrdeutigkeit souveräner umgehen können (siehe Abb. 3).

 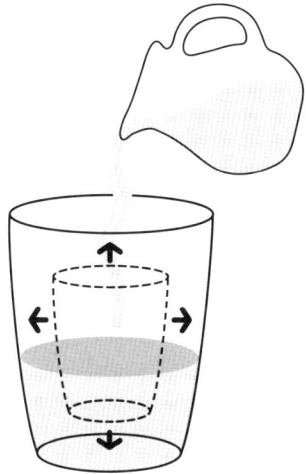

Horizontales Lernen

erhöht den Füllstand des Glases mit mehr Wissen, Fähigkeiten und Kompetenzen

Vertikale Entwicklung

verändert das Gefäß und vergrößert so die interne Kapazität, um komplexer, systemischer, strategischer und unabhängiger zu arbeiten. Sie erweitert die Fähigkeit, mit Komplexität umzugehen und in unsicheren, mehrdeutigen Situationen sinnstiftend zu agieren.

Abb. 3: Horizontales Lernen versus vertikale Entwicklung

Mind Movement Mastery beinhaltet das eine wie das andere. Ein Leader mit *Mind Movement Mastery* fördert Wissen, Fertigkeiten und Verhalten, die dem Erreichen des gemeinsamen Ziels dienen, und das nicht nur bei anderen, sondern auch bei sich selbst. Mindestens ebenso wichtig ist ihm das vertikale Lernen *aller* Beteiligten, damit *jeder* für sich, für andere und für das Unternehmen klüger agiert.

Die noch junge Wissenschaft des vertikalen Lernens ist eine grenzüberschreitende Disziplin, die Erkenntnisse aus den Neurowissenschaften und der Entwicklungspsychologie miteinander vereint. Sie zeigt messbar bessere Ergebnisse im Vergleich zur rein horizontalen Weiterbildung. Damit sich Verhalten nachhaltig ändert, damit es also nicht nur bei guten Neujahrsvorsätzen bleibt, muss man zunächst die mentalen Grundroutinen für den Geist und die Gefühle ändern, die ich oben als *Mind Operating System* bezeichnet habe. Nur durch ein Update Ihres *MindOS* erlangen Sie die Bewusstheit, mittels der Sie sich und die Welt klarer wahrnehmen. Das ist die Voraussetzung für Subjekt-Objekt-Beziehungen zwischen sich und Ihren *Big Assumptions:* Sie können dann selbst entscheiden, was aus Ihrem mentalen Rucksack Sie entsorgen.

Wie wissenschaftliche Studien zeigen, ist vertikales Lernen nicht zwingend an ein Coaching gebunden. Einigen Menschen gelingt die Selbsttransformation auch auf autodidaktischem Weg recht gut. Mithilfe eines guten Coachs, der mit Methoden des vertikalen Lernens arbeitet, lässt sich der Prozess aber bis um das Fünffache beschleunigen.

Das deckt sich mit meinen eigenen Erfahrungen. In fast jedem Menschen ist die höhere Komplexität von Geist und Herz unterschwellig vorhanden. Aber man muss diese gleichsam »freischalten« wie eine SIM-Karte, die bereits in einem Handy steckt. Ein Coaching weist dabei den Weg wie eine Bedienungsanleitung für den Geist.

Natürlich darf es nicht bei der inneren Transformation bleiben. Die Integration von Vielfalt und Vernetzung erfordert ebenso ein Ändern der Organisationsstrukturen, der Abläufe, der Art zu kommunizieren und der Produkte. Die Frage wird nicht sein, *ob* Millionen von Führungskräften ihr Denken grundlegend ändern müssen, sondern *wann* dies geschehen wird.

Das Erfreuliche an dieser Nachricht: Wir haben alles, was wir für diese Selbsttransformation brauchen. Wir müssen nur die Zügel in die Hand nehmen und andere dabei unterstützen, es uns gleichzutun. Je mehr Menschen ihr ganzes Selbst in die Gestaltung einer besseren Zukunft einbringen, desto größer ist das Erbe, das wir an unsere Kinder weitergeben.

Selbstoptimierung: Mode oder Chance?

Mindfulness als Ego-Booster

Wenn ich bei Google das deutsche Suchwort *Achtsamkeit* eintippe, erhalte ich 12,8 Millionen Einträge. Beim englischen *Mindfulness* sind es sogar 117 Millionen. Ich muss Ihnen sicher nicht erklären, dass Masse eher selten ein Kriterium für Klasse ist. Weil die Wissenschaft vom vertikalen Lernen noch so jung ist, gibt es bei der Umsetzung eben auch Licht und Schatten.

Um den Begriff der Achtsamkeit zu verstehen, ist es am besten, zunächst die Missverständnisse zu betrachten, die darüber herrschen. Mindfulness ist keine …

- Religion
- New-Age-Methode mit Räucherstäbchen
- Gedankenvermeidungstechnik
- Atemübung
- Entspannungstechnik
- Methode zum Stressabbau

Obwohl einige dieser Aspekte auch in der Praxis der Achtsamkeit und Meditation zu finden sind, besteht darin nicht ihr eigentliches Wesen.

Was genau ist denn dann diese Achtsamkeit oder Mindfulness? In der Fachliteratur findet sich dazu häufig die Definition von Jon Kabat-Zinn, der an der Universität von Massachusetts Achtsamkeitsmeditation lehrte. Er beschreibt Achtsamkeit als eine bestimmte Form der Aufmerksamkeit, die sich absichtsvoll und ohne zu urteilen auf das Hier und Jetzt fokussiert statt aufs Gestern oder Morgen (1982).

Achtsamkeitsmeditation ist eine Praxis, die uns durch mehr Bewusstheit *eigene* direkte Erfahrungen erschließt, welche uns sonst entgehen würden. Sie ist in der meditativen Praxis jedoch nur die Spitze des Eisbergs. Ich unterscheide deshalb zwischen der Meditation mit kleinem »m« und jener mit großem »M«. Die Meditation zum Erlangen von Achtsamkeit gehört in die erste Kategorie. Sie öffnet uns die Tür zu mehr Präsenz im gegenwärtigen Moment. Bei der Meditation mit dem großen »M« geht es dagegen immer um das spirituelle Erwachen *(Awakening)*, um das Erweitern des direkten Erkennens, Erlebens und Fühlens im Hier und Jetzt.

Dieses Erwachen offenbart uns eine ultimative Realität, die viel tiefer, vollständiger und bezaubernder ist als die Wirklichkeit, die wir mit unserem Alltagsbewusstsein erleben. Aus dieser Erfahrung heraus erkennen wir, dass alles – unser Selbst eingeschlossen – Manifestationen dieser ultimativen Realität sind. *Awakening* führt uns über den gegenwärtigen Moment des Denkens, Empfindens und Fühlens hinaus zu der direkten Erfahrung eines mit allem verbundenen Bewusstseins, das völlig offen, grenzenlos und frei ist. Auf diesem Weg jenseits der Achtsamkeit empfinden wir unser Ich nicht länger als getrennt von dem Leben, das uns umgibt. Es ist durchaus zutreffend, von einer ultimativen, unendlichen Identität zu sprechen. Das Bewusstsein dieser Identität entspringt der Liebe, ist aus Liebe gemacht und führt zu Handlungen, die eine Spur der Liebe hinterlassen, wo immer es sich manifestiert.

Das klingt Ihnen zu vergeistigt? Sobald Sie die praktischen Aspekte von Achtsamkeit und der darüber hinausgehenden Bewusstheit besser verstehen, werden Sie vielleicht anders denken. Lassen Sie uns deshalb später darauf zurückkommen, wenn wir besprechen, wie sich ein bewusster Leader selbst führt.

Hier wollen wir vorerst festhalten, dass Achtsamkeit zwar nicht alles ist, aber ohne Achtsamkeit ist alles nichts. Mit der richtigen Praxis stärkt sie nachweislich das Immunsystem und die geistige Gesundheit. Sie vermindert Stress und verbessert das Arbeitsgedächtnis, die Informationsverarbeitung und die meisten anderen Bereiche des Denkens, die wir allgemein unter dem Begriff der »Kognition« zusammenfassen.

Auf der aktuellen Mindfulness-Welle surfen viele Angebote, die ich mit *sehr* kleinem »m« schreiben würde. Hier wird Achtsamkeit gleichsam als Ego-Booster vermarktet. Und genau darum geht es dabei: Tools zur Selbstoptimierung zu verkaufen, nach deren Gebrauch man sich besser fühlt und die man unbedingt haben muss, frei nach dem Motto: »Meditieren Sie auch schon? Ach, noch nicht? Na, das schaffen Sie auch noch.«

Die Mindfulness-Mode nimmt etwas an sich Gutem die Kraft. Viele machen die Meditation zu einem Objekt, das nur dem Aufblasen des Egos dient. Diese selbstverliebte Form der Achtsamkeit fördert narzisstisches Denken. Im Gegensatz dazu ist Spiritualität immer etwas, das übers Ich hinausweist.

Ich möchte nicht pauschal allen Büchern, Seminaren, Apps und Programmen zur Mindfulness die Wirkung absprechen – selbst Placebos helfen ja bekanntermaßen. Doch die kommerzialisierte Achtsamkeitswelle lässt außer Acht, dass Meditation ein Weg zur Befreiung ist. Deshalb warne ich Klienten stets: Die Meditation könnte ihr gesamtes Weltbild erschüttern oder gar zum Einsturz bringen. Das ist bisweilen eine schmerzliche Erfahrung. Aber wenn der Staub sich erst gelegt hat, blickt man in unendliche Weiten voll unbeschreiblicher Schönheit.

Positives Denken

Glück besteht eher aus den kleinen Annehmlichkeiten und
Freuden des Alltags als aus großen und seltenen Glücksfällen.
BENJAMIN FRANKLIN

Wie Achtsamkeit, so ist auch positives Denken ein wichtiger Baustein der Selbsttransformation. Wissenschaftler sagen, die aus einer optimistischen Haltung entstehenden positiven Emotionen könnten die Folgen negativer Gefühle auf das Herz-Kreislauf-System neutralisieren. Positives Denken entsteht nicht aus sich selbst heraus oder weil man dem inneren Pessimisten den Krieg erklärt. Es muss, so wie jede Form des Denkens, aus einer Quelle schöpfen. Das können positive Werte sein.

Manche verwechseln solche Werte leider mit Traditionen. Es wäre sicher verkehrt, Werte und Traditionen allein deshalb zu verwerfen, weil sie aus einer anderen Zeit stammen. Das würde weder von positivem noch von eigenständigem Denken zeugen. Ob überlieferte Wertvorstellungen und Sitten nützlich oder schädlich sind, zeigt sich am deutlichsten an ihren Ergebnissen.

Eine wichtige Voraussetzung dafür ist, etwas Gutes zu *erwarten*. Damit ist nicht gemeint, alles Negative zu verdrängen. Positiv zu denken schließt unbedingt ein, die Realität zu akzeptieren, sie sollte jedoch immer vorurteilsfrei hinterfragt werden. Aus dieser Bewusstheit heraus kann ich dann das Beste daraus machen.

Nun lernen wir schon in der Schule den kritischen Diskurs. Das ist per se durchaus nicht schlecht, doch gerade wir Deutschen scheinen unsere helle Freude daran zu haben, überall das Haar in der Suppe zu suchen. Und wer sucht, der findet. Darunter leidet die Dankbarkeit – und positives Denken ohne Dankbarkeit ist unmöglich.

Dankbarkeit hat, wie wir später sehen werden, wenig mit Vermögen oder gar Reichtum zu tun. Wer viel hat, nimmt das gerne als Beweis, dass er besser ist als die anderen. Wie Studien belegen, geben solche »Reichen« anderen Menschen weniger als arme Menschen, die erkennen, dass sie von einem sozialen Netz abhängig sind.

Selbstüberschätzung ist häufig antrainiert. »Du bist ein toller Hecht. Niemand kann dir das Wasser reichen.« Solche als Motivation gemeinte Parolen führen nur in die Sackgasse neuer Abhängigkeiten und damit letztlich ins Unglück. Das ist kein positives Denken, sondern Narzissmus.

Würden Sie sagen, dass positives Denken etwas Wunderbares ist? Der

Verstand stimmt dem nur allzu gern zu. Doch warum begegnen wir im Alltag so selten Menschen mit einer durch und durch positiven Grundhaltung? Im Volk der Dichter und Denker scheinen ausgerechnet die Bedenken die liebste Form des Denkens zu sein. Es wird Zeit, in jedem neuen Vorhaben wenigstens *eine* Chance zu sehen statt tausend Möglichkeiten des Scheiterns. Das wäre wahrhaft positives Denken.

Sportexzesse

Heinz arbeitete bei einem großen deutschen Automobilkonzern. Nach außen hin legte er eine Musterkarriere hin: schickes Auto, schönes Haus, nette Familie, alles tipptopp. Doch er war unglücklich, fühlte sich ausgebrannt. Jeder redete ihm ein, er müsse nur Sport treiben und sich gesund ernähren, dann werde alles gut.

Jeden Abend ging Heinz nun in die Muckibude. Sieben Tage die Woche. Wenn schon, denn schon, dachte er sich. Aber die schmerzvollen »Exerzitien« reinigten nicht seine unglückliche Seele. Sie bewirkten eher das Gegenteil. Seine Verbissenheit raubte ihm jede Freude. Er hatte den Frust gegen Unlust ersetzt.

Seine »Selbsttherapie« folgte den gesellschaftlichen Konventionen: »Fühlst du dich ausgepowert, dann trainiere für den Berlin-Marathon. Oder mach Pilates. Oder trainiere für den Tough Mudder. Tausende tun das. Dann wird's auch dir guttun.« Wie Untersuchungen zeigen, macht es eher noch unglücklicher, wenn man auf solche Weise das »Glück« der anderen zu kopieren versucht.

Abseits wissenschaftlicher Studien verrät einem das schon der gesunde Menschenverstand. Es mag ja sein, dass Tausende sich mit Pilates optimieren oder mit exzessivem Sport die letzten Glückshormone aus ihren Drüsen quetschen, doch warum sind die Straßen dann nicht voll von Menschen, die vor Glück nur so strotzen? Die meisten Goldsucher finden keine dicken Nuggets, sondern nur etwas Glitzerstaub. Und die meisten Glückssucher finden kein dauerhaftes Lebensglück, sondern bestenfalls ein flüchtiges Glücksgefühl.

Vor 2500 Jahren hatte Prinz Siddhartha Gautama alle denkbaren Extreme selbst durchlebt. Er hatte die Freuden des Reichtums genossen und die Entbehrungen der Askese erlebt. Auf seinen Ausfahrten hatte er Alter, Krankheit, Tod und Schmerz erforscht, um zu ergründen, wie der Weg des Leids zu beenden sei. Im Alter von 35 Jahren verbrachte Siddhartha eine Vollmondnacht in tiefer Meditation unter einer Pappelfeige. In dieser Nacht fielen Hass, Begierde und Unwissenheit von ihm ab. Von Stund an war er »der Erwachte«. Das Sanskritwort dafür lautet *Buddha*. Unter dem »Baum der Weisheit« hatte Gautama Buddha erkannt, dass Extreme das Leid nicht beenden. Sie vermehren es nur. Seitdem folgte er dem »mittleren Weg«. ●

Eine gute Wahl, die im Einklang mit der modernen Wissenschaft steht und die ich Ihnen als universelle Lebensregel gern ans Herz legen möchte:

Meiden Sie Extreme, die sind immer toxisch.

Das innere »Betriebssystem« neu definiert

Eines ist klar: Für die innere Transformation gibt es keine Standardprozedur. Jeder Mensch ist einzigartig, auch im Hinblick auf seine geistige Entwicklung. Damit Sie sich und andere besser einschätzen können, lernen wir in diesem Kapitel acht verschiedene Bewusstseinsstufen kennen. Wie wir gleich sehen werden, ist diese Entwicklung keine Frage des IQ. Einige Menschen mit einfacher Bildung besitzen aus ihrer persönlichen Geschichte heraus ein hohes Maß an Bewusstheit und Empathie. Andere mit Harvard-Abschluss verhalten sich wie trotzige Kinder.

So wie die messerscharf denkende Lena. Kaum ein Manager in ihrem Unternehmen verdiente so viel wie sie. Sie war ein wandelndes Lexikon für Finanzrecht und Kapitalanlagen. Und sie war ein Rüpel im maßgeschneiderten Businesskostüm. Eigentlich wollte der

Finanzvorstand ihrer Firma nicht auf sie verzichten. Wenn es da nur nicht ihre tyrannische Seite gegeben hätte.

Lena hatte die Empathie einer Abrissbirne. Geriet sie in Rage, erinnerte ihre Stimme an eine Flex, die mit enervierendem Kreischen alles durchtrennte, was das Team zusammenhielt. Wenn Sie den Fehler eines Mitarbeiters vor versammelter Mannschaft sezierte, dann sank die Motivation im Raum auf den absoluten Nullpunkt: minus 273 Grad Kelvin. Das überlebten nur die wenigsten.

Weil Lenas Abteilung bei der Personalfluktuation immer neue Rekorde brach, verordnete ihr der Finanzvorstand ein Coaching. Rettung sollte einer jener Managementtrainer bringen, die an den Skills ihrer Schützlinge herumfeilen, als seien sie stumpfe Messer, die man nur etwas schärfen müsse. Er zeigte Lena, wie man mit Menschen effizienter kommuniziert.

Damit hatte er ihr nun das Rüstzeug gegeben, ihre Mitarbeiter noch effizienter zu tyrannisieren. Bis einige Wochen später ihr Chef sie in sein Büro rief. »Ich weiß nicht, Lena, wie wir ohne Sie auskommen sollen«, sagte er ihr sinngemäß. »Aber irgendwie werden wir es wohl müssen.«

Mit etwas Geschick hätte der Coach ergründen können, dass Lena von klein auf gelernt hatte, sich von niemandem und schon gar nicht von Männern die Butter vom Brot nehmen zu lassen. Gut zu führen bedeutete für sie, anderen zu zeigen, wie überlegen sie ihnen war. Diesen Irrglauben nahm sie mit in ihren nächsten Job, bei dem sie nicht einmal die Probezeit überstand. Dann erst fand sie einen Persönlichkeitscoach, der sie durch ihre Selbsttransformation begleitete. Heute ist Lena immer noch anspruchsvoll und ambitioniert. Aber sie hat gelernt, dabei ihre Mitarbeiter gut aussehen zu lassen und sie mit Wohlwollen und Empathie zu behandeln. Und ihre Stimme klingt deutlich weicher als früher. ●

Wie Lenas Beispiel zeigt, genügt es nicht, angesichts des rasend schnellen Wandels und der unübersichtlichen Komplexität der VUKA-Welt nur ratlos die Hände über dem Kopf zusammenzuschlagen. Lassen Sie uns einen Schwenk machen. Richten wir den Fokus auf den Ort, an dem die Veränderung des Führungsstils beginnen muss: auf unseren Geist.

Aufschlussreiche Einblicke hierzu liefert uns eine Erhebung des US-amerikanischen Meinungsforschungsinstituts Gallup. Es stellte 200 000 Mitarbeitern in 36 Unternehmen die Frage: »Haben Sie bei der Arbeit Gelegenheit, jeden Tag das zu tun, was Sie am besten können?« (Buckingham, Clifton 2016, S. 16). Nur etwa jeder Fünfte antwortete mit Ja. Etwas provokativ könnte man es auch so ausdrücken: Die Führungskräfte verschwendeten das Potenzial von 80 Prozent ihrer Mitarbeiter, also von etwa 160 000 Menschen.

Ferner fragten die Meinungsforscher 80 000 Manager, welche Stärken sie für eine gute Führung als wichtig erachteten. Die Antworten flossen in den *Clifton StrengthsFinder®* von Gallup ein. Dieses Werkzeug zur Selbstanalyse listet die folgenden 34 Talente auf (Seliger 2014, S. 103):

Analytisches Denken	Intellekt
Anpassungsfähigkeit	Kommunikationsfähigkeit
Arrangeur	Kontaktfreude
Autorität	Kontext
Bedeutsamkeit	Leistungsorientierung
Behutsamkeit	Positive Einstellung
Bindungsfähigkeit	Selbstbewusstsein
Disziplin	Strategie
Einfühlungsvermögen	Tatkraft
Einzelwahrnehmung	Überzeugung
Entwicklung	Verantwortungsgefühl
Fokus	Verbundenheit
Gerechtigkeit	Vorstellungskraft
Harmoniestreben	Wettbewerbsorientierung
Höchstleistung	Wiederherstellung
Ideensammler	Wissbegierde
Integrationsstreben	Zukunftsorientierung

Tab. 1: Stärken guter Leader (nach Clifton StrenghtsFinder® bzw. Seliger 2014, S. 103)

Übung zur Selbstanalyse

Man mag über die solide wissenschaftliche Grundlage des Gallup-Managementkonzepts streiten. Die darin genannten Eigenschaften und Fähigkeiten sind jedoch, wie ich finde, ein guter Ansatz zur Selbstanalyse. Machen Sie daraus doch eine Übung und gehen Sie die Liste selbstkritisch durch. Welche Schulnote würden Sie sich für jedes dieser Talente geben? Bitte beschönigen Sie nichts – Sie müssen Ihr Zeugnis ja niemandem zeigen. Je ehrlicher Sie mit sich sind, desto klarer erkennen Sie Ihre »Baustellen« und desto gezielter können Sie Ihre Stärken ausbauen. Womit gelingt Ihnen das? Mit einer guten Rundumsicht.

Das AQAL-Modell: Landkarte der Möglichkeiten

Der 1949 in Oklahoma City geborene Autor Ken Wilber wollte einen Weg finden, die »Architektur des Kosmos« zu beschreiben. Da Wilber kein Astronom, sondern integraler Philosoph ist, galt sein Bestreben jenem Zusammenspiel von Menschen, das unsere Welt am Laufen hält.

Im Laufe seiner Forschung entwickelte er das AQAL-Modell (sprich: *äh-quell*). Das Akronym steht für *All Quadrants All Levels* und beschreibt ein aus vier Viertelebenen zusammengesetztes Modell für die innere und äußere Landschaft menschlicher Möglichkeiten. Es lässt sich sowohl auf einzelne Personen wie auf Gruppen und Organisationen anwenden.

	Innensicht	Außensicht
Einzelner	ICH subjektive Sicht und Erfahrung Selbst und Bewusstsein; Denken, Gefühle, Emotion und Physiologie	ES objektive Sicht messbar Gehirnstruktur; objektive Ent- sprechungen innerer Zustände; sichtbares Verhalten
Gruppe	WIR gemeinsames Gefühl und Verständnis Teamdynamik; Werte und Kultur im Unternehmen	SIE funktionale Abläufe soziales System und Umwelt; Struktur, Strategie und Prozes- se des Unternehmens

Tab. 2: Ken Wilbers AQAL-Model angewandt auf die Geschäftswelt

In seinem Buch *Integrale Vision* bezeichnet Wilber das AQAL-Modell auch als »integrale Landkarte« oder »integrales Betriebssystem«, kurz IBS (2009, S. 66–68). Das erinnert an unser *MindOS*, geht aber weit darüber hinaus.

Wie Sie sehen, besteht das AQAL-Modell aus den vier Quadranten ICH, ES, WIR und SIE. Die beiden oberen Segmente stehen für die individuellen Perspektiven und die unteren zwei für die kollektiven. Die linken Quadranten repräsentieren die eigene Wahrnehmung von sich selbst und der eigenen Gruppe. Rechts sehen wir den nach außen gewandten Blick auf ein anderes Individuum oder auf »die Welt da draußen« ganz allgemein. Das AQAL-Modell ist also weit mehr als ein Ikea-Regal mit vier Fächern, in das Sie Ihre Welt einsortieren können. Es gleicht eher einer Landkarte, die Ihnen die Orientierung erleichtert. Sie schärft Ihre Wahrnehmung von sich selbst im Wechselspiel mit Ihrem sozialen Umfeld, der Kultur und Gesellschaft sowie der Natur. Jedes Ereignis in der mit unseren Sinnen wahrnehmbaren Welt besitzt diese vier Dimensionen, ob Sie es nun aus der subjektiven ICH-, aus der mitfühlenden WIR- oder der objektiven ES-/SIE-Perspektive betrachten.

Immer noch zu theoretisch? Dann lassen Sie uns ein Auto durch die vier Quadranten betrachten: Objektiv gesehen hat ES (das Auto) vier Räder, einen Motor usw. und ist ein Bestandteil des Verkehrssystems (SIE). ICH finde ein Auto nützlich und bequem. WIR in Deutschland halten ein Auto zwar (größtenteils) für umweltschädlich, wollen aber nicht darauf verzichten.

AQAL ist ein universell einsetzbares Modell, mit dem sich das Wechselspiel unseres »inneren Betriebssystems« mit realen Phänomenen analysieren und wirksamer handhaben lässt. Das funktioniert auch in der Wirtschaft. Hier repräsentieren die vier Quadranten die Umgebungen oder Märkte, auf denen sich ein Produkt oder eine Dienstleistung behaupten muss. Für jede dieser Ebenen gibt es heute nach Wilber eine maßgebende Theorie zum Wirtschaftsmanagement:

Theorie X	Theorie Y
konzentriert sich auf das psychologische Verständnis.	betont das individuelle Verhalten.
ICH	ES
WIR	SIE
Kulturmanagement	**Systemmanagement**
legt den Schwerpunkt auf die Organisation von Kultur.	fokussiert sich auf das soziale System und seine Umgebung.

Tab. 3: Die AQAL-Quadranten in der Wirtschaft (nach Wilber 2009, S. 98)

In jedem der vier Quadranten sehen Sie Werte, die für den Gewinn neuer Kunden entscheidend sind: die Psychologie des potenziellen Kunden, sein objektiv messbares Verhalten, kulturelle und nachhaltige wie auch soziale Aspekte. Früher legten viele Managementschulen den Schwerpunkt auf einen der Quadranten. Viele eher klassische Manager etwa sind vor allem auf das ES fokussiert: Fachwissen und objektive Verfahren, die scheinbar einen direkten, messbaren Bezug zum geschäftlichen Erfolg besitzen. Deshalb lieben sie Zahlen. Diese vermitteln ihnen ein Gefühl der Kontrolle, weil Zahlen scheinbar verraten, wo das ES zu optimieren ist. Aber diese eindimensionale Sichtweise passt nicht in unsere komplexe, vielfach vernetzte Welt.

> **Integrale Führung mit *Mind Movement Mastery* berücksichtigt stets alle vier Dimensionen des AQAL-Modells.**

Erinnern Sie sich noch an Tim, der sich vom Workaholic zu einer bewussteren und mitfühlenden Führungskraft entwickelt hat? Wenn er heute im Meeting sitzt, denkt und fühlt er gleichsam auf einer höheren, integrativen Stufe. Früher hatte bei den Sitzungen jeder am Tisch in seinem mentalen Rucksack herumgekramt, während scheinbar alle übers Geschäft redeten. Der eine hielt einen Vorschlag für dumm, weil dieser in seinen Augen die bewährten Verfahren der Vergangenheit über den Haufen warf. Eine andere brütete stumm vor sich hin, weil ja sowieso nie jemand auf sie hörte.

All diese *Big Assumptions* saßen unsichtbar mit am Konferenztisch und beeinflussten die Beziehungen im Team. Jeder sah die Welt nur von außen als großes Sammelsurium rational erfassbarer Objekte. Doch wer sich auf die ES-/SIE-Sicht beschränkt, wer also gleichsam aus göttlicher Perspektive auf die Welt herabblickt, der ist auf (mindestens) einem Auge blind: Er ignoriert die »innere Welt« der Akteure und deren Beziehungen.

Für Tim und sein Team war es ein steiniger Weg, verkrustete Denkmuster aufzubrechen und im Miteinander stets alle vier AQAL-Dimensionen einzubeziehen. Heute diskutieren sie nicht über Glaubenssätze, sondern arbeiten gemeinsam und fokussiert an sinnstiftenden Lösungen, die sich auf umfassendes Know-how und optimale Verfahren stützen (ES), jeden Einzelnen (ICH) befriedigen, das Unternehmen (WIR) voranbringen und die Welt (SIE) ein Stück besser machen.

Entwicklungsstufen des Bewusstseins

Kennen Sie die russischen Matrjoschka-Puppen? Die kleinste steckt in einer größeren, diese wiederum in einer noch größeren und so weiter. Dieses Puppe-in-Puppe-Prinzip lässt sich auf die verschiedenen Stufen des Bewusstseins übertragen, die ein Mensch in seiner Entwicklung von der frühen Kindheit bis zum fortgeschrittenen Erwachsenenalter durchläuft. Wilber bezeichnet sie als »Meilensteine von Wachstum und Entwicklung« (2009, S. 31).

Abb. 4: Vertikale Entwicklung: Jede Entwicklungsstufe baut auf der vorangehenden auf und transzendiert sie. Was wir haben, behalten wir; wer wir sind, reist mit uns.

Der Begriff »Bewusstsein« ist in der deutschen Sprache vielschichtig. Das *Deutsche Universalwörterbuch* beschreibt seine Bedeutungsschattierungen so:

> »1. a) Zustand, in dem man sich einer Sache bewusst ist; deutliches Wissen von etw., Gewissheit [...] b) Gesamtheit der Überzeugungen eines Menschen, die von ihm bewusst vertreten werden [...] c) Gesamtheit aller jener psychischen Vorgänge, durch die sich der Mensch der Außenwelt und seiner selbst bewusst wird [...] 2. Zustand geistiger Klarheit; volle Herrschaft über seine Sinne [...]«

Wenn ich in diesem Buch vom Bewusstsein oder der Bewusstheit eines Menschen spreche, meine ich hauptsächlich die wache und gewollte Wahrnehmung seiner selbst sowie der äußeren Vorgänge in Reichweite seiner fünf Sinne: Sehen, Hören, Riechen, Schmecken und Tasten.

Die Bewusstseinsstufen wiederum sind ein Modell, um die wachsende innere Entwicklung von Menschen zu beschreiben, besonders im Hinblick darauf, wie sie ihre Wahrnehmungen interpretieren, ihnen Bedeutung geben und in Handlungen umsetzen. Betrachten wir dafür ein Beispiel aus den frühen Entwicklungsphasen des menschlichen Bewusstseins:

Ein kleines Kind von etwa drei Jahren, das in der Badewanne sitzt und spielt, beginnt zu schreien, sobald Mama den Stöpsel zieht und das Wasser herausläuft. Warum? Weil das Kind sich und das feuchte Nass als Einheit begreift und fürchtet, jeden Moment selbst durch den Abfluss zu verschwinden. Nur ein Jahr später amüsiert sich das Kind, wenn das Badewasser ausläuft, und spielt mit den Strudeln, die das Wasser bildet. Was ist da in der Entwicklung geschehen? Während das dreijährige Kind das Badewasser als Subjekt und Teil des Selbst erlebt, kann es ein Jahr später das Badewasser als von ihm selbst getrenntes Objekt wahrnehmen.

Dieses Beispiel lässt sich auch auf Erwachsene und ihr Bewusstsein übertragen. Solange wir uns mit unseren grundlegenden Annahmen und mentalen Konstrukten identifizieren, sind sie Subjekt und beherrschen uns. Entwickeln wir uns auf eine höhere Stufe des Bewusstseins, können wir das, was bislang Teil von uns war, als Objekt wahrnehmen und als solches analysieren, steuern und beherrschen.

Hier schließt sich der Kreis, der bei den ineinander verschachtelten Matrjoschkas begann: So wie ein gesundes Kind sein Sprachvermögen nicht wieder verliert, nachdem es einmal sprechen gelernt hat, so ist auch das stabile Einpendeln auf eine neue Bewusstseinsstufe dauerhaft. Die meisten Menschen leben überwiegend auf dieser »mittleren« Stufe. In Zeiten von Unsicherheit, Stress und Krankheit fallen sie bisweilen auf ein früheres Niveau zurück. Beim Meditieren oder unter anderen optimalen Bedingungen kann für kurze Zeit die nächste Stufe »aufblinken«. Erst allmählich erreicht die weitere Entwicklung dann die nächste stabile Position, sodass die Person voll und ganz dieser Ebene zuzurechnen ist.

Die Wissenschaft von der Bewusstseinsentwicklung kennt verschiedene Modelle zum Beschreiben von Bewusstseinsstufen, vergleichbar mit den unterschiedlichen Maßeinheiten für die Temperatur. Ob Sie nun von 100° Fahrenheit oder von 37,8° Celsius sprechen, Ihnen ist immer gleich heiß. Zudem verwenden die Forscher eine unterschiedliche Nomenklatur für ihre sich überlappenden Modelle. Ken Wilber etwa nennt die Bewusstseinsstufen auch »Ebenen« (2009, S. 32). Bei William R. Torbert finden wir den Begriff der »Handlungslogik«. Meist meinen sie, zumindest annähernd, dasselbe. Jede Ebene erweitert die vorhergehenden Ebenen um neue Aspekte. Die Entwicklung von einer Stufe oder Ebene zur höheren verläuft fließend, weshalb sich in der Literatur auch der Begriff der »Wellen« findet. Falls Sie sich in die Materie vertiefen möchten, hilft Ihnen folgende Tabelle dabei, die verschiedenen Terminologien miteinander in Beziehung zu setzen:

Kegan	Cook-Greuter	Wilber	Graves, Beck & Cowan	Torbert & Rooke	Maslow
Entwicklungsstufen	Ego-Entwicklung	Integral	Spiral Dynamics	Handlungslogiken	Bedürfnisse
selbsttransformierend (< 5 %)	vereinigend	Ironiker	Indigo	Ironiker (< 1 %)	
	konstruktbewusst	Magiker	Türkis	Alchemist (2 %)	selbsttranszendent
	selbstaktualisierend	Stratege	Aquamarin	Stratege (4 %)	selbstaktualisierend
selbstautorisierend (35 %)	selbstbefragend	Individualist	Grün	Individualist (10 %)	
	selbstbestimmt	Erfolgsmensch	Orange	Erfolgsmensch (30 %)	
sozialisiert (58 %)	fertigkeitszentriert	Experte	Bernstein	Experte (38 %)	selbstachtend
	gruppenzentriert	Diplomat		Diplomat (12 %)	zugehörig
selbstsouverän (7 %)	selbstzentriert	impulsiver Opportunist	Rot	Opportunist (5 %)	sicherheits-physiologisch

Tab. 4: Entwicklungsstufen des Bewusstseins – Vergleich der Theorien und Ansätze

Warum beschäftigen wir uns mit diesen Bewusstseinsstufen? In ihrem Aufsatz »Seven Transformations of Leadership« erklären David Rooke und William R. Torbert (2005):

»Führungskräfte, die sich bemühen, ihre eigene Handlungslogik zu verstehen, [können] ihre Führungsfähigkeit verbessern [...] Aber um das zu tun, ist es wichtig, zuerst zu verstehen, was für eine Art von Leader Sie sind.«

Nachdem Sie also Ihre Talente analysiert und sich mit der vierdimensionalen Sichtweise des AQAL-Modells vertraut gemacht haben, verbreitern Sie nun die Basis zu Ihrer objektiven Selbsteinschätzung. Jede Ebene des Bewusstseins entsteht aus einer Synthese von Sein (Erleben und Fühlen), Denken und Tun. Sie bestimmt, wie wir über die Welt und unsere Erfahrungen denken und ihnen Bedeutung zumessen. Wie wir sie verstehen und darauf reagieren. Wie und warum wir uns engagieren. Letztlich hängt von der Bewusstseinsstufe auch ab, worüber wir unsere Identität definieren, welche Ziele wir anstreben, was wir als den Sinn des Lebens sehen.

In diesem Buch verwende ich ein vereinfachtes Modell, das die wichtigsten Stufenmodelle integriert. Es lehnt sich eng an die Aktionslogiken von Torbert und Rooke an. Ihr Modell fußt auf 40 Jahren Forschung mit Zehntausenden von Erwachsenen, darunter Tausende von Führungskräften. Jane Loevinger und Susanne Cook-Greuter leisteten einen maßgeblichen Anteil zu diesen Forschungsergebnissen. Diverse Studien haben überdies ermittelt, wie hoch der Anteil der Erwachsenen auf jeder der acht Ebenen ist. Sie finden diese Angabe als Prozentzahl hinter dem Namen der Level:*

1. Opportunist (5 %)

Mit etwa 16 Jahren ist die persönliche Entwicklung des kindlichen Bewusstseins abgeschlossen. Auf der Stufe des »Opportunisten« ist der Geist selbstzentriert: Ich bin es, der zählt. Aus dieser Haltung heraus überlistet der Opportunist die anderen, um die eigenen Bedürfnisse zu befriedigen. Dabei kann er durchaus Charme an den Tag legen, wenngleich dieser meist etwas unreif wirkt. Er sucht den Konsens, wenn dieser seinen eigenen Zielen nützt. »Richtig« ist für ihn, was er *für sich* durchsetzen kann.

---

* Die Zahlen beruhen auf US-amerikanischen Studien, sind grundsätzlich aber auf die ganze westliche Welt zu übertragen.

Mit diesem Ziel vor Augen instrumentalisiert er die Welt und andere Personen. In seinem Gedankenkosmos ticken die anderen genauso wie er, sind per se also Konkurrenten.

Deshalb strebt er nach Dominanz und Kontrolle, um nicht untergebuttert zu werden. Business ist Krieg. Wer die Welt positiver und optimistischer sieht, ist in seinen Augen naiv. Er gibt konkreten Handlungen den Vorrang gegenüber Ideen und theoretischen »Wischiwaschi-Diskussionen«. Deshalb sind Opportunisten für Coaches weitgehend beratungsresistent.

Hinter dem vorgeschützten Machogehabe des Opportunisten verbirgt sich oft ein zerbrechliches Selbstwertgefühl. Er verteidigt sich gegen »Gefahren« wie Kritik mit Wutanfällen und Beschimpfungen. Geht etwas schief, sind die anderen Schuld. Manager auf der Opportunistenstufe neigen zu einem diktatorischen, zwanghaften Führungsstil. Humor fällt oft bissig und verletzend aus.

Droht Gefahr, ist der übersensible Opportunist oft der Erste, der auf Probleme hinweist. In Notfällen mag das durchaus nützlich sein – solange das Wohl der anderen mit seinem eigenen verbunden bleibt. Ist keine Empathie gefragt, mag er Verkaufschancen zuverlässig aufspüren. Und wenn er mit anderen, die wie er hart am Wind segeln, ein Team bildet, kann er sogar kommerziell erfolgreicher sein als der Durchschnitt. Kollateralschäden sind dabei die Regel.

Wenn jeder Mensch einer russischen Matrjoschka-Puppe gleicht, dann steckt auch in jedem – mehr oder weniger tief verborgen – ein Opportunist. Und das bringt, wie wir gesehen haben, Vor- und Nachteile mit sich.

2. Diplomat (12 %)

Führungskräfte auf der Stufe des »Diplomaten« sind Meister der Anpassung und des schönen Scheins. Sie fokussieren sich auf das in ihrem sozialen Umfeld »korrekte« Verhalten und vermeiden offene Konflikte. Diplomaten wollen dazugehören, wobei sie vor allem die für ihre ethnische Gruppe gültigen Normen unterstützen. Sie gestalten selten offensiv und disruptiv, sind also keine Trendsetter, sondern folgen eher reaktiv den ausgetretenen Pfaden. Sich selbst zu hinterfragen, gehört nicht zu ihren Stärken. Oft kündigen sie etwas an, handeln dann später aber anders.

Auf dieser Bewusstseinsstufe hat der Mensch seinen eigenen inneren Kompass, um sich selbst zu führen. Er ist selbstmotiviert, selbstbewertend und hat seine eigene (positive oder negative) Ideologie. Die »Diplomatie« benutzt er als bevorzugtes Mittel, um Macht und Einfluss auszuüben. Diplomaten schmeicheln, ermutigen und verlangen, falls nötig, das Einhalten des Protokolls oder sozialer Normen. In einem Team sind sie der »Klebstoff«, der die Menschen zusammenhält. Sie achten auf die Bedürfnisse anderer und halten Ausschau nach Menschen, die zu kämpfen haben. Wenn eine Situation eine beruhigende Präsenz erfordert, kann ein Diplomat von unschätzbarem Wert sein.

Mitunter bezeichnen Autoren diese Bewusstseinsstufe auch als »konformistisch«: Die vielen Schattierungen von Grau im echten Leben wirken einschüchternd auf den Diplomaten. Das Schwarz-Weiß-Denken erleichtert es ihm, es anderen recht zu machen. Am liebsten verweilt er in seinen eigenen Gedanken, Gefühlen und Bedürfnissen, so lange diese keinen Zwist heraufbeschwören. Obgleich er durchaus eine eigene Meinung hat, hält er damit lieber hinter dem Berg.

Die gruppenzentrierten Diplomaten streben im Team nach Zustimmung, um Konflikte zu vermeiden. Sie rudern fleißig mit, rocken aber selten das Boot. In Führungspositionen gehen sie dem mutigen, ehrlichen Gespräch lieber aus dem Weg, weil sie es als bedrohlich empfinden. Feedback verstehen sie leicht als Missbilligung und fühlen sich dann verletzt. Ihr Selbstwertgefühl braucht regelmäßig einen »TÜV-Stempel« von Vorgesetzten, Kollegen oder anderen Bezugspersonen: Sie definieren sich über ihre Beziehungen von außen nach innen. Ihre angenehme, sympathische Art zielt darauf ab, sich möglichst wenig hervorzuheben.

Aus dieser Haltung heraus neigen Diplomaten dazu, unterschiedliche Meinungen überzubewerten. Statt zuzuspitzen, verallgemeinern sie lieber. Einige verfügen, im Gegensatz zum Gros der Opportunisten, über das Potenzial, achtsamer mit sich selbst umzugehen und sich in gesundem Maß selbst zu behaupten.

3. Experte (38 %)

Viele Führungskräfte befinden sich auf der Bewusstseinsstufe des »Experten«. Der Experte konzentriert sich auf Fachwissen, Sachverstand, Verfahren und Effizienz. Seine Perspektive ist eher technisch-funktional. Er managt nach den Regeln der Vernunft und Logik. Spezialisierung geht vor Integration. Im Zweifel sucht der Experte nach wissenschaftlicher Rückendeckung für den »richtigen Weg«.

In Fragen der Macht beruft sich der Experten-Leader zunächst auf das »fundierte Wissen« und notfalls auf seine Autorität. Für Feedback ist er bestenfalls empfänglich, wenn es von einer fachlich größeren Autorität stammt. Er blickt durchaus über den Tellerrand hinaus, um seine Position gegenüber anderen durch das Wissen der Welt zu stärken. Auf seiner Suche nach Perfektion widmet er seine Aufmerksamkeit auch den Details.

Ein Experte sieht die Welt weniger schwarz-weiß, sondern eher in Grautönen, deren Unterschiede durch die helleren oder dunkleren Farben um sie herum deutlicher hervortreten. Er hat seine eigene Ideologie, vermag aber leichter innerlich davon zurückzutreten und sie als begrenzt zu betrachten. Auch mit Komplexität, Gegensätzen, Widersprüchen und Mehrdeutigkeiten arrangiert er sich, solange diese nicht seinen Expertenstatus gefährden.

Ein Experte kann ein Team bereichern. Er ist lösungsorientiert und stark beim Implementieren erprobter Technologien. Auch in der täglichen Routine ist er mit seiner Kompetenz nahezu unschlagbar. Auf dieser Bewusstseinsstufe tummeln sich viele Ingenieure, Technokraten, Buchhalter und Lehrer.

Als wenig visionärer und integrativer Mensch mag er für eine Transformation im Unternehmen ein Hemmschuh sein. Wer sich für die hellste Kerze auf der Torte hält, ist selten teamorientiert. Er neigt eher dazu, Probleme dogmatisch zu leugnen. Für ihn ist kognitive Intelligenz wichtiger als emotionale Intelligenz. Da der Experte an eine vorhersehbare Lösung glaubt, betrachtet er transformative Ideen und Prozesse meist skeptisch.

4. Erfolgsmensch (30 %)

Der »Erfolgsmensch« (engl. *Achiever*) ist die höchste Bewusstseinsstufe, die konventionelle Führungskräfte gemeinhin ohne vertikales Lernen erreichen. Diese Gruppe repräsentiert knapp ein Drittel aller Erwachsenen. Manager auf diesem Level konzentrieren sich darauf, Ergebnisse zu liefern, Ziele zu erreichen, effizient, aufgaben- und erfolgsorientiert zu arbeiten. Dabei denken sie nicht nur kurzfristig in die Zukunft, sondern mit einem Zeithorizont von ein bis fünf Jahren. Sie sind weltoffen und anderen Menschen zugewandt.

Der Erfolgsmensch feilt gern an der Leistung. Um die Effizienz zu verbessern, jongliert er mit Produktionsmitteln, Finanzen, Zeiten, »Köpfen« und den Anforderungen des Marktes. Er agiert insofern integrativ, als er nachhaltige Maßnahmen zur Weiterbildung von Mitarbeitern und zum Schutz der Umwelt unterstützt, wenn diese seinen strategischen Zielen nützen. Seine Macht schöpft der Erfolgsmensch aus der effektiven Koordination von Ressourcen. Muss er andere mit ins Boot holen, argumentiert er logisch auf der Grundlage von Daten und Erfahrungen.

Mit seinem Pragmatismus ist er das Erfolgsmodell des transaktionalen Führungsstils. Er kann solche klassischen Managementsysteme effektiv implementieren und bindet dabei mehr die Mitarbeiter ein als der »Opportunist«, »Diplomat« oder »Experte«. Vermeintlich bewährte Methoden der Führung zu hinterfragen, gehört nicht zu seinen Stärken.

Solange sie Erfolg haben, sind Erfolgsmenschen hart im Nehmen. Weil sie ständig unter Strom stehen, empfindet ihr Umfeld sie oft als abgelenkt und unkonzentriert. Entgleitet ihnen die Kontrolle, weil sie an die Grenzen ihres konventionellen Führungsstils stoßen, empfinden sie Stress, Angst oder Panik. Sie haben dann das Gefühl, die »Stopp-Taste« nicht mehr zu finden, und landen oft im Burn-out. Es ist kein Zufall, dass die meisten Flughafenbuchhandlungen voller Bücher übers Gewinnen sind – Notfalllektüre für erfolgsorientierte *Achiever* im Abstieg.

Erfolgsmenschen legen – bei sich und anderen – viel Wert auf die »erprobten Standards«. Bei Abweichungen von der Ideallinie erweisen sie sich oft als ihre strengsten Kritiker. Daher sind sie im Vergleich zu Personen der unteren Bewusstseinsstufen empfänglicher für Feedback und Coachings. Sie bringen diese »Opfer«, weil sie die Kontrolle behalten und ihre Ziele erreichen wollen. Einige öffnen sich dem vertikalen Lernen, entwickeln sich weiter und betreten die sogenannten postkonventionellen Stufen.

5. Individualist (10 %)

Der »Individualist« repräsentiert eine Bewusstseinsstufe, die Führungskräfte ohne aktive Maßnahmen der vertikalen Entwicklung selten erreichen. Dazu zählt die regelmäßige Praxis der Meditation. Wir dürfen daher zu Recht von der ersten »kultivierten« Ebene des Bewusstseins sprechen, denn das Sanskritwort für Meditation bedeutet ursprünglich genau das: »kultivieren«. Manche gelangen auf diese Stufe durch eine ungeplante »Gipfelerfahrung« *(Peak Experience),* hervorgerufen durch eine Lebenskrise, eine spirituelle Erfahrung von Einheit oder andere einschneidende Erlebnisse.

Die Perspektive von Führungskräften auf dieser Stufe ist integrativer: Die Individualisten setzen sich selbst in Beziehung zu dem System aus Menschen, ihrer Organisation, der Umwelt und anderen Faktoren. Von dieser höheren Warte aus entscheiden sie mit einem Zeithorizont von zehn Jahren oder mehr.

Wenn ihre persönlichen Ziele oder die von Mitarbeitern mit denen des Unternehmens konkurrieren, hinterfragen Individualisten vorgefasste Meinungen und suchen nach einem Kompromiss. Dabei neigen sie zu originellen und kreativen Lösungen. Beim Führen des Teams engagieren sie sich persönlich und binden zugleich ihre Mitarbeiter stärker mit ein.

Im kritischen Diskurs benennt der Individualist klar Probleme und Unterschiede und sucht zusammen mit den anderen den besten Weg. Dabei zeigt er Empathie und Wertschätzung. Macht schöpft er aus seiner visionären Herangehensweise. Er hat keine Scheu, überkommene Strukturen oder Weltanschauungen zu demontieren, sie anzupassen oder ganz neue »Spielregeln« jenseits der normalen Zwänge auszurufen. Dabei erfindet er neue interessante Rollen für sich und andere. Individualisten brechen nicht selten aus starren Strukturen aus, gründen eigene Start-ups und verblüffen die Welt mit ganz neuen Produkten.

Der Umgang mit Risiken und die Rolle des Beraters gehören zu den Stärken des Individualisten. Er integriert aktiv die Ideen und Vorschläge verschiedener Interessengruppen, wobei er auch eigene und fremde Annahmen, Werte, Ziele und Überzeugungen berücksichtigt. Sein weniger linearer Ansatz ist gegenüber den früheren Bewusstseinsstufen komplexer und systemischer.

Diese Haltung des Individualisten hat auch Nachteile. Bisweilen mangelt es ihm an Idealismus und Pragmatismus. Deshalb diskutiert er mitunter lang und scheinbar unproduktiv. Manchen Experten und anderen Leistungsträgern platzt dabei leicht der Kragen, weil sie die »richtige Lösung« längst zu kennen glauben. Ihnen erscheint der Individualist wie einer, der seinen Kompass verloren hat. Auf andere wiederum wirken sein unkonventionelles Denken und seine Leidenschaft inspirierend.

6. Transformator (4 %)

Ganze vier von hundert Führungskräften befinden sich auf der Bewusstseinsstufe des »Transformators«. Man erreicht sie gewöhnlich nur durch eine umfassende innere Transformation. Bewusste Leader auf dieser

Ebene haben eine universelle Sichtweise. Ihr Zeithorizont reicht mitunter weit über die aktuelle Generation hinaus. Sie handeln integrativ, bewusst und transformativ. Ihre Entscheidungen zeugen von Weisheit und beziehen alles Leben mit ein. Deshalb fällt es ihnen leichter, dynamische Prozesse aufzunehmen und sich auf sie einzustellen, wenn sie Theorien und Prinzipien in die Praxis überführen.

Ihre Haltung ist für weniger komplex gestrickte Zeitgenossen oft schwer nachzuvollziehen. Der Transformator ist die *erste* Bewusstseinsstufe, auf der Führungskräfte eine echte Integration der Prinzipien von *Mind Movement Mastery* erreichen.

Das bewusste, wache, nicht urteilende Beobachten ist eine der großen Stärken des Transformators. So vermag er den Widerspruch als Chance zu nutzen. Er fördert eine zugewandte, visionäre Businesskultur, die auch tiefgreifende Veränderungen von Gewohnheiten und Werten in der Organisation nicht scheut. Über deren Grenzen hinaus arbeitet er an der bestmöglichen Integration von wirtschaftlichen, sozialen und ökologischen Aspekten. Globale Nachhaltigkeit ist für ihn ein großes Thema. Für langfristige Trends entwickelt er proaktive Ansätze.

Bei der Führung eines Teams legt der Transformator viel Wert auf ein grundlegendes gegenseitiges Vertrauen. Alles kontrollieren zu können, ist für ihn eine Illusion. Deshalb tut er sich leicht damit, Macht zu teilen. Seine Energie ist nach außen gerichtet, um die Interaktion zwischen Menschen und Systemen zu verbessern. Dabei behält er stets »das große Ganze« im Blick. Er sieht Unterschiede als Bereicherung und sucht immer nach einem Gleichgewicht der Ziele seines Unternehmens und der sozialen Erwartungen.

Eine solche Haltung motiviert und inspiriert Menschen, die neugierig und offen für neue Erfahrungen sind und die ihren Traum leben. Transformatoren suchen deren Feedback, um geschäftliches und mentales Wachstum zu fördern und Sinn zu stiften.

Organisationen profitieren enorm davon, wenn solche von einem wahrhaft bedeutsamen Ziel inspirierten Führungskräfte andere mit ihrer Leidenschaft anstecken und ihnen so Orientierung geben. Auf diese Weise kann sich der innere Antrieb einer einzigen Person sogar zur Mission für eine ganze Organisation aufschwingen.

Somit ist der Transformator dafür prädestiniert, Unternehmen, Verfahren und Werte grundlegend zu verändern. Wie der »Alchemist« auf der nächsten Stufe verwandelt er Organisationen oder manchmal ganze

Gesellschaften nicht nur um ihrer selbst willen. Solche postkonventionellen Leader verfügen über eine zielgerichtete transformative Weltsicht.

7. Alchemist (< 1 %)

Auch wenn der Begriff nach Voodoo klingt, der »Alchemist« ist alles andere als ein Magier. Nicht einmal *ein* Leader unter hundert besitzt sein herausragendes Mindset. Mohandas Karamchand Gandhi war vermutlich ein solcher Mensch. Sein Ehrentitel *Mahatma* ist ein Sanskritwort und bedeutet »Große Seele«. Was für eine treffende Beschreibung für einen Alchemisten!

Die Präsenz des Alchemisten ist für die meisten spürbar, sobald er einen Raum betritt. Sein global-historischer Zeithorizont reicht über mehrere Generationen hinaus. Er setzt den Fokus auf das Zusammenspiel von Bewusstsein, Denken, Handeln und Wirkungen. Ihm geht es weniger um seine eigenen Bedürfnisse und Interessen als um das Wohlergehen des Ganzen.

Der Alchemist schätzt Authentizität, Wahrheit und Transparenz. Er integriert Polaritäten, sowohl persönlich wie auch in der Gesellschaft. Er ist ein aktiver Zuhörer, der nicht urteilt, sondern beobachtet. So gewinnt er Einsichten, die wiederum in sein Handeln oder in Maßnahmen der Führung einfließen. Für ihn hat auch eine Organisation eine soziale und ökologische Verantwortung, die untrennbar mit ihrer Mission oder Berufung verbunden sein muss.

Die visionäre, hohe mentale Komplexität des Alchemisten findet sich in der VUKA-Welt mehr als gut zurecht. Statt nur auf diese zu reagieren, gestaltet der Alchemist aktiv sein nahes und weiteres Umfeld. Oft unterstützt er globale humanitäre Anliegen und engagiert sich in Organisationen, Projekten sowie bei Events, die eine harmonische gesellschaftliche Entwicklung fördern.

Macht übt er allein schon durch seine reine Präsenz aus. Seine Fähigkeit, über sich selbst hinauszuwachsen und auch andere zu transformieren, wirkt belebend und motivierend. Mit empathischer Neugier und geduldigem Nachfragen stellt er alles auf den Kopf: Probleme, Strukturen, Herangehensweisen, Produkte etc. Unbeschwert hält er Personen, der Organisation und der Gesellschaft einen Spiegel vor.

Der Alchemist vermag viele Situationen auf mehreren Ebenen gleichzeitig zu meistern. Obwohl er damit aus der Masse von Führungskräften heraussticht, liegt ihm nichts daran zu glänzen. Er arbeitet gern im Hintergrund.

8. Vereiniger (< 1 %)

Sie erinnern sich noch an die russischen Matrjoschkas? Der Vereiniger entspricht in diesem Bild der größten äußeren »Hüllpuppe«, die alles umschließt. US-amerikanische Studien finden die für ihn typischen Merkmale bei nur etwa 0,5 Prozent der Erwachsenen.

Ein Mensch auf der Stufe des Vereinigers ruht ganz im Hier und Jetzt. Diese Fähigkeit erwächst aus einem »erwachten« Zustand, in dem er nicht mehr zwischen sich und anderen Lebewesen trennt. Er betrachtet sich als Teil des Kosmos, losgelöst von den Prägungen und Grundannahmen des Individuums und von den Grenzen der Zeit.

Sein Bewusstsein ist insofern transzendent, als es über die sinnlich wahrnehmbaren Phänomene hinausblickt. Durch »befreiende Disziplinen« kultiviert er ein universelles Bewusstsein und weises Handeln. Mit seinen inspirierenden Visionen gewinnt er Unterstützer des Wandels, selbst wenn diese auf einer weniger hohen Bewusstseinsstufe stehen als er.

Der Vereiniger lässt sich von Unsicherheiten nicht aus der Ruhe bringen; er fühlt sich im ständigen Wandel zu Hause. Seine gefestigte Weltanschauung bringt so schnell nichts ins Wanken. Aus diesem inneren Gleichgewicht heraus engagiert er sich leidenschaftlich für das Gemeinwohl. Er arbeitet für Gerechtigkeit, Fairness und Wohlwollen gegenüber allen. Mit Hingabe fördert er die Entwicklung anderer Menschen und Gruppen.

Dem Vereiniger sind alternative Blickwinkel willkommen. Ohne vorschnell zu urteilen, spielt er immer wieder verschiedene Perspektiven durch, um Motive und Zusammenhänge besser zu verstehen. So erkennt er an, dass manche Leute etwas nicht verstehen, weil ihr inneres Betriebssystem es ihnen schlichtweg nicht erlaubt. Aus dem gleichen Grund verstehen manche auch ihn nicht, ihren Chef, der gleichsam mit Engelszungen zu ihnen spricht.

Der Experte oder der Erfolgsmensch würden derlei »Begriffsstutzigkeit« wohl auf eine unterschiedliche Sichtweise des Sachverhalts zurückführen, die sich womöglich aus Trotz oder Dummheit speist. Der Vereiniger indes forscht nach dem wahren Grund. Für ihn ist die Verständnislosigkeit des Gegenübers kein aktiver Widerstand, selbst wenn diese so rüberkommt. Er sieht darin kein Fehlverhalten, sondern eine Kommunikationslücke, die er überbrücken kann. Dies gelingt ihm durch die Akzeptanz multipler Perspektiven, die sich je nach Standpunkt und Befinden des anderen verändern.

Solche anerkennende Nachsicht zeigt der Vereiniger auch sich selbst gegenüber und sorgt so auch für sein eigenes Wohlergehen. Statt mit sich und anderen zu hadern, sucht er also die verbindenden Faktoren, stärkt Beziehungen und fördert ein kraftvolleres Engagement aller Beteiligten.

Vertikale Kompetenzentwicklung

Nach der Lektüre des Kapitels über das »innere Betriebssystem« verfügen Sie nun über die theoretischen Grundlagen zu den acht Bewusstseinsstufen. Diese in ihren Grundzügen zu verstehen, ist wichtig, denn *Mind Movement Mastery* erfordert eine vertikale Entwicklung, die über die Ebene des Erfolgsmenschen hinausgeht. Erst dadurch verbessern Führungskräfte grundlegend die folgenden geschäftskritischen Kompetenzen:

- Strategisches und systemisches Denken
- Entscheidungsfindung unter komplexen Bedingungen
- Transformation der Organisation
- Inspirieren durch Visionen
- Aufbauen und Erhalten von Beziehungen
- Fördern von Zusammenarbeit
- Entwickeln innovativer Lösungen
- Meistern von Mehrdeutigkeiten und Gegensätzen
- Lösen von Konflikten
- Sich selbst und andere entwickeln
- Kontinuierliches Lernen, Fördern und Einfordern
- Annehmen und Nutzen von Herausforderungen
- Einfordern und Geben von Feedback

Wie Sie beim Studium der Liste sicher bemerkt haben, erfordern diese Kompetenzen Überzeugungen und eine innere Haltung, die bei klassischen Managern auf den Bewusstseinsstufen des Diplomaten, Experten oder Erfolgsmenschen kaum anzutreffen sind. Bewusste Führung mit *Mind Movement Mastery* umfasst:

- *Bewusste tiefe Verbindung:* Die Leader erleben ihre Arbeit als bedeutungsvoll. Sie treffen konsequent Entscheidungen, die dem zugrunde liegenden Sinn und ihrer Mission dienen.
- *Bewusstes und mutiges Handeln:* Mit tiefem Vertrauen in sich selbst, ihr Team und den Prozess steuern bewusste Leader dynamisch und passen Rollen und Verantwortungen flexibel und bedarfsgerecht an.
- *Bewusste Vision und Perspektive:* Die Leader stützen sich sowohl auf intuitive Intelligenz als auch auf hoch entwickelte Tools wie systemisches Denken, um Bedeutung und Orientierung zu vermitteln.
- *Bewusste Selbsttransformation:* Durch vertikales und horizontales Lernen befreit sich der bewusste Leader von einschränkenden Denk- und Verhaltensmustern sowie von der dadurch bedingten Selbst-Sabotage. Über die eigene vertikale Transformation hinaus unterstützt er auch die Entwicklung von Kollegen, Mitarbeitern und Stakeholdern.

Diese neue Komplexität im Mindset ist die Antwort auf die wachsende Komplexität im digitalen Zeitalter. Manager auf den unteren Stufen des Bewusstseins besitzen schlichtweg nicht das mentale Rüstzeug für die Mehrdeutigkeiten und Unsicherheiten in der hoch vernetzten VUKA-Welt.

Um sich selbst besser einschätzen und die nächsten Schritte Ihrer Entwicklung systematischer angehen zu können, empfehle ich Ihnen eine professionelle Positionsbestimmung, am besten mithilfe eines fundierten Instruments zur Evaluierung und eines erfahrenen Coaches. Sie zeigt Ihnen, auf welcher Bewusstseinsstufe Sie stehen. Wir bewegen uns alle auf verschiedenen Stufen, dennoch gibt es eine Ebene, auf der wir hauptsächlich denken und handeln. Seien Sie nicht enttäuscht, wenn Sie sich »nur« irgendwo zwischen dem Level des Diplomaten und dem des Erfolgsmenschen sehen. Damit gehören Sie zu den 85 Prozent all jener, die heute in Organisationen eine Führungsposition bekleiden.

Zur Wahrheit gehört aber auch: Das Gros der Manager ist den Herausforderungen der VUKA-Welt damit nicht gewachsen (siehe Abb. 5).

Ergo müssen sich die Führungskräfte von morgen weiterentwickeln:

zum Individualisten, Transformator, Alchemisten oder gar zum Vereiniger. Vielen gelingt diese Selbsttransformation mittels regelmäßiger meditativer Praxis. Nicht von ungefähr entsprechen die Stufen 5 bis 8 der Erwachsenenentwicklung auch den höheren Stufen der Meditation! Im Kapitel »Sich selbst führen – klar, konzentriert, konsequent« erfahren Sie mehr darüber, wie Sie Ihre eigene vertikale Entwicklung gezielt voranbringen können.

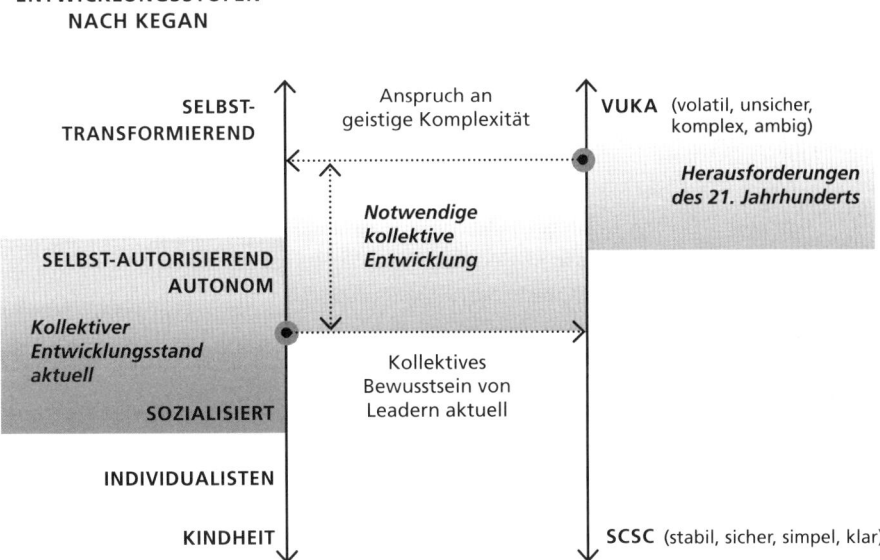

Abb. 5: Leadership im digitalen Zeitalter: Die Herausforderungen der VUKA-Welt machen einen kollektiven Entwicklungssprung erforderlich.

INVENTUR: Führungsstile auf dem Prüfstand

Jede Kultur und Epoche hat ihren vorherrschenden Führungsstil. Die meisten Kaufleute oder Handwerksmeister, die ihre soziale Prägung im Feudalwesen des Mittelalters oder im Absolutismus erfahren haben, führten ihr Handelskontor oder ihre Werkstatt selbst wie Fürsten oder absolute Herrscher. Erst die zunehmende Liberalisierung der westlichen Welt ebnete neuen Leadership-Theorien den Weg.

Heute beobachten wir in der Wirtschaft zunehmend einen Wandel: weg vom klassischen Management des immerwährenden Optimierens, hin zum Führen von Menschen an der Schnittstelle zwischen Organisation und Gesellschaft. Deshalb verwende ich in diesem Buch Wörter wie »Management« und »Manager« meist im Zusammenhang mit veralteten Führungsstilen. Die notwendige Abkehr davon unterstreiche ich durch Begriffe wie »Führung«, »Leadership«, »Führungsstil«, »Führungspersönlichkeiten« etc. Ironisch überspitzt beschreibt der deutsche Soziologe Dirk Baecker den Manager alter Schule so (2011, S. 11):

> *»Ein Manager ist jemand, der in allen Situationen und bedingungslos an suboptimale Verhältnisse glaubt, die überdies nur auf ihn und seine Optimierungsvorschläge warten. Jede Arbeit kann effektiver geleistet, jede Kostenkontrolle effizienter durchgeführt, jeder Kunde besser bedient und jede Strategie klüger ausgedacht werden. Konfrontiere dich mit einem Manager, und du weißt anschließend, was du immer noch nicht gut genug machst.«*

Im Gegensatz dazu berücksichtigt Leadership in Organisationen auch den gesellschaftlichen Wandel. Sie möchte in Mitarbeitern verborgene Potenziale freisetzen, sie vertikal schulen und Sinn stiften. Die Leitwis-

senschaften für die neuen Leadership-Theorien sind die Komplexitäts-
forschung, die Neuro- und die Sozialwissenschaften.

Merke

Management will aus Menschen und Organisationen *das Meiste*
herausholen. Leadership möchte in ihnen *das Beste entfalten.*

Bevor wir uns einige der weniger autoritären Stile genauer ansehen,
lassen Sie uns etwa 250 Jahre in die Geschichte zurückgehen. Mit der
industriellen Revolution kündigten sich Umwälzungen an, die das über
Jahrhunderte maßgebende Konzept der Menschen- und Unternehmensführung aus den Angeln heben sollten.

Führen nach dem Ausnahmeprinzip

Bis ins 20. Jahrhundert hinein regierten viele Fürstenhäuser und absolute Herrscher strikt autoritär, aber selten differenziert. Das »Führen nach
dem Ausnahmeprinzip« (engl. *Management by Exception*) war ihre be-
vorzugte Methode. Es beschränkt sich im Wesentlichen darauf, nur in
Ausnahmefällen korrigierend einzugreifen.

Im besten Fall bestimmte ein Patriarch wie Jakob Fugger über Wohl
und Wehe des Unternehmens: treu, fürsorglich, aber auch mit absolu-
tem Anspruch auf die Herrschaft. Der Augsburger war Ende des 15. und
Anfang des 16. Jahrhunderts der wohl bedeutendste Kaufmann, Mon-
tanunternehmer und Bankier in Europa. Solche Patriarchen erwarten
Gehorsam, Vertrauen, Anerkennung, Dankbarkeit, Loyalität und Treue
(Timmermann 1977, S. 23).

Während der Patriarch der »Herr im Haus« ist und keinen großen
Führungsapparat braucht, setzt die autokratische Führung auf eine Hierarchie, die ihre Direktiven umsetzt, Befehlsempfänger kontrolliert und
bei Bedarf bestraft. Die katholische Kirche mit dem Papst an der Spitze
und dem weit verzweigten Klerus ist ein Paradebeispiel für diese Form der
Führung. Ein Erbe des autokratischen Stils ist der auch in Wirtschafts-

unternehmen bis heute gültige Satz: »Jeder Geführte soll nur von seinem Vorgesetzten Anweisungen erhalten.« (Staehle, Conrad 1994, S. 315).

In zivilisierterer Form hat sich das *Management by Exception* bis heute erhalten. *Wikipedia* beschreibt es wie folgt:

> »*Es werden Ziele, Sollwerte und Bewertungsmaßstäbe festgelegt. Außerdem werden die Erfolgskriterien gewählt und die Kontrollinformationen bestimmt. Soll und Ist werden ständig verglichen und Abweichungsanalysen durchgeführt. [...] Die Mitarbeiter können in ihrem Kompetenzbereich flexibel agieren und sich bei außergewöhnlichen Entscheidungen auf ihren Vorgesetzten berufen. Sie können aber in der Regel ihre Fähigkeiten nicht verbessern und sind eventuell unterfordert.*«

Transaktionale Führung

Als der schottische Moralphilosoph und Aufklärer Adam Smith 1776 sein epochales Werk *An Inquiry into the Nature and Causes of the Wealth of Nations* veröffentlichte, war die Wirtschaft noch weitgehend nach dem Vorbild der Herrscherhäuser organisiert: autokratisch oder im besten Fall patriarchalisch. Smith war ein glühender Verfechter der Arbeitsteilung auf Basis einer stark zugespitzten Spezialisierung: Jeder Arbeiter hat ein aus wenigen Handgriffen bestehendes, eng abgegrenztes Tätigkeitsfeld. Er wird belohnt, wenn er seine Arbeit gut erledigt, und bestraft, wenn er hinter den Zielvorgaben zurückbleibt.

Dass dieses Verständnis bis heute zur DNA der meisten Unternehmer gehört, ist das »Verdienst« eines anderen Vordenkers, der als Begründer der Arbeitswissenschaften gilt: Frederick Winslow Taylor. Der 1856 geborene US-Amerikaner vertrat über die von Smith propagierte strenge Arbeitsteilung hinaus die Ansicht, der Mensch habe sich der Maschine anzupassen, nicht umgekehrt. Zusätzlich müsse der Arbeiter materielle Anreize erhalten, um seine individuelle Leistung weiter zu steigern. Taylor verlangte überdies die strikte Trennung von planender und ausführender Arbeit. Auch bei der Leitung der Mitarbeiter unterschied er streng zwischen Hand- und Kopfarbeit (Funktionsmeistersystem).

Als Ingenieur wollte er streng wissenschaftlich vorgehen. Diesem Anspruch verdankt sein auch als »Taylorismus« bekanntes Managementkonzept den Namen *Scientific Management*. Taylor war in einer streng hierarchischen Gesellschaft aufgewachsen, in der sich Unternehmen und andere Organisationen kaum veränderten. Beständigkeit bildete das Fundament, von dem aus man die sich dynamisch entwickelnden Märkte eroberte. Das funktionierte lange recht gut. Bis zur Mitte des 20. Jahrhunderts verwendeten viele Manager einen Großteil ihrer Zeit und Energie darauf, Prozesse effizienter zu gestalten. Über die negativen Seiten der Rationalisierung dachten nur wenige nach.

Die Tage des *Scientific Management* sind gezählt. Laut McKinsey werden monotone Tätigkeiten à la Taylor in Zukunft nur noch höchstens 30 Prozent der in der Produktion geschaffenen Stellen ausmachen (Watkins 2014). Trotz allem wirkt der Taylorismus bis in die Gegenwart hinein. Er ebnete dem im 20. Jahrhundert vorherrschenden transaktionalen Führungsstil den Weg. Typisch dafür sind …

♦ Befehl und Kontrolle als zentrales Element der Führung,
♦ Fokus auf Zahlen und Messbarkeit aller Phänomene,
♦ starre Hierarchien und Befehlsketten,
♦ Top-down-Kommunikation mit wenig Möglichkeiten für Kritik nach oben sowie
♦ starre Strukturen, Abläufe und Verantwortlichkeiten bzw. Kompetenzen.

Als Nachfolger des *Management by Exception* war der transaktionale Führungsstil lange ein echtes Erfolgsmodell. Er steigerte die Leistung und den Erfolg und erleichterte die Anpassung an neue Rahmenbedingungen. Wie der Name schon sagt, verfolgt er das Ziel, bestimmte Vorgänge (Transaktionen) so effizient wie möglich zu erledigen. Er beruht auf einem Austauschverhältnis zwischen dem Vorgesetzten und seinen Untergebenen: Der transaktionale Manager kommuniziert Zielvorgaben an die Mitarbeiter, und diese erfüllen dann die Anforderungen – mehr oder weniger. Dabei verfolgt der Manager eine einfache Strategie:

Belohnst du, bekommst du mehr vom Wunschverhalten.
Bestrafst du, bekommst du weniger vom Wunschverhalten.

Beim Belohnen und Bestrafen nimmt der Manager alter Schule wenig Rücksicht auf die Interessen oder die innere Motivation seiner Mitarbeiter. Sie müssen lediglich funktionieren und die »Befehlskette« beachten. Fakten sind bei der transaktionalen Führung das Maß aller Dinge. Dazu gehören auch Kennziffern für die Leistung, die zur Zielerreichung regelmäßig zu kontrollieren ist.

Erreicht ein Manager seine Vorgaben, profitiert er vom Belohnungssystem und kann es zugleich überzeugend repräsentieren. Statussymbole wie das Eckbüro in der Vorstandsetage oder der Dienstwagen mit Chauffeur erfüllen in diesem Kontext einen doppelten Zweck: Sie schmeicheln dem Ego und dokumentieren den Erfolg des Unternehmens.

Transaktionale Manager sind zutiefst davon überzeugt, mit »Zuckerbrot und Peitsche« alles Nötige zu bekommen. Nicht zuletzt deshalb gilt ihnen Durchsetzungskraft als Kardinaltugend. Im Zweifel hat der Weisungsbefugte immer Recht.

Doch das ist kein zukunftsträchtiges Führungsmodell. Wenn monotone Tätigkeiten in der Fertigung künftig nur noch höchstens 30 Prozent des Stellenspektrums ausmachen, müssen sich Führungskräfte auf einen komplexeren und anspruchsvolleren Mitarbeitertyp einstellen. Das spiegelt sich bereits in aktuellen Jobbeschreibungen und Stellenausschreibungen wider. Da sind nun immer öfter Kreativität und Innovationskraft gefordert oder die Fähigkeit, durch Trial and Error zu einem optimalen Ergebnis zu gelangen. Solche Jobs erfordern die Kunst, nicht lineare Probleme trotz knapper Zeit und begrenztem Wissen praktikabel zu lösen.

Menschen, die mit solchen Anforderungen souverän umgehen, lassen sich mit dem Konzept von Belohnung und Bestrafung nicht motivieren. Das funktioniert, wie zahlreiche Studien belegen, nur bei einfachen oder sich mechanisch wiederholenden Tätigkeiten hinreichend gut. Mitarbeiter, deren Job konzeptionelles, kreatives Denken verlangt, reagieren auf monetäre Anreize ab einem gewissen Punkt eher kontraproduktiv: Die Ergebnisse verschlechtern sich.

Der MIT-Professor Douglas McGregor glaubte, Produktivitätsmängel und andere Defizite der Wirtschaft resultierten aus der Vorstellung, man könne Menschen wie Maschinen programmieren. Viele Manager glaubten zudem, Mitarbeiter seien grundsätzlich faul und benötigten deshalb »Ansporn« durch ein Belohnungs-und-Bestrafungs-System. Diese Sichtweise ist typisch für den transaktionalen Führungsstil. Und sie vernichtet Produktivität.

McGregor vertrat im Gegensatz dazu die Auffassung, Arbeit sei genauso universal und wichtig wie Ausruhen und Spielen. Man müsse Leute nur zusammenbringen und ihnen eine Vision geben, die sie emotional verbindet, dann könnten wahrhaft großartige Dinge geschehen. Dazu müssen sich Leader jedoch intensiv mit den Mitarbeitern auseinandersetzen, auf sie zugehen und sich mit ihnen austauschen. Auch über ihre Gefühle, Träume und Ideen. Einige neuere Führungsstile versuchen genau das zu tun. Und von einigen lässt sich auf unserem Weg zu *Mind Movement Mastery* etwas lernen.

Servant Leadership

Der Herrscher ist der erste Diener des Staates. Er wird gut besoldet […] Man fordert aber von ihm, dass er werktätig für das Wohl des Staates arbeite und […] die Hauptgeschäfte mit Sorgfalt leite.
FRIEDRICH DER GROSSE

Robert K. Greenleaf begründete die Philosophie der *Servant Leadership*, der »dienenden Führung«. Sie orientiert sich kompromisslos an den Bedürfnissen der Geführten. Kent Keith, CEO des *Greenleaf Center for Servant Leadership,* beschreibt den dienenden Leader so (Trompenaars, Voerman 2009, S. 8):

»Ein Servant Leader liebt Menschen und möchte ihnen helfen. Die Mission des Servant Leaders ist es daher, die Bedürfnisse anderer zu identifizieren und zu versuchen, diese Bedürfnisse zu befriedigen.«

Die Idee des »Herrschers als erstem Diener« ist, wie die Worte Friedrichs des Großen belegen, nicht neu. Schon er hatte seine Aufgabe als König von Preußen so beschrieben. Und die Idee wirkt bis heute nach. »Vom Mut, hinabzusteigen« betitelte der als Managementberater tätige Benediktinermönch Anselm Grün seinen Artikel im *Handelsblatt* (2013) und schreibt darin:

»Unterwürfig, zögernd, zaghaft: Der Begriff der Demut ist in der Wirtschaft verloren gegangen, weil er negativ besetzt ist. Dabei ist *die Demut gerade eine der Tugenden, die Führungskräfte am meisten brauchen. Denn führen heißt: dienen.«*

Für *Mind Movement Mastery* liefert uns Servant Leadership die Erkenntnis: Ein bewusster Leader sollte der Diener seiner Mitarbeiter sein und Demut als Stärke sehen, die über selbstgefälliges Machtgehabe triumphiert.

Ubuntu: Führen durch Menschlichkeit

In Afrika haben wir ein Konzept namens Ubuntu,
das auf der Erkenntnis beruht, dass wir nur wegen
anderer Menschen Menschen sind.
NELSON MANDELA

Ich möchte Ihnen gerne die Geschichte von dem kleinen Jungen erzählen, der bei den Seattle Special Olympics den 100-Yards-Lauf in ein Lehrstück für Menschlichkeit verwandelte. Ob sie sich genau so zugetragen hat, weiß ich nicht. Doch sie vermittelt anschaulich, was die afrikanischen Bantu mit dem Wort *Ubuntu* umschreiben.

Die neun Teilnehmer an der Startlinie waren alle körperlich oder geistig behindert. Beim Startschuss rannten sie aufs Ziel los, nicht gerade in einer Linie, aber dafür mit umso mehr Spaß. Ein kleiner Junge tat sich jedoch besonders schwer. Er stolperte und stürzte. Nachdem er sich wieder hochgerappelt hatte, lief er weiter. Und strauchelte abermals. So ging es eine Weile weiter, bis er in Tränen ausbrach. Und dann geschah Erstaunliches.

Die anderen acht Sprinter wurden langsamer und drehten sich nach dem Jungen um. Als sie ihn weinen sahen, machten sie kehrt und liefen zu ihm zurück. Das taten nicht zwei oder drei, sondern *alle acht!* Bei dem Kleinen angekommen, beugte sich ein Mädchen mit Down-Syndrom zu ihm herab und küsste ihn. »So wird es dir besser gehen«, tröstete sie ihn.

Dann hakten sich alle neun mit den Armen ein und gingen gemeinsam zur Ziellinie. Das Publikum war hingerissen von ihrem Gemeinsinn und ihrer Menschlichkeit. Es applaudierte neun Minuten lang – sechzig Sekunden für jeden Läufer, auch für den kleinen Jungen. ●

Genau das verstehen die afrikanischen Zulu und Xhosa unter *Ubuntu:* Nächstenliebe, Menschlichkeit und Gemeinsinn. Wörtlich übersetzt bedeutet dieses Bantuwort: »Ich bin, weil wir sind.« Oder nach Nelson Mandela: Nur wegen anderer Menschen sind wir Menschen.

Gemäß dieser Lebensphilosophie ist jeder Mensch Teil eines Ganzen. *Ubuntu* steht für wechselseitigen Respekt und Anerkennung, für Achtung der Menschenwürde und für das Streben nach einer harmonischen und friedlichen Gemeinschaft. Es beinhaltet aber auch den Glauben an ein universelles Band des Teilens, das alles Menschliche verbindet.

Auf die Menschenführung übertragen bedeutet *Ubuntu*, die Verbundenheit mit anderen zu spüren und täglich zu leben. Empathie zu entwickeln und zum Guten einzusetzen, gehört ebenso dazu wie das Wirken, ohne zu gängeln. Ein *Ubuntu*-Leader wird der Gemeinschaft ein Vorbild geben und in ihr positive Resonanz erzeugen. Er bietet ihr Spielräume, um Talente zu entfesseln. Die im *Ubuntu* verankerte Haltung ist ein tragendes Element von *Mind Movement Mastery*.

Level-5-Leadership

1996 begann der Stanford-Mathematiker James C. Collins mit einer Studie, um die Merkmale eines »großartigen Unternehmens« zu ergründen. Bei *allen* Führungskräften an der Spitze der von ihm untersuchten Unternehmen fand er die gleichen fünf Managementqualitäten:

◆ hochbegabt
◆ mitwirkend
◆ kompetent
◆ effektiv
◆ führungsstark

Collins nannte diese fünf Qualitäten »Ebenen« *(Level)* und entwickelte darauf aufbauend die »Level-5-Leadership-Theorie«. Über die genannten Qualitäten hinaus beobachtete er bei diesen Level-5-Führungskräften regelmäßig charakteristische Eigenschaften wie Bescheidenheit, Entschiedenheit, Zurückhaltung, Wille und Demut.

Das klingt zunächst wie ein Widerspruch. Persönliche Bescheidenheit äußert sich bei Führungskräften unter anderem in der Neigung zum Understatement, der Scheu vor öffentlichem Lob und einem zurückhaltenden Führungsstil. Sie haben keine Staralüren und schöpfen ihre Macht nicht aus Charisma, sondern aus exzellenten Standards. Ihnen liegt viel daran, Mitarbeiter zu fördern.

Ihren Ehrgeiz fokussieren Level-5-Leader auf den Dienst für das Unternehmen und das Erreichen seiner Ziele. Das eigene Ego stellt sich hinten an. Sie scheuen auch keine unbequemen Entscheidungen, die für sie selbst oder das Unternehmen hart sind. Und wenn dann doch einmal etwas schiefläuft, schiebt ein solcher Leader die Schuld für eigene Versäumnisse niemand anderem in die Schuhe.

Level-5-Leader befinden sich auf der fünften Entwicklungsebene des Bewusstseins, der Stufe des Individualisten. Alle auf den Level-5-Leader zutreffenden Teilaspekte sind auch Merkmale von *Mind Movement Mastery*.

Die Firma ohne Chef

Als Stephan Heiler die Führung des väterlichen Betriebs übernahm, hatte er eine »verrückte Idee«. In den 14 Jahren davor hatte er sich daran gewöhnt, den Mitarbeitern auf Augenhöhe zu begegnen. Das sollte sich auch jetzt nicht ändern, nur weil er den Betrieb übernommen hatte. Heiler fand Hierarchien schrecklich. Also holte er sich einen »Transaktions-Katalysator« ins Haus: einen Unternehmensberater. Der half ihm dabei, die Hierarchien abzuschaffen. Alle. Heute baut das badische Unternehmen immer noch Duschkabinen aus Echtglas, aber ohne »Firmenboss«. Heiler ist eine Firma ohne Chef – oder eine Firma mit über fünfzig Chefs.

Diese maximal flache Hierarchie verlangte natürlich nach einer umfassenden Umstrukturierung. Das ging nur mit »100 Prozent Offenheit, Transparenz und Vertrauen«, berichtete Stephan Heiler Anfang 2019 in einem Interview mit den *Badischen Neuesten Nachrichten*. Von der ersten Idee bis zur fertigen Transformation vergingen fünf Jahre. Dass die Mitarbeiter heute alle strategischen Entscheidungen gemeinsam fällen, hat das Team gestärkt. Sie fühlen sich ernst genommen.

Heiler ist kein Einzelfall. Auch anderen Unternehmen gelangen ähnlich tiefgreifende Transformationen, und sie haben damit Erfolg. Die Firma ohne Chef ist partizipativer Führungsstil in höchster Vollendung.

Sicher wird sich das Modell nicht überall verwirklichen lassen. Jeder im Team muss fachlich fit sein, ein hohes Maß an Eigenmotivation besitzen und bis zu einem gewissen Grad unternehmerisch denken. Gleichwohl begünstigt das Führen mit *Mind Movement Mastery* die weitgehende Abschaffung des klassischen Organisationsmodells der Pyramide. Mehr dazu später. Zunächst wenden wir uns einem Führungsstil zu, den es ohne *Mind Movement Mastery* gar nicht geben würde.

Transformationale Führung: ein zukunftsweisender Entwurf

*Dummheit ist, das Gleiche tun
und dann etwas anderes erwarten.*
ALBERT EINSTEIN

Transformationale (auch »transformatorische«) Führung erneuert zunächst das eigene Denken, daraus resultiert ein verändertes Verhalten und dieses wiederum mag zu revolutionären Produkten führen. Ein Beispiel dafür ist der *Nescafé É Smart Coffee Maker*, ein tragbarer Kaffeebecher, der über Bluetooth mit dem Smartphone seines Besitzers kommuniziert. Diesen *É Mug* kann der digitale Nomade überall an eine passende Station andocken, sich darin einen frischen Kaffee zubereiten und dann weiterziehen. Das Heiß- oder Kaltgetränk »konfiguriert« sich der mobile Kaffeetrinker nach eigenem Gusto per Handy-App. Natürlich lassen sich die besten Kaffeerezepte per Internet auch mit Freunden teilen. Damit versorgt der É Mug Nestlé zugleich mit wertvollen Daten über seine Vorlieben. So kann ihn der Konzern passgenau mit Werbung ansprechen und die anspruchsvolle Klientel enger an sich binden.

Wer kommt auf eine solche Idee? Transformational tickende Führungskräfte. Ganz konkret ist der É Mug aus einem hauseigenen Transformationsprogramm des Nestlé-Konzerns in Zusammenarbeit mit Ogilvy Deutschland entstanden. Ist das nicht diese nach ihrem Gründer benannte Werbeagentur? Richtig. Und ebendieser Werbetexter-Papst David Ogilvy sagte einmal:

»Wenn Ihre Werbung keine Big Idea enthält, zieht sie vorüber wie ein Schiff in der Nacht.«

Um auf solche »großen Ideen« zu stoßen, ist eine neue Art des Denkens nötig, das einem veränderten Geist entspringt. Diese innere Transformation ist das Kernstück des transformationalen Führungsstils und zugleich Ausgangspunkt der äußeren Transformationen in Unternehmen, Organisationen und ganzen Gesellschaften.

Das Belohnungs-und-Bestrafungs-System der oben beschriebenen transaktionalen Führung förderte vor allem kurzfristige, individuelle oder gar egoistische Ziele: »Leiste mehr, dann bekommst du mehr. Leiste weniger, dann knallt's.« Der transformationale Führungsstil ist dazu gewissermaßen der Gegenentwurf: Der Leader motiviert sein Team mit langfristigen, übergeordneten Zielen. Dies sind zunächst intrinsische Ziele, also aus innerem Antrieb erwachsene Anreize, die inspirieren und dem Leben des Einzelnen im besten Fall einen Sinn und Bedeutung verleihen. Hier erkennen wir schon das empathische Element der transformationalen Führung, das wir später noch eingehender betrachten wollen.

Natürlich schaut auch der auf Transformation bedachte Leader auf die Performance seines Teams. Doch er fördert diese auf *nachhaltige* Weise mit klarem Fokus auf Menschen und ihre Emotionen. Er vermittelt seinen Mitarbeitern einen erstrebenswerten Zustand, der sie elektrisiert. Dabei motiviert er sie aus der Aufgabe heraus, vermittelt ihnen das Gefühl, Teil von etwas Wichtigem, gar Großem zu sein. Ferner fördert er ihre persönliche Entwicklung, regt ihre Kreativität an und zeigt ihnen, dass er sie schätzt. Er pflegt einen partizipativen Führungsstil, bezieht die Mitarbeiter also bei der Planung und bei Entscheidungen mit ein (Bottom-up-Prozesse). Ideen anderer betrachtet er als Bereicherung, nicht als Infragestellung seiner Kompetenz. Fehler gehören für ihn zum Lernprozess, weshalb er Risiken offener begegnet als jemand, der in jedem »Stolperer« eine persönliche Niederlage sieht.

Der transformationale Führungsstil ist wissenschaftlich gut erforscht. Je nachdem, welche der zahlreichen Studien man heranzieht, zeigen sich positive Entwicklungen bei Umsatzwachstum, Profitabilität, Teameffektivität und Mitarbeiterzufriedenheit, bei Innovationsraten sowie im Konflikt- und Veränderungsmanagement *(Change-Leadership)*. Kurz: Transformationale Leader sind erfolgreichere Leader.

Vergleich: transaktional versus transformational

Fassen wir die zwei wichtigsten Theorien zur Mitarbeiter- und Unternehmensführung noch einmal zusammen (siehe Abb. 6). Da wäre zum einen der transaktionale Führungsstil. Seine Manager sind Performance-Jäger für die Kurzstrecke, meist Getriebene, deren Fokus auf Zahlen, Zielen und Aufgaben liegt. Die nächsten Quartalszahlen stecken den Claim für die Suche nach Erfolg ab.

Der transaktionale Manager schöpft seine Macht aus der Hierarchie. Er manipuliert und kontrolliert Menschen durch Belohnungen und Bestrafung, um ein Maximum an Leistung aus ihnen herauszuholen. Zusätzlich befeuert er den Wettbewerb im Team, hemmt dadurch Synergien und blockiert positive Veränderungen (siehe Abb. 6).

Im Gegensatz dazu bricht der transformationale Führungsstil vorhandene Strukturen auf, verändert die Firmenkultur und führt einen nachhaltigen Wandel herbei. Weil transformationale Führungskräfte sich, ihre Mitarbeiter und alles Leben in einem universellen Zusammenhang sehen, beziehen sie in ihre Entscheidungen auch das Wohl der Natur mit ein.

Übrigens: Die transaktionale und die transformationale Führung schließen sich nicht aus. Dies mag das folgende Erlebnis illustrieren.

Anlässlich eines Führungskräfte-Workshops saß ich mit vier Topmanagern eines internationalen Unternehmens zusammen: dem französischen CEO, dem holländischen COO sowie einem deutschen und einem britischen Vorstand. Wie erwartet hatten im Verlauf des Seminars der Franzose und der Deutsche für eine transaktionale und der Holländer für eine transformationale Führung argumentiert.

»Und wie siehst du das, Garrett?«, fragte ich den Engländer, der sich auffällig zurückgehalten hatte. Ich wusste, dass Garrett als ehemaliger Lieutenant Colonel der Royal Army mehrfach im Kampfeinsatz in Afghanistan und im Irak gewesen war. Umso mehr war ich auf seine Antwort gespannt.

Der Exmilitär brauchte nicht lange nachzudenken. »Im Gefecht muss man natürlich transaktional vorgehen. Da gilt nach wie vor das Prinzip ›Befehl und Gehorsam‹. Alles andere wäre tödlich. Aber glaubt ihr ernsthaft, dass mir meine Jungs ins Gefecht gefolgt wären, wenn ich ansonsten nicht transformational geführt hätte?« ●

Auch in der Wirtschaft ist die »klare Ansage« in manchen Situationen immer noch der beste Weg zum Ziel, obwohl die Führung generell den kooperativen Stil der transformationalen Führung pflegt. Trotzdem sollte es der Leader *nie* an Empathie mangeln lassen.

Bleibt festzuhalten: Transformationale Führung ist angewandte *Mind Movement Mastery*. Aber wie genau entwickelt man diesen erweiterten, klaren Seinszustand? Dieser Frage wollen wir als Nächstes nachgehen.

TRANSAKTIONALE FÜHRUNG	TRANSFORMATIONALE FÜHRUNG
Ziele und Aufgaben stehen im Mittelpunkt	Vision, Menschen und ihre Motivation stehen im Mittelpunkt
Die transaktionale Führungskraft konzentriert sich auf:	Die transformationale Führungskraft konzentriert sich auf:
❯ Kurzfristige Zahlenziele	❯ Vision formulieren
❯ Extrinsische Motivation	❯ Förderung intrinsischer Motivation
❯ Hierarchie/Macht	❯ Wertschätzung für Mitarbeiter
❯ Entscheidung von »oben«	❯ Bottom-up-Prozesse
❯ Interner Wettbewerb	❯ Neue Ideen, Förderung von Kreativität
❯ Kontrolle von Zielerreichung (top down)	❯ Entwicklung von Mitarbeitern, andere erfolgreich machen
❯ Fehler ahnden	❯ Mut zu Risiko
	❯ Ständiges Lernen (auch aus Fehlern)
❯ Kurzfristiger Performance-Jäger	❯ Nachhaltiger Performance-Förderer

Abb. 6: Transaktionale und transformationale Führung im Vergleich

DIE LÖSUNG: Vier Schritte zu Mind Movement Mastery

Probleme kann man niemals mit derselben
Denkweise lösen, durch die sie entstanden sind.
ALBERT EINSTEIN

Mind Movement Mastery ist die mentale Antwort auf die allüberall wachsende Komplexität, Mehrdeutigkeit und Volatilität. Um Zukunft zu gestalten, muss der Geist mit dem Tempo der VUKA-Welt nicht nur Schritt halten, er sollte ihrem Wandel sogar vorauseilen. Wie ist das möglich?

Durch vertikales Lernen.

Die hieraus erwachsende innere Transformation verändert den Grad der Bewusstheit und damit die Wahrnehmung und das Denken. Oft dauert dieser geistige Reifeprozess viele Jahre, doch er ist alle Mühe wert. Denn anders als der Schmetterling bei der Metamorphose profitieren Sie *sofort* von Ihrer Verwandlung: Jeder einzelne Schritt hin zum Ziel verbessert Ihre Fähigkeit, sich in der VUKA-Welt etwas leichter und schneller zurechtzufinden.

Auf diesem Weg werden sie »Reisegefahrten« gewinnen, die Sie begleiten: Kollegen, Mitarbeiter, Freunde, Familienangehörige … Anfangs mögen sich diese Begleiter aus Nachahmern rekrutieren, die gern an sich selbst erleben möchten, was sie bei Ihnen so Erstaunliches beobachten. Irgendwann ist es dann *Ihnen* ein Bedürfnis, Ihre neuen Fähigkeiten mit anderen zu teilen – und dabei spreche ich nicht von Facebook, Twitter, Instagram & Co. Der Leader neuen Zuschnitts entwickelt bewusst seine Mitarbeiter, weil er sich von Konkurrenzdenken befreit hat und ihn seine vereinigende Denkweise die Vorteile für das Kollektiv erkennen lässt.

Schneller als die Wirtschaft haben das Militär, die Geheimdienste und der Leistungssport das vertikale Lernen für sich entdeckt. Dort sind permanent Höchstleistungen gefragt. Aber dieses Kriterium gilt längst auch für Unternehmen und andere Organisationen. Schließlich verbessert das vertikale Lernen die Führungskompetenz, und darauf kann heute niemand mehr verzichten. Gibt es für Sie einen »Goldenen Weg« zu *Mind Movement Mastery?*

Ja, den gibt es. Die einzelnen Etappen habe ich Ihnen bereits im Kapitel »Entwicklungsstufen des Bewusstseins« vorgestellt. Sie erinnern sich? Nur 15 Prozent der Leader besitzen eine geistige Reife, die ich dort als »kultivierte Ebene des Bewusstseins« bezeichnet habe. Das heißt, 15 von 100 Führungskräften haben ihre Denkweise bereits hin zu dem bewussteren Seinszustand des *Mind Movement Mastery* verändert. Nur 5 Prozent erreichen einen der drei höchsten Reifegrade oberhalb des »Individualisten«. Solche Leader sehen und fühlen Situationen und Menschen nicht nur *anders,* sondern sie sehen und fühlen auch *mehr* als andere Führungskräfte.

Dadurch erwächst die ständige Notwendigkeit, herauszufinden, was die anderen schon vermögen, die dem Leader folgen – in mehr oder weniger großem Abstand. Die »oberen 5 Prozent« besitzen die mentale Komplexität für diese erweiterte Form des Mitgefühls und stimmen ihre Kommunikation darauf ab. Ebenso wie die Manager auf der Stufe des Erfolgsmenschen wollen sie wachsen, doch ihre Hebel sind nicht Belohnung und Bestrafung, sondern Neugier, Lernbereitschaft und die Transformation aller Beteiligten.

Überdies sind »Transformatoren«, »Alchemisten« und »Vereiniger« noch am ehesten dazu fähig, ganze Unternehmen und andere Institutionen grundlegend zu verändern. Nur sie besitzen das geistige Rüstzeug für komplexe systemische Veränderungen. Wie Studien belegen, sind diese bewussten Leader wesentlich effektiver als ihre Kollegen auf früheren Bewusstseinsstufen. Robert Kegan spricht gar von einem Quantensprung in der mentalen Komplexität.

Diese innere Transformation beruht auf einem tiefgreifenden Umbau des mentalen Betriebssystems. Doch vertikales Lernen verbessert nicht nur die »Basissoftware« eines Leaders, sondern auch seine »Hardware«: Wie wir noch sehen werden, verändert es buchstäblich das Gehirn. Und weil das neue Denken mehr Achtsamkeit für den eigenen Körper nach sich zieht, stärkt es indirekt auch die physische Gesundheit.

Mit zunehmender mentaler Reife wachsen auch die kognitiven Fähigkeiten des Leaders. Er gewinnt mehr Bewusstheit für das eigene Selbst und für alles Zwischenmenschliche. Dadurch versteht er die eigenen und fremde Emotionen besser und vermag Mitgefühl zu zeigen, ohne vom Leid anderer mitgerissen zu werden. All das verbessert seine Führungsqualität.

Das erweiterte Verständnis für andere Menschen ist eines der überzeugendsten Argumente für die vertikale Entwicklung. Auf den kultivierten Ebenen des Bewusstseins ist Ihr Kollege, der die Welt so viel anders sieht, für Sie plötzlich kein wandelndes Fragezeichen mehr. Immer seltener grübeln Sie: »Warum in aller Welt hat er so überreagiert?« Oder: »Wieso hat sie *das* nicht bemerkt?«

Sie werden sehen, was Sie früher nicht gesehen haben. Ja, mehr noch: Sie werden auch verstehen, was den anderen *wirklich* wichtig ist. Das mag sich grundlegend von den eigenen Werten unterscheiden. So werden Sie andere in Zukunft nie mehr despotisch düpieren, sondern nur noch intrinsisch motivieren. Es geht also um nicht mehr und nicht weniger als eine völlig neue Qualität der Führung.

Wie wissenschaftliche Untersuchungen zeigen, gelingt es Führungskräften auf den oberen Stufen des Bewusstseins besser, strategisch zu denken, mit anderen zusammenzuarbeiten, Feedback zu suchen und einzubeziehen sowie Konflikte zu lösen. Diese Leader nutzen stärker die Beziehungen zu anderen, um Probleme aus verschiedenen Perspektiven zu betrachten und zu meistern. Dies ist das Ergebnis einer vierjährigen Studie über den organisatorischen Wandel in zehn Unternehmen und gemeinnützigen Organisationen (Brown 2013, S. 6). Die Untersuchung bewies, dass die Fähigkeit zu komplexem Denken in der oberen Führung der wichtigste Faktor für das Gelingen der organisatorischen Transformation war.

Den größten Erfolg zeigten Führungskräfte auf dem Level eines Transformators (Stufe 6). Solche Leader hatten gelernt, sich von Prägungen und Grundannahmen zu befreien. Dieses »Nicht-Identifizieren« eröffnete ihnen einen systemischen Blick auf die *realen* Sachverhalte. Zudem verlieh es ihnen ein ungetrübtes Gespür für die wechselseitige, dynamische Natur von Systemen. Solche bewussten Leader scheitern nicht an Widersprüchen, sondern beziehen diese in ihre Führung mit ein. Ferner zeigen sie einen tiefen Zugang zur Intuition: Sie lösen Probleme leichter durch ihr kreatives, nicht lineares Denken.

Alchemisten (Stufe 7) und Vereiniger (Stufe 8) kommen am besten mit scheinbar paradoxen Situationen zurecht. Sie spüren darin mehr Verbindungen, Nuancen, Perspektiven und Möglichkeiten und handeln mit größerer Weisheit und tieferer Sorgfalt als die klassischen Manager. Und so verändern sie Menschen, Organisationen und ganze Gesellschaften.

Wie die Erfahrung zeigt, schaffen nur wenige den Aufstieg in die kultivierten Ebenen des Bewusstseins (Stufe 5 bis 8). Die meisten bleiben auf dem Level des Experten oder Erfolgsmenschen »kleben«. Das dürfte aber eher selten auf einer natürlichen Obergrenze der Entwicklung beruhen, sondern eher auf mangelndem Mut oder Willen.

Lassen Sie sich deshalb von den ewig Gestrigen nicht ausbremsen. Das vertikale Lernen kann in Ihnen Potenziale entfalten, von denen Sie bisher nicht einmal wussten, dass es sie gibt. Zum ersten Mal in der Geschichte haben wir überhaupt Zugang zu dieser transformationellen Wissenschaft. Wer sich ihrer bedient, kann die Entwicklung des Verstands, der Gefühle und der zwischenmenschlichen Beziehungen um das Fünffache beschleunigen (Brown 2013, S. 8). Doch dazu müssen wir uns die unterschwelligen Fähigkeiten von Geist und Herz erschließen. Wie kann das gelingen?

Aufsteiger gesucht

Alles ist direkt zu sehen,
außer … das Auge, durch das wir sehen.
ERNST FRIEDRICH SCHUMACHER

Wie wir gesehen haben, verändert horizontales Lernen, *was* wir wissen, das vertikale Lernen indes verändert, *wie* wir wissen. Tatsächlich ist Letzteres kein Ersatz für Ersteres. Die optimale Strategie für den Aufstieg in die kultivierten Ebenen des Bewusstseins (Stufen 5 bis 8) ist eine Kombination aus horizontalem und vertikalem Lernen. Auch in Zukunft sind weiter Know-how und Fertigkeiten gefragt, um konkrete Aufgaben zu meistern. Zusätzlich bedürfen wir aber einer neuen Weltsicht (Kegan et al. 2010, S. 769–787).

Bei dieser handelt es sich um einen neuen Blick auf alles Lebende, der sich aus einer Veränderung der Filter ergibt, durch die wir die Welt betrachten. Dabei geht es um die bereits erwähnten Grundannahmen, Kernüberzeugungen, Einstellungen, Glaubenssätze und Werturteile. Sie bilden einen Bezugsrahmen, mit dessen Hilfe wir Erfahrungen und Bedeutung interpretieren. Er ist das Fenster, durch das wir Wichtiges wahrnehmen und scheinbar Unwichtiges herausfiltern.

Den meisten Menschen ist ihr Bezugsrahmen nur bis zu einem gewissen Grad bewusst. Dies klingt in den eingangs zitierten Worten des britischen Ökonomen E. F. Schumacher an. Hier setzt die vertikale Entwicklung an: Indem sie Menschen auf eine höhere Stufe der Bewusstheit hebt, entfernt sie alle Filter, die den Geist mit Falschfarben und Zerrbildern narren und so den Sinn der Welt vernebeln. Das Ergebnis dieser Befreiung ist eine klare Sicht auf das, was wirklich *ist*.

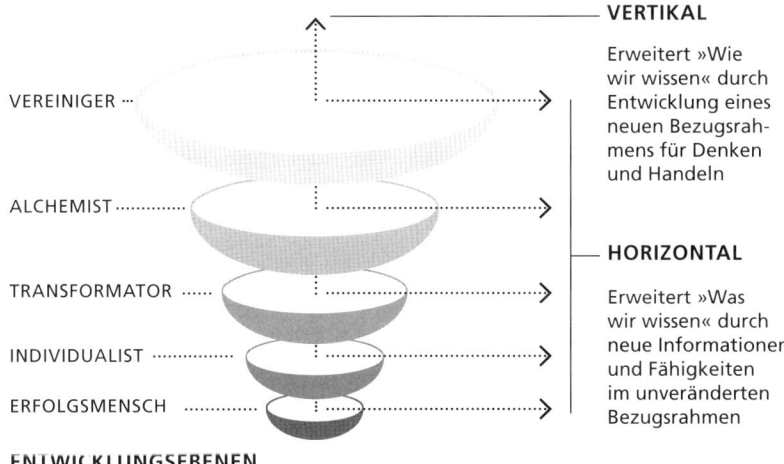

Abb. 7: Horizontales versus vertikales Lernen: Transformation wird erst durch einen neuen Bezugsrahmen für Denken und Handeln möglich.

In gewisser Hinsicht gleicht der Aufstieg zu einer höheren Stufe der mentalen Entwicklung also einer Bewusstseinserweiterung, nur ohne chemische Substanzen. Indem diese grundlegende Umstrukturierung des Geistes unseren Blick entschleiert, haben wir auf einmal die Wahl, was wir behalten, loslassen oder ändern wollen.

Kegan (1994) nennt diese Entkoppelung vom Selbst die Subjekt-Objekt-Verschiebung *(Subject-Object Shift)*. Laut Kegan *haben* wir also

Objekte und *sind* Subjekt. Das Subjekt – unser Ich – ist nur begrenzt veränderbar. Was wir dagegen *haben,* dafür sind wir verantwortlich, damit können wir handeln und es durch unsere Entscheidungen transformieren oder sogar aufgeben.

Mit jedem Schritt dieser Selbsttransformation werden Sie souveräner im Umgang mit komplexen Umgebungen und Herausforderungen, entscheiden weiser und handeln effektiver. Sie sind nicht länger im »Peter-Prinzip« gefangen, das die Entwicklung einer Führungskraft durch ihre Fähigkeiten begrenzt. Aus der vertikalen Perspektive betrachtet limitiert vor allem die Bewusstseinsstufe die persönliche Entwicklung. Kegan und Lahey beschreiben diesen Zusammenhang so (Kegan et al. 2010):

»*Wenn wir die Welt als ›zu komplex‹ empfinden, erleben wir nicht nur die Komplexität der Welt. Wir erleben in diesem Moment ein Missverhältnis zwischen der Komplexität der Welt und unserer eigenen. Es gibt nur zwei logische Möglichkeiten, dieses Missverhältnis zu beheben – die Komplexität der Welt zu reduzieren oder die eigene zu erhöhen.*«

Es liegt wohl auf der Hand, welche dieser beiden Möglichkeiten Erfolg versprechender ist. Häufig geht der Aufstieg in die Liga der höheren Bewusstseinsstufen mit Phasen der Verunsicherung einher. Viele Führungskräfte definieren sich über ihre Stärken im rationalen Denken und Argumentieren. Ihre »technischen Skills« vermitteln ihnen ein tiefes Gefühl von Sicherheit, Bedeutung und Wert. Aus dieser Deckung herauszutreten und sich auf ein Minenfeld vermeintlicher Ungewissheiten zu begeben, weckt womöglich Ängste. Aber Hand aufs Herz: Verlangt nicht jede größere Veränderung eine gehörige Portion Mut?

Es wird nie gelingen, *jeden* für die Selbsttransformation zu begeistern. Manche fokussieren sich lieber weiter auf »das äußere Spiel«, wie es der Sportpädagoge Timothy Gallwey beschreibt (2000). Vor dem »inneren Spiel« verschließen sie lieber die Augen.

Da mag die Furcht vor Leistungseinbrüchen, Einkommenseinbußen oder vor dem Verlust der mühsam erarbeiteten Reputation hineinspielen. Manch einer gilt aufgrund seines Fachwissens im Unternehmen als unantastbar. Diesen Status vermeintlich aufs Spiel zu setzen, erscheint manchem Experten auf der Bewusstseinsstufe 3 wenig verlockend. Erfolgsmenschen (Stufe 4) fürchten eher den Verlust von Macht, Kontrolle und Erfolg. Also setzt man lieber weiter auf die horizontale statt auf die vertikale Entwicklung.

In meiner Arbeit als Executive Coach beobachte ich immer wieder, dass die Transformation vom Erfolgsmenschen zum Individualisten (Stufe 5) als beunruhigender empfunden wird als frühere Übergänge. Es sind vor allem Fragen, auf die es keine einfachen Antworten gibt, die den »Neu-Individualisten« umtreiben, Fragen wie: »Tue ich wirklich, was ich sein sollte?« Oft geht es dabei um Selbstwertgefühl, Lebensweise, Sinn und Zweck.

Der Übergang zum Individualisten mag psychologisch komplexer erscheinen als frühere Transformationen. Wer aus Sicht der Bewusstseinsentwicklung in die oberen 10 Prozent der Menschheit vorstößt, fühlt sich dabei vielleicht auch einsamer. Man bricht mit Regeln und Codes, die bisher als unantastbar galten, denkt anders und beginnt sein Leben atypisch zu organisieren. Wer plötzlich seinen eigenen Weg geht, wird unweigerlich andere enttäuschen oder vor den Kopf stoßen. Bei Personen, die uns nahestehen oder denen wir uns zur Loyalität verpflichtet fühlen, verläuft dieser Schritt nicht immer schmerzfrei.

Doch die positiven Seiten der eigenen Veränderung überwiegen die Schwierigkeiten bei Weitem. Das Vertrauen und die Fähigkeiten der Menschen um Sie herum aufzubauen, ist ungemein befriedigend. Ebenso erfüllend kann es sein, losgelöst von kurzfristigen Zielvorgaben einen nachhaltigen Beitrag zu leisten: für das Unternehmen, seine Mitarbeiter, Familie und Freunde, die Gesellschaft und die Umwelt.

Als Steve Jobs Anfang der 1980er John Sculley, den Vize-Präsidenten von Pepsi Cola USA, für Apple als CEO gewinnen wollte, fragte er ihn: »Willst du für den Rest deines Lebens Zuckerwasser verkaufen oder willst du die Chance haben, die Welt zu verändern?« Zuvor hatte Sculley monatelang gezögert. Jetzt sagte er endlich zu. Was ihn zu Apple gezogen hatte, waren wohl weniger die finanziellen Offerten. Es war die Vision, die Jobs ihm vermittelte. So funktioniert *Mind Movement Mastery*.

Es lohnt also allemal, die innere Transformation neugierig und mutig anzugehen. Und weil diese grundlegende Veränderung beim Verstehen des eigenen Ichs beginnt, sollten Sie zunächst etwas darüber herausfinden.

Übung zur Selbstreflexion

Fragen Sie sich:

- Wie steht es um meine mentalen und emotionalen Fähigkeiten?
- Wie bin ich in meinem Körper präsent?
- Wie steht es mit meiner sozialen Intelligenz?
- Welche Rolle spielt eine spirituelle Verbundenheit in meinem Leben?
- Was habe ich fachlich drauf und was kann ich beruflich stemmen?

Eine objektive Antwort auf diese Fragen zu geben, wird Ihnen nicht leichtfallen oder gar unmöglich erscheinen. Zu sehr verzerren die inneren Filter die Sicht auf das eigene Selbst. Doch es ist eine erste Positionsbestimmung, die Sie später immer wieder ändern werden und sollten.

Mit fortschreitender Selbsttransformation werden Sie Ihr neues Mindset »exportieren«: Sie werden sich in neuen, erfüllenden Rollen wiederfinden, Ihr besseres strategisches Denken zum Wohle anderer einsetzen und so zur äußeren Transformation Ihres Umfelds beitragen.

Vertikales Lernen ist für Führungskräfte somit mehr als eine intellektuelle Fingerübung. Es ist ein vollständiger Umbau des Selbst hin zu *Mind Movement Mastery*. In den folgenden Kapiteln erfahren Sie mehr über die vier Schritte, die zu diesem erweiterten bewussten Seinszustand führen.

Der RAIN-Prozess im Überblick

Wir achten mit Respekt und Interesse darauf, nicht um zu manipulieren, sondern um zu verstehen, was wahr ist. Und wenn man sieht, was wahr ist, wird das Herz frei.
SHUNRYŪ SUZUKI

Als die junge Feldbiologin aus San Francisco 1967 in den Kongo ging, plante sie keine Karriere als Superstar der Wissenschaftsgeschichte. Ihr ging es auch nicht darum, Stoff für einen Hollywood-Blockbuster zu sammeln. Dian Fossey ging es um Affen. Genauer gesagt um das Studium der vom Aussterben bedrohten Berggorillas, die im tropischen Regenwald des Virunga-Massivs lebten.

Die fünfunddreißigjährige Ergotherapeutin wollte in die Fußstapfen ihres Mentors George Schaller treten. Als Erster überhaupt studierte der in Berlin geborene Zoologe 20 Monate lang das Familienleben und die Gewohnheiten der ostafrikanischen Berggorillas. Niemand war den friedvollen Muskelpaketen zuvor so nah gekommen wie er. Dian wollte natürlich wissen, warum ihn der kraftstrotzende Anführer der Gruppe nicht in der Luft zerrissen hatte. So ein Silberrücken bringt leicht 230 Kilo auf die Waage. Georges Antwort war ebenso knapp wie überraschend.

»Weil ich keine Waffe trug.«

Vor George hatten schon andere Generationen von Wissenschaftlern den Regenwald im Grenzgebiet von Uganda, Ruanda und des Kongo besucht. Weil sie so mächtige Tiere wie die Gorillas für gefährlich hielten, hatten sie Gewehre mitgebracht. Außerdem trieben rund um die acht Virunga-Vulkane immer wieder Wilderer ihr Unwesen. Einige töteten Berggorillas, um ihnen Körperteile abzuhacken und sie als Trophäen zu verkaufen.

Weil ich keine Waffe trug.

Die Berggorillas hatten gespürt, dass George und Dian anders waren. Ihnen fehlte das aggressive Wesen der Leute mit den Macheten und Gewehren. Deshalb zogen sie sich nicht vor diesen merkwürdigen »nackten Affen« zurück, die ihnen mit Sanftmut und Respekt begegneten. Im Gegenteil, der Anführer erlaubte Dian, sich unter die anderen zu mischen. Manchmal saß sie stundenlang zwischen ihnen, ganz still, und senkte demütig den Blick, wenn ein Silberrücken nahte.

Und so verstand Dian allmählich, was sie sah. Vielleicht hatten ihr in diesen Stunden der urteilsfreien Achtsamkeit ja die Worte ihres weisen Landsmanns George Washington Carver zur Geduld verholfen:

»Alles wird seine Geheimnisse aufgeben, wenn man es genug liebt.« ●

So funktioniert Achtsamkeit.

Unter den Schlagwörtern »Achtsamkeit« *(Mindfulness)* und »Bewusstheit« *(Awareness)* finden Sie unzählige Anleitungen. Nicht alles davon ist nützlich, zumindest nicht für die Käufer dieser Angebote. Die von George Schaller und Dian Fossey angewandte Achtsamkeit unterscheidet sich grundlegend vom Mainstream der Mindfulness-Welle. Die dort zelebrierte Selbstoptimierung verhindert nur die Befreiung von mentalen Konstrukten, weil sie am Vorhandenen herumdoktert, statt es zu transformieren.

Lassen Sie uns genauer betrachten, wie Sie zu einer umfassenderen Form der Achtsamkeit gelangen.

Sie finden den Rat in unzähligen Büchern über Leadership: »Sei du selbst.« Oder: »Sei authentisch!« Die wenigsten haben ein klares Verständnis davon, was dieses Selbst überhaupt ist, woraus es besteht oder was es bedeutet. Aber wenn ich das nicht verstehe, wie kann ich dann authentisch sein?

Die buddhistische Tradition der Meditation beschäftigt sich seit etwa zweieinhalbtausend Jahren mit etwas, das wir heute »kontemplative Wissenschaft« nennen. Der Begriff Kontemplation kommt vom lateinischen *contemplatio* und bedeutet so viel wie »den Blick auf etwas richten«. Der Meditierende lernt, seinen Blick achtsam nach innen auf die eigenen Verwirrungen zu richten, auf sein Selbst. Sogar wenn man diese Methode von ihrem religiösen Überbau befreit, funktioniert diese Art der Achtsamkeit immer noch. Daraus erwachsen Einsichten, die der Schlüssel zur Befreiung sind.

Buddha hatte ja den »mittleren Weg« gelehrt, der zwischen dem Prassen und der Askese verläuft. Auf diesem Weg ohne Extreme ist die in der Meditation gewonnene Achtsamkeit der Kompass, der aus dem Leid herausführt.

Zu Beginn des 21. Jahrhunderts begann eine Reihe von buddhistischen Lehrern mit einem neuen Achtsamkeits-Tool zu arbeiten, das seinen Anwendern helfen sollte, besser mit intensiven und schwierigen Emotionen umzugehen. In der westlichen Welt verzeichneten gerade Achtsamkeitsretreats einen wachsenden Zustrom von Besuchern, die auf der Suche nach mehr Bewusstheit waren. In diesen spirituellen Rückzugsorten sind die der Mindfulness zugrunde liegenden Prinzipien unter dem Akronym »RAIN« bekannt.

RAIN beschreibt einen Prozess aus vier Schritten. Er ist ein Werkzeug, das sich an fast jedem Ort und in beinahe jeder Situation anwenden lässt und die Fähigkeit stärkt, zu unserer tiefsten Wahrheit zurückzukehren, zu dem vom Schlamm der Grundannahmen, Prägungen und Glaubenssätzen reingewaschenen Ich.

»Wie der klare Himmel und die saubere Luft nach einem kühlenden Regen bringt diese Achtsamkeitsübung eine neue Offenheit und Ruhe in unseren Alltag«, beschreibt Tara Brach (2013) das RAIN-Prinzip. Die US-Psychologin hat dieses Tool erweitert und an die Bedürfnisse ihrer Klienten angepasst. Sie bezeichnet RAIN als die »Kernpraxis« in ihrem eigenen Leben. Der Prozess besteht aus folgenden, namengebenden Schritten:

- **R**ecognition: Erkenne bewusst, was geschieht/geschehen ist.
- **A**cceptance: Akzeptiere, das Leben ist, wie es ist.
- **I**nquiry: Erforsche wohlwollend deine inneren Erfahrungen.
- **N**on-identification: Befreie dich vom Geschehen.

Bei der Achtsamkeit geht es also nicht vordergründig darum, auf alles zu achten, was um uns herum geschieht. Das kann jeder mit hinreichend gutem Konzentrationsvermögen. Es geht vielmehr um Wahrnehmen ohne Werten. Wagen wir mit dieser Prämisse eine Begriffsbestimmung:

Achtsamkeit (Definition)

Achtsamkeit oder *Mindfulness* ist Aufmerksamkeit mit einem respektvollen, empfänglichen, nicht manipulierenden oder urteilenden Bewusstsein. Sie richtet sich im Hier und Jetzt zuerst nach innen (ICH) und dann erst nach außen (WIR/SIE).

Dieses wohlwollende, nicht urteilende Teilnehmen am inneren und äußeren Geschehen ist bei den meisten leider eher die Ausnahme als die Regel. Meist flutet durch unseren Geist ein stetiger Strom von Kommentaren und Kritik, die uns selbst oder andere bewerten. Davon mitgerissen reagieren wir dann sofort, statt nur zu beobachten. Wir beurteilen, ob wir das Geschehen mögen, nicht mögen oder es getrost ignorieren können. Oder wir messen unsere Erfahrung an unseren Erwartungen. Das ist das Gegenteil von Achtsamkeit.

Die gute Nachricht ist: Sie können sich das vorschnelle Urteilen abtrainieren. Ein erprobter Weg dafür ist die Meditation.

Wenn Führungskräfte zu mir kommen, um ihr Innenleben mit Meditation wieder »auf Spur zu bringen«, hoffen sie auf mehr innere Ruhe und Frieden. Die meisten fühlen sich jedoch, sobald sie auf dem Kissen Platz genommen haben, erst einmal überfordert.

Während die gestressten Manager so dasitzen, hören sie vielleicht eine Tür zuschlagen und wünschen sich Ruhe. Ihre Knie schmerzen und sie versuchen, den Schmerz durch unauffällige Gewichtsverlagerung abzuschütteln. Sie wünschten, sie hätten ein bequemeres Kissen. Sie sind abgelenkt, spüren ihren Atem nicht und das frustriert sie. Erst allmählich bemerken sie, dass ihr Verstand ständig am Rotieren ist: Er hört nie auf, Vergangenes zu bewerten und Zukünftiges zu planen. Einfach nur still dazusitzen und das Selbst mit wohlwollender Aufmerksamkeit zu beobachten, will ihnen einfach nicht gelingen. Viele kommen sich dann wie Versager vor.

Dieser Schock gleich zu Beginn der Achtsamkeitspraxis will erst einmal verdaut sein. Bisher waren sich die Teilnehmer des Stroms von Bewertungen nicht bewusst gewesen. Nun bekommen sie ihn mit voller Wucht zu spüren. Manche springen nach dieser beunruhigenden Erfahrung gleich wieder ab. Diejenigen, die weitergehen, fühlen sich recht bald erleichtert.

Was hatte noch gleich George Schaller und Dian Fossey die Tür zur Achtsamkeit geöffnet? Sie trugen keine Waffen. Die Macheten und Gewehre des Geistes sind die (Vor-)Urteile und von falschen Prägungen beeinflussten Grundannahmen. Alles, was unserem Geist in die Quere kommt, verhackstücken und durchsieben sie bis zur Unkenntlichkeit. Wenn Sie damit aufhören und sich einfach ohne Erwartung und Wertung Ihren Erfahrungen stellen, werden Sie eine klare, erweiterte Bewusstheit erfahren. Dieses Gewahrsein liegt jenseits der Wirkung chemischer Substanzen und ist *jederzeit* ohne solches »Hirndoping« erfahrbar.

Übrigens: Transzendente Erfahrungen wie große Stille, unendliche Glückseligkeit oder gleißendes Licht sind ausdrücklich *nicht* das Ziel der Meditation. Ganz im Gegenteil: Das sehn*süchtige* Verlangen nach solchen »Zuständen« *(Special States)* schafft ebenso Leid wie alles andere Anhaften und führt den Praktizierenden in die Irre und vom Pfad der Befreiung fort. Wahrhaftige Freiheit und Glück liegen jenseits dieser Erfahrungen und Zustände.

Der Weg des Erwachens *(Awakening)* führt weit über die Achtsamkeit hinaus. An seinem Anfang steht eine oft als nützlich empfundene Neugier und Offenheit. Shunryū »Roshi« Suzuki bezeichnete sie als »Anfängergeist« *(Beginner's Mind)*. Das klingt schon nach einem echten Fortschritt gegenüber dem ungezähmten Pferdewillen und dem wild plappernden »Affengeist«. Der in Japan geborene Zen-Meister beschrieb den Anfängergeist so (2006):

»Im Geist des Anfängers existieren viele Möglichkeiten, im Geist des Experten gibt es nur wenige.«

Beschreitet man mit der Offenheit und Neugier des Anfängergeistes den Weg der Achtsamkeit, wird dieser über kurz oder lang zu unbequemen Erkenntnissen führen. Dann weiterzugehen erfordert Mut. Wann und warum das so ist, wollen wir als Nächstes betrachten.

Achtsamkeit als furchtlose Gegenwart

Die Kunst des Zuhörens ist weder achtloses Driften auf der einen Seite noch ängstliches Festhalten auf der anderen Seite. Sie besteht darin, für jeden Moment sensibel zu sein, ihn als völlig neu und einzigartig zu betrachten, den Geist offen und völlig empfänglich zu haben.
Alan Watts

Tibetanische Tempelaffen können frech sein, manchmal regelrecht dreist, doch sie haben kein Löwenherz. Vielleicht denken Buddhisten nicht sofort daran, wenn sie das unkultivierte Bewusstsein als »Affengeist« bezeichnen, doch der Vergleich lässt sich ja durchaus ausweiten: Ein furchtsamer Geist ohne Achtsamkeit wird mit »affenartiger« Geschwindigkeit vor jeder unbequemen Erfahrung im Hier und Jetzt fliehen.

Oft hüpft der *Monkey Mind* in die Vergangenheit zurück, wo er genug Präzedenzfälle für scheinbar vergleichbare Situationen findet. Hinzu kommen die tradierten Vorbehalte von Eltern, Großeltern oder gar Urgroßeltern, die als automatisch ablaufende Routinen fest im inneren Betriebssystem verankert sind. Da lautet das Urteil dann schnell: »Das hat noch nie was gebracht. Wieso sollte es jetzt klappen?«

Frei nach dem Motto »Zuflucht Zukunft« verdrückt sich der Geist ebenso gern mit Warp-Geschwindigkeit stromabwärts der Zeit. Er sucht sich seinen Fluchtpunkt im nächsten Wochenende, Urlaub oder gar im Ruhestand, und schon muss er der Gegenwart keine quälenden Gedanken mehr opfern.

Im Gegensatz dazu ist Achtsamkeit das Verweilen im Hier und Jetzt. Um Ihre Denkmuster entsprechend zu ändern, müssen Sie Ihre mentale Zeitmaschine erkennen und ausschalten. Einfach nur aufmerksam dazusitzen und seine Sorgen und Ängste in einer freundlichen Grundhaltung zu beobachten, erfordert Geduld und Mut.

Je mehr von dieser beherzten Achtsamkeit Sie erlangen, desto bewusster nehmen Sie auch das Wechselspiel zwischen Gefühlen und Körper wahr. Mancher empfindet Angst, wenn er auf einmal deutlich spürt, wie der Herzschlag Fahrt aufnimmt, wie auf der Haut Hitze und Kälte entstehen oder wie sich der Magen zusammenzieht. Da möchte man am liebsten davonlaufen.

In Momenten solcher Erfahrungen brauchen Sie Durchhaltevermögen, um zu lernen, ruhig sitzen zu bleiben und die Fluten von Angst, Trauer und Wut urteilsfrei zu beobachten und sie dann behutsam loszulassen. Nur mit Geduld und Achtsamkeit lernen Sie, die mit Ihrem Ich verwobenen Geschichten von Angst, Stolz und Vorurteil klar zu sehen, von sich zu lösen und loszulassen. So wird Ihr Geist Ruhe finden und entspannt in die Gegenwart zurückkehren.

Mut zur Achtsamkeit bedeutet also, Erfahrungen nicht mehr aus dem Weg zu gehen so wie vielleicht früher. Jemand, der sich etwa einer schmerzhaften Krebsbehandlung unterziehen muss, klammert sich nicht weiter an die Angst, indem er sich einredet: »So lange ich Angst verspüre, so lange lebe ich noch.« Indem er die Furcht von sich abtrennt und in ein Objekt umwandelt, kann er sie analysieren. Er sieht dann vielleicht, dass er kein starker Raucher ist wie der Großvater, der an Lungenkrebs gestorben ist. Auch muss er sich nicht von diffusen Ängsten umtreiben lassen, die sich aus der Summe aller denkbaren Katastrophen speisen. Stattdessen fügt er der Chemotherapie die Liebe zum eigenen Körper hinzu. Diese mobilisiert dann seine Selbstheilungskräfte, die ihn den Krebs besiegen lassen. Und selbst wenn ihm dies nicht gelingt, wird ihn die Achtsamkeit zumindest noch Glück spüren lassen, wo andere sich längst aufgeben.

Mutige Achtsamkeit verbessert die Lebensqualität für jeden in nahezu jeder Lage und sei sie auch noch so schwer. Der Politiker lernt durch sie, sich von Hasspostings in den sozialen Medien nicht runterziehen zu lassen. Die achtsamere Teamleaderin erkennt, dass ihr Heißhunger auf Sahnetorte nur dem sehnlichen Wunsch nach etwas mehr Freude im Leben entspringt, die sie sich aus falsch verstandenem Pflichtgefühl sonst nicht gönnt. Die alleinerziehende, erschöpfte Mutter des hyperaktiven Erstklässlers schafft es mithilfe der Achtsamkeit, ihre Grenzen anzuerkennen. Wie befreiend es für sie ist, sich nicht länger als Rabenmutter zu fühlen, nur weil sie angespannt ist und sich manchmal überfordert vorkommt! Allein dieses Bewusstsein macht sie respektvoller und großzügiger gegenüber sich selbst und ihrem kleinen Wirbelwind.

Ein Zen-Dichter schrieb einmal: »Der Regen fällt auf alle Dinge gleichermaßen.« Ein treffendes Bild, wie ich finde, denn die Wolken spenden ihr Leben gebendes Nass jeder Kreatur unter dem Himmel. Man muss das Wasser nur an sich heranlassen. So ist es auch mit der Achtsamkeit.

Salopp gesprochen ist Achtsamkeit das, was bei Ihnen unten herauskommt, wenn sie oben die vier Buchstaben »R«, »A«, »I« und »N« hineinstecken. Nach einem kurzen Abstecher in die tägliche Praxis der Meditation wollen wir uns daher eingehender den vier Prinzipien für eine achtsame Selbsttransformation widmen: dem Erkennen, Akzeptieren, der Erforschung und der Nicht-Identifikation.

Tipps für die tägliche Praxis

Nimm dir jeden Tag eine halbe Stunde Zeit für die Meditation,
außer wenn du viel zu tun hast. Dann nimm dir eine ganze
Stunde Zeit.
Franz von Sales

Meditieren und Meditieren ist nicht dasselbe, so wie Sport und Sport nicht dasselbe ist. Die oben gezeigte »Übung zum eigenen Atem« ist die einfachste Form des Meditierens. Diese Praxis ist überall möglich: im Bus, beim Kochen oder beim Laufen. Damit beschäftigen Sie den geschwätzigen »Affengeist«. Solange Sie sich unverkrampft auf Ihren Atem konzentrieren, verstummen die Gedanken. Einfach auf das Ein- und Ausatmen achten. Mit ein wenig Training gelingt Ihnen das schon mit zwei, drei Atemzügen.

Ich nutze die tägliche Meditation seit Jahren als Weg zu mehr Bewusstheit und Präsenz. Daher hier zunächst ein paar Tipps zur regelmäßigen Praxis:

Meditieren Sie am besten täglich zwei Mal zehn Minuten. Regelmäßigkeit ist besser, als nur ein Mal die Woche eine Stunde lang zu meditieren. Falls Sie mal einen Tag pausieren müssen, ist beim nächsten Mal keine »doppelte Dosis« nötig. Einfach normal weitermachen wie bisher.

Für Sie ist es unmöglich, zehn Minuten lang still zu sitzen? Vielen hilft, zuvor einen Spaziergang zu machen oder sich anderweitig körperlich zu betätigen.

Übung zur Körperhaltung

Einen großen Einfluss auf Ihre Meditation hat die richtige Körperhaltung. Hierfür achten Sie bitte auf die sogenannten sieben Körperpunkte. Die korrekte Körperhaltung hilft dabei, sich nicht zu verkrampfen oder ablenken zu lassen. Wir wollen hier auf andere Elemente wie Energie-Kanäle verzichten und uns ganz auf die praktischen Aspekte der Körperhaltung konzentrieren.

| Lotus | Halber Lotus | Burmesischer Sitz |

| Zafu (Kissen) | Seiza | Stuhl |

Abb. 8: Meditationshaltungen: Ob auf Kissen, Bank oder Stuhl – eine aufrechte und entspannte Sitzhaltung ist wichtig.

Ein Meditationskissen ist zwar hilfreich, aber nicht zwingend nötig. Auch auf den Lotussitz können Sie verzichten. Die Beine werden nicht erleuchtet. Falls Sie ein Kissen benutzen möchten, sollte der hintere Teil etwas höher stehen, sodass sich die Wirbelsäule automatisch aufrichtet.

Wichtig ist die *stabile* Körperhaltung: Kopf, Nacken und Rücken gerade, Becken leicht nach vorn gekippt, Hände locker auf dem Schoß liegend. Lassen Sie die Schultern entspannt sinken. So erlauben Sie dem Geist, sich zu entspannen und zugleich wach zu bleiben. Um auf dem Boden zu sitzen, kann man auch eine Decke zusammenfalten und ein oder zwei Kissen drauflegen.

Setzen Sie sich mit verschränkten Beinen auf die vordere Hälfte dieses Polsters. Zu unbequem? Sie können auch auf einem Stuhl meditieren. Beachten Sie bei der Sitzhöhe: Ihre Hüfte sollte sich höher als Ihre Knie befinden. Dann stellen Sie die Füße bitte flach auf den Boden.

Auch die Lippen und die Zähne sollten entspannt sein. Legen Sie die Zungenspitze dazu an die Rückseite der oberen Zahnreihe. Dies reguliert den Speichelfluss und verhindert das Austrocknen des Mundes.

Ihr Nacken ist aufrecht, der Kopf kann etwas nach vorn geneigt und das Kinn geringfügig in Richtung Brust gesenkt sein. Dadurch richtet sich der Blick der nur leicht geöffneten Augen nach unten und Sie werden weniger abgelenkt. Einige kommen am Anfang besser damit zurecht, die Augen ganz zu schließen. Probieren Sie dennoch, einen schmalen Sehschlitz geöffnet zu halten. Dies unterstützt die Meditation. Bei der Meditation mit einem sichtbaren Objekt müssen die Augen ohnehin offenbleiben.

Übung zur Achtsamkeit für Gedanken

Die nun folgende Übung ist eine Meditation ohne Objekt. Sie konzentrieren sich also weder auf Gedanken, Gefühle und Erinnerungen noch auf Gegenstände, Personen oder irgendetwas anderes. Diese Form des Meditierens nennen wir auch *Shiné*-Meditation. Der Geist soll dabei einfach ruhen, so als hätte man einen langen Arbeitstag hinter sich und will nun loslassen und sich entspannen. Die Shiné-Meditation ist also keine Einladung an den Geist, einfach willkürlich zwischen Tagträumen, Fantasien und Erinnerungen herumzustreifen. Obwohl sich die Aufmerksamkeit auf nichts Besonderes fokussiert, bleibt der Geist doch weiter präsent und nimmt wahr, was im Hier und Jetzt geschieht.

Am Anfang mag es Ihnen leichter erscheinen, mit einem Objekt wie einer Blumenvase zu meditieren. So ein Objekt ist wie ein Stütze, die dem Geist einen »festen Stand« gibt. Das schlichte Achtsam- oder Gewahrsein in dieser Übung ist sozusagen die Essenz des Geistes in seinem natürlichen Zustand. Mancher schätzt es nach einigen Versuchen sogar als die einfachste Form der Meditation.

Finden Sie hierzu eine bequeme Sitzposition. Es geht zunächst darum, dass Ihr Körper Ruhe finden und sich getragen fühlen kann.

Verweilen Sie nun einige Minuten lang beim eigenen Atem. Untersuchen Sie aufmerksam, was Sie dabei empfinden: an den Nasenflügeln, in der Brust oder tief im Bauch. Atmen Sie so wie sonst auch. Richten Sie während des ganzen Ein- und Ausatmens einfach die Aufmerksamkeit auf das Empfinden. Sobald Sie in Ruhe dem eigenen Atem folgen, verändern Sie den Fokus.

Richten Sie Ihre Aufmerksamkeit jetzt auf Ihre Gedanken. Beobachten Sie, wie sie aufsteigen und sich wieder verflüchtigen. Zwingen Sie sich weder zum Denken, noch suchen Sie den Zustand völliger Leere im Kopf. Die Kunst besteht darin, sich beim Denken *zuzusehen*. Gedanken sind jetzt nur Gedanken. Sie sind nicht *Sie*, nicht Ihr Selbst, sondern nur ein kleiner Teil davon. Die meisten neigen dazu, sich vorschnell mit einem Gedanken zu identifizieren. Beobachten Sie auch diesen »netten Versuch« des Verstands, sich in den Vordergrund zu spielen, ohne sich mit ihm zu identifizieren.

Wenn Ihnen ein Gedanke über die vorhergesagten Regenschauer für morgen in den Sinn kommt – gut. Oder eine Erinnerung aus der Studienzeit – auch gut. Sie müssen mit diesen Gedanken nichts anfangen, geschweige denn sie bewerten und kategorisieren. Beobachten Sie einfach neugierig und interessiert, wie die Gedanken erscheinen und wieder verschwinden.

Manchmal ziehen bestimmte Gedanken andere nach sich. Womöglich beginnen Sie sogar mit einer Analyse oder Problemlösung. Sofern Ihnen so etwas auffällt, lassen Sie die Gedanken einfach vorübertreiben und kehren Sie zurück in die Rolle des offenen Beobachters.

Nochmals: Ziel dieser Übung ist es nicht, den Geist leer zu machen oder irgendetwas zu beeinflussen. Sie sind ja »nur« neutraler Beobachter.

Diese Übung wird Ihnen mehr Raum geben, in der Bewusstheit des eigenen Denkens zu verweilen. Daraus erwächst Klarheit und diese wiederum ermöglichst es Ihnen, auf den einen Gedanken zu reagieren und den anderen einfach wieder ziehen zu lassen. So lösen Sie sich von den Fesseln der Konditionierung und können Ihre Entscheidungen aktiver gestalten.

1. BEWUSSTHEIT – Erkennen, was geschieht

> *Emotionale Intelligenz bedeutet, intelligent in Bezug auf unsere Emotionen zu sein, es bedeutet nicht, keine Emotionen zu haben, es bedeutet nicht, überemotional zu sein. Es bedeutet, sich seiner Emotionen bewusst zu sein.*
>
> Daniel Goleman

Stellen Sie sich vor, Sie sitzen in einem Park und beobachten eine Ameisenkarawane. Ein Insekt schleppt ein großes Blatt. Sie verstehen die Szene recht gut, weil sie diese – sowohl mental wie auch perspektivisch – aus einer höheren Warte beobachten. Die Ameisen tun das nicht. Sie wissen nicht, dass sie von Ihnen beobachtet werden, und es kümmert sie auch nicht. Sie sind vollauf damit beschäftigt, das Blatt und andere Beute in den Bau zu schaffen.

Natürlich können Sie zu den Tierchen sagen: »Hört mal zu, Ameisen, ich beobachte euch.« Das wird ihr Verhalten trotzdem in keiner Weise ändern. Ihnen fehlt der Bezugsrahmen, um Ihre Worte zu verstehen. Ameisen haben aufgrund ihrer kurzen Lebenserwartung ein sehr punktuelles Verständnis von Ihnen. Menschen, das sind diejenigen, die ihnen im Weg stehen oder auf ihnen herumtrampeln. Selbst wenn Sie dem kleinen Lastenträger das Blatt aus den Maulzangen schnippen, wird er nicht wirklich verstehen, was da gerade passiert ist.

Lebewesen brauchen mehr als 20 000 Nervenzellen, um ihre Umgebung »bewusst« wahrzunehmen und darauf zu reagieren. Bewusste Achtsamkeit finden wir aber selbst bei Menschen nur selten, obwohl sie etwa 100 Milliarden Nervenzellen besitzen, die über 100 Billionen Schaltstellen (Synapsen) miteinander vernetzt sind. So ein Netzwerk ist zu extrem anspruchsvollen Bewusstseinszuständen fähig. Im Prinzip.

Tatsächlich geht es vielen Leuten mit ihren achtsameren Zeitgenossen so wie den Ameisen mit uns. Sie können auf der Entwicklungsleiter zur höheren Bewusstheit einfach nicht verstehen, wie die da über ihnen ticken. Sie müssen diese Leiter selbst Sprosse für Sprosse erklimmen, um die pure Achtsamkeit für das Bewusstsein zu erlangen. Und genau darum geht es beim ersten Buchstaben des RAIN-Akronyms. Das »R« steht ja für *Recognition*, für das bewusste Erkennen dessen, was war und was ist.

In diesem Zusammenhang spricht die Fachliteratur auch von »Präsenz«. Einfach ausgedrückt, ist damit die bewusste Wahrnehmung dessen gemeint, was gerade in mir und um mich herum geschieht. Die Präsenz von *Mind Movement Mastery* reicht sogar darüber hinaus. Sie eröffnet eine neue Dimension des Bewusstseins, die es mir erlaubt, meinen eigenen Geist zu beobachten, und mir dadurch ganz neue Handlungsräume eröffnet. Ohne tiefe Bewusstheit und Präsenz könnten Sie die drei folgenden Stufen des RAIN-Prozesses nie meistern. Wenn Sie sich einer Sache nicht gegenwärtig sind, können Sie sie weder akzeptieren noch erforschen und sich erst recht nicht davon befreien.

Erinnern Sie sich noch an Rolf, den smarten Manager mit dem selbstzerstörerischen Hang zu cholerischen Anfällen? Er hatte sich seine Präsenz hart erarbeiten müssen. Aber dann registrierte er, wie die Wut in ihm hochkroch, und nahm wertfrei wahr, was der Auslöser dafür war – in diesem Fall ein Mitarbeiter, der eine andere Meinung hatte und Bedenken äußerte. Das achtsame Wahrnehmen schafft in einer solchen Situation Distanz und befreit von Selbsttäuschungen wie der Annahme, da könne man ja nur ausrasten und schuld sei im Grunde sowieso der Mitarbeiter. Derlei Präsenz zu entwickeln bedeutet für die Führungskraft, sich selbst unter Beobachtung zu stellen: Wie reagiere *ich* im Alltag auf meine Mitarbeiter? Welche Auslöser bringen *mich* auf die Palme? Wie oft raste *ich* aus?

Wie sich dieses »Selbst-bewusst-sein« im Führungsalltag auswirkt, zeigte eine Forschergruppe rund um Dr. Jonathan Reams im Rahmen eines Entwicklungsprogramms, das sie für die Führungskräfte eines großen Engineering- und Produktionsunternehmens erarbeitete. Die Forscher wollten wissen, welche Grundannahmen und Persönlichkeitsmerkmale das Verhalten und die Führungskompetenz der am Monitoring Beteiligten einschränkten, um die Manager *nachhaltig* zu entwickeln.

Durch vertikales Lernen in Workshops und Einzelcoachings verbesserten sie deren Bewusstheit sowie ihre Präsenz im Hinblick auf konkurrierende Verpflichtungen und Annahmen, die sie im Führungsalltag einschränkten. Ferner lernten sie, die gewonnenen Erkenntnisse mit anderen zu teilen und in ein verändertes Verhalten umzusetzen. Eine abschließende Ergebniskontrolle belegte den erhofften Prozess der Transformation: Die Leader identifizierten sich weniger mit Problemen, dachten selbst-bestimmter und sozialer und konnten stärker agieren, statt nur zu reagieren (Reams 2017).

Bewusstheit öffnet also den Blick für das, was uns innewohnt, was wir aber vor lauter Ablenkung durch den »Affengeist« nicht bewusst genug wahrnehmen. Was ich damit meine, veranschaulicht sehr schön die folgende kleine Geschichte:

Es gab einmal einen Bettler, der seit 30 Jahren am Straßenrand auf einer großen Holzkiste saß und die Leute um etwas Kleingeld bat. Eines Tages kam ein Mann vorbei, blieb stehen und hörte sich interessiert den schon ziemlich abgewetzten Spruch des Bettlers an: »Haste mal 'nen Euro?«

»Ich habe nichts, das ich dir geben könnte«, antwortete der Mann freundlich und betrachtete nachdenklich die Kiste. »Worauf sitzt du da eigentlich?«

»Nur 'ne alte Kiste. Da hocke ich schon ewig drauf«, entgegnete der Bettler.

»Hast du schon mal reingeschaut?«

»Nö. Wozu denn?«

»Das wirst du wissen, wenn du's getan hast.«

Also brach der Bettler die Kiste auf und starrte ungläubig auf den Inhalt. Sie war bis zum Rand mit Gold gefüllt. Der Bettler hätte die vergangenen 30 Jahre Tennis spielen oder Brunnenbauprojekte in Afrika unterstützen können. Stattdessen hatte er völlig unnötigerweise gebettelt. Alles, was er zum Leben brauchte, war die ganze Zeit dagewesen. Ist er nun, da er die Kiste aufgebrochen hat, reicher geworden?

Nein, er war schon immer so reich. Er hatte seinen Reichtum nur nicht erkannt, weil er ihm nicht bewusst war. ●

Sobald Sie Ihre Kiste aufbrechen und mit Bewusstheit hinter die Wand aus mentalen Konstrukten blicken, werden auch Sie auf Gold stoßen. Denn jenseits Ihres *Monkey Mind* finden Sie den Zugang zu Ihren wahren Potenzialen. Der erste Schritt auf diesem Weg, um wirklich zu *sein*, besteht darin, gewahr zu werden, was gerade mit uns passiert. Ich kann nur die Wahrheit über ein Gefühl ergründen, wenn ich mir der Situation voll bewusst bin.

Wie ich schon bei der Atemübung erwähnte, kann das Erwachen des bewussten Erkennens zunächst verwirrend oder sogar verstörend sein. Aber Verwirrung ist gut! Sie ist der Anfang des Verstehens. Und mit diesem Verstehen beginnt das Loslösen vom Geschwätz des »Affengeistes«, der uns an Vorstellungen darüber ketten will, wie wir zu sein und was wir zu tun haben.

Verwirrung ganz anderer Art stiften auch zahllose Leadership-Angebote für Beratungen und Workshops. Trotz der mitunter guten Methoden, die solche Coaches und Seminare vermitteln, wird das Erlernte ohne Präsenz nicht zünden. Das ist so, als würden Sie eine Kanonenkugel ins Rohr stopfen und das Schießpulver weglassen.

Selbst-bewusst-sein (Definition)

Das Substantiv »Selbst-bewusst-sein« sowie das Adjektiv »selbstbewusst« bezeichnen eine positive, nach innen gerichtete Präsenz, die das Selbst frei von Prägungen, Glaubenssätzen *(Big Assumptions)* und stillen Verpflichtungen *(Hidden Commitments)* wahrnimmt. Es ermöglicht starke, vorbehaltlose Beziehungen zu anderen. Im Gegensatz dazu wirkt ein übersteigertes Selbstbewusstsein (Stolz) eher trennend.

Übung zur Bewusstheit

Wie bekommen Sie ein Gespür für Ihre eigene Bewusstheit und Präsenz? Durch Üben. Die meisten Menschen verfügen gerade über genug »Alltagsbewusstheit«, um irgendwie über die Runden zu kommen. Erst, wenn der Geist durch Meditation und Embodiment lernt, in die Tiefen der Bewusstheit vorzustoßen, gewinnt er jene Präsenz, die ihn in den Raum jenseits der Gedanken vorstoßen lässt.

In seinem Buch *In die Tiefe des Seins* schlägt der spirituelle Lehrer A. H. Almaas eine Praxis vor, an die ich mich hier anlehnen möchte (2010, S. 44). Sie soll Ihr Bewusstsein dafür schärfen, wo Sie sind. Es geht dabei also um Ihre *gegenwärtige* Erfahrung: Was passiert gerade? Wo befinden Sie sich in diesem Moment? Was geschieht mit Ihnen? Was fühlen und spüren Sie? Was denken Sie? Was bemerken Sie in Ihrer näheren Umgebung?

Sehr nützlich, wenn auch nicht zwingend erforderlich, ist bei dieser Übung die Meditationshaltung (siehe Abschnitt »Tipps für die tägliche Praxis«). So sind Sie entspannter und fokussierter. Lassen Sie sich nicht ablenken von den Gedanken, was nachher passiert, wohin Sie als Nächstes gehen werden.

Versuchen Sie nun einfach zu spüren, wo Sie sind. Sehen, riechen und hören Sie es. Erfahren, erkennen und verstehen Sie es. Konzentrieren Sie sich allein darauf, wo Sie zufällig *in diesem Moment* sind. Tun Sie es mit Präsenz: bewusst, vollständig und aufmerksam. Bleiben Sie Ihr eigener wohlwollender Beobachter.

Mehr ist zunächst nicht zu tun.

Wenn darüber eine gewisse Zeit verstrichen ist, denken Sie über das soeben Erlebte nach. Was hat Ihr Gewahrsein erweitert? Was hat Ihre Aufmerksamkeit begrenzt? Je mehr Antworten Sie darauf finden, desto bewusster erleben Sie das Hier und Jetzt.

Neuronale und physiologische Grundlagen

Dem Körper wohnt große Weisheit inne.
Hevajra-Tantra

Wenn ich in diesem Buch bisweilen spirituelle Lehrer zitiere oder auf die jahrtausendealte Praxis buddhistischer Schulen verweise, geschieht das aus einem wissenschaftlichen Grund. Ich schlage damit gleichsam die Brücke zwischen alter und neuer Weisheit. Heute kann die Wissenschaft vieles erklären, was die Mystiker der großen Weltreligionen auf ihrer Suche nach göttlicher, absoluter Wirklichkeit schon vor vielen Jahrhunderten erfahren haben. Ihre Ziele waren das »Erwachen« *(Awakening)* und die »Erleuchtung«. Die heutige Forschung verwendet andere Begriffe wie »Flow-Zustand« und »Gipfelerfahrung« *(Peak Experience)*, doch es geht nach wie vor um dasselbe: Bewusstheit in ihrer reinsten Form.

Die Wissenschaft hat in den letzten Jahren neue aufregende Erkenntnisse dazu geliefert, wie unser Gehirn im normalen und im bewussteren »Betriebszustand« arbeitet. Auch über den »Autopiloten«, der unser Denken und Handeln am Verstand vorbeisteuert, wissen wir heute wesentlich mehr. Lassen Sie uns nun einige dieser spannenden Hintergründe beleuchten.

Wo wohnt der Geist?

Der Geist ist wie der Wind und der Körper ist wie der Sand.
Willst du wissen, wie der Wind weht, beobachte den Sand.
BONNIE BAINBRIDGE COHEN

Es ist unmöglich, über *Mind Movement Mastery* zu sprechen, ohne zu klären, was dieser Geist *(Mind)* eigentlich ist, um dessen Entwicklung hin zur »Meisterschaft« *(Mastery)* es ja geht. Und wo findet man den Geist? Diese Frage konnte bisher weder der Buddhismus noch die Wissenschaft erschöpfend klären. In gewisser Hinsicht gleicht der Geist dem Wind: Niemand hat ihn je gesehen, doch er zeigt sich uns durch seine Wirkung, durch Dinge, die er bewegt, und durch Spuren, die er hinterlässt. Offenbar besitzen *alle* Geschöpfe, die fühlen können, eine Art von Geist. Ein Betonblock oder ein Meteoritensplitter hat demnach keinen Geist, wohl aber ein Hirschkäfer, eine Katze oder ein Delfin.

Gemäß dieser Deutung ist der Geist also nicht auf den Menschen beschränkt. *Alles* Lebendige atmet. Geist wäre demnach einfach die Lebenskraft. Diese Erklärung greift jedoch zu kurz, um *Mind Movement Mastery* auf die Spur zu kommen. Nach buddhistischem Verständnis ist der Geist ein sich ständig entwickelndes und entfaltendes *Ereignis*. Er ist kein »Ding«, das sich im Körper klar verorten ließe. Alle wahrgenommenen Phänomene sind Ausdrucksformen des Geistes.

Aktuelle wissenschaftliche Erkenntnisse deuten in eine ähnliche Richtung. Der Neurowissenschaftler Francisco Varela sagte: »Der Geist sitzt nicht im Kopf« (Mingyur Rinpoche 2007, S. 71). Wie wir noch sehen werden, verfügen wir, verteilt im Körper, über eine Vielzahl von »Sendern« und »Empfängern«, die alle irgendwie mit diesem Geist zusammenhängen.

Damit will ich nicht sagen, der Geist würde unabhängig vom Körper im Sinne einer unsterblichen Seele existieren. Doch es braucht Geist, um das Kitzeln einer Feder an der Fußsohle zu spüren oder den Duft einer Rose zu riechen. Tast- und Geruchssinn allein sind nur Vermittler dieser Erfahrungen.

Die Art, wie wir die Welt wahrnehmen und interpretieren, findet im und durch den Geist statt. Im Geist einer Biene entsteht aus den Daten, die ihm Facettenaugen und andere Sinnesorgane liefern, eine Welt, die sich von Ihrer oder meiner grundlegend unterscheidet. In diesem Sinne leben selbst Sie, lieber Leser, und ich in zwei sehr verschiedenen Welten.

Jeder Geist erschafft sich seine eigene Welt.

Diese Erkenntnis geht über bloße Achtsamkeit hinaus und ist grundlegend für das Erlangen von *Mind Movement Mastery*. Wenn nämlich der Geist die Welt, wie wir sie wahrnehmen, erschafft, dann können wir ihn gewissermaßen neu booten. Wir können aus einem Zustand der Leere *(Emptiness)* heraus eine neue, bessere Welt erschaffen, einen Bewusstseinsraum mit schier endlosen Möglichkeiten. Im Kapitel »Mind Only: die Leere, die alles ist« erfahren Sie mehr über den oft missverstandenen Begriff der »Leere«.

Unser Gehirn spielt bei geistigen Aktivitäten eine Schlüsselrolle. Auf der »Landkarte des Wissens« über unseren Denkapparat gibt es mehr weiße Flecken als erschlossene Gebiete. Lassen Sie uns drei hinreichend erforschte Bereiche etwas genauer betrachten:

Da wäre zunächst der Hirnstamm, eine knollenförmige Zellgruppe am oberen Ende des Rückenmarks. Sie kontrolliert die grundlegenden Antriebe wie Hunger, Durst und unsere Schreckreaktionen, die uns in den »Kampfmodus« umschalten oder die Flucht ergreifen lassen.

Als zweiter Akteur wirkt das limbische System am Entstehen des Geistes mit. Es umgibt den Hirnstamm wie ein »Helm« und ermöglicht uns, bei Artgenossen eine größere Zahl von Emotionen zu unterscheiden: Vergnügen, sexuelles Verlangen, Not … Für die Emotionen sind im limbischen System vor allem der linke und rechte *Hippocampus* sowie der Mandelkern *(Amygdala)* zuständig.

Ganze 90 Prozent der Großhirnrinde des Menschen – mehr als bei jedem Tier – beansprucht deren äußere graue Schicht: der Neokortex. Er befähigt uns zu logischem Denken, zum Planen und zum Entwickeln von Vorstellungen.

Zwischen der Komplexität dieser drei Strukturen und den Fähigkeiten des Bewusstseins scheint es einen direkten Zusammenhang zu geben. Auch ein Einzeller kann auf seine Umwelt reagieren, doch wohl erst das komplexe Gehirn des Menschen ermöglicht uns eine echte Lebensplanung. Sofern wir es zulassen.

Nach buddhistischer Vorstellung ist die grundlegende Natur des Geistes unermesslich und übersteigt alles, was der reine Intellekt zu verstehen vermag. In Sanskrit nennt man sie *Tathagatagarbha*, was einige frei mit »erleuchtete Essenz« oder »natürlicher Geist« übersetzen. Siddhartha Gautama, der erste Buddha, verglich *Tathagatagarbha* einmal mit einem von Schlamm und Schmutz bedeckten Goldklumpen. Diese Metapher veranschaulicht sehr gut das Potenzial des Geistes. Ihn vom »Schlamm« der Prägungen und Grundannahmen zu befreien und gleichsam auf Hochglanz zu polieren, gelingt durch vertikales Lernen. Nur durch diesen Entwicklungsprozess kann der Geist die Komplexität von *Mind Movement Mastery* erlangen, die ihn zur transformationalen Führung befähigt.

Der Geist auf Autopilot

Das Gehirn ist ein Gewohnheitstier. Es verharrt gern in seinem alten Trott, weil es sich auf diese Weise nicht neu organisieren muss, was eine Menge Energie verbrauchen würde. Deshalb erfordert das Verlassen ausgetretener Pfade so viel innere Stärke. Die meisten von uns können oder wollen diese Kraft nicht aufbringen.

Also entscheiden wir uns lieber für den Status quo. Ob wir in Lethargie versinken oder einen von mehreren möglichen Wegen einschlagen, ist allerdings selten eine bewusste Entscheidung. Selbst wenn wir auf Nachfrage ein paar vernünftige Gründe für unser Verhalten nennen können, sind diese Gründe in aller Regel nachgeschoben. Sich selbst auf den Zahn zu fühlen, kann ziemlich unangenehm sein. Also hinterfragen wir erst gar nicht, warum wir ticken, wie wir ticken.

Stattdessen schaltet unser Gehirn den Autopiloten ein, unser Unbewusstes: ein gigantisches Archiv aus Erinnerungen, Eindrücken, Erzählungen und Geschichten. Woher diese Datenmassen auf unserer inneren, chaotisch organisierten Festplatte stammen und wozu sie gut sind, wissen wir oft nicht mehr. Wir funktionieren einfach, hängen wie Marionetten an unseren Reiz-Reaktions-Ketten.

Im Kapitel »Grundannahmen: unser inneres Betriebssystem« haben wir gesehen, wie frühkindliche Erfahrungen unser *Fixed Mindset* prägen. Das geschieht meist ohne Zutun des Verstands. Verglichen mit den Massen unstrukturierter Daten im Unbewussten ist die Menge an bewusstem Wissen lächerlich klein.

Magische Fremderinnerungen

Ich habe viele schreckliche Dinge in meinem Leben durchgemacht, und einige davon sind tatsächlich passiert.

Mark Twain zugeschrieben

Obwohl wir Menschen äußerst soziale Wesen sind – zumindest die meisten von uns –, halten wir uns für Einzelkämpfer. »Wenn sie keine Vorbilder gehabt hätten, die auf zwei Beinen laufen, hätten sie es nie gelernt«, behauptet der Hirnforscher Gerald Hüther von unseren Vorfahren (Wellnitz 2018). Tatsächlich stammen die meisten unserer Erinnerungen gar nicht von uns selbst. Sie kommen von anderen: von Eltern, Geschwistern, Freunden, Lehrern …

In Untersuchungen haben Forscher ermittelt, dass uns Tag für Tag etwa 60 000 Gedanken durch den Kopf schießen. Davon kommen gerade einmal 2 Prozent aus dem Hier und Jetzt. Das heißt: 98 Prozent unserer Gedanken sind buchstäblich von gestern. Was das für unser Denken und Entscheiden bedeutet, beschreibt der portugiesische Neurologe António R. Damásio in seinem Buch *Descartes' Irrtum* (1994, S. 227):

> »An die Gegenwart denken wir fast nie, und wenn wir es doch tun, dann nur, um zu sehen, welches Licht sie auf unsere Pläne für die Zukunft wirft. Das hat Pascal gesagt, und wir können uns leicht davon überzeugen, wie richtig er das gesehen hat, denn die Gegenwart gibt es praktisch überhaupt nicht, so sehr sind wir damit beschäftigt, mithilfe der Vergangenheit zu planen, was als Nächstes kommt, jetzt gleich oder in einer fernen Zukunft. Um diesen alles vereinnahmenden, niemals zum Stillstand kommenden Schöpfungsprozess geht es beim Denken und Entscheiden.«

Der Geist ist wie ein Magier auf der Bühne: Er kann uns Dinge sehen lassen, die gar nicht wirklich da sind. Aber diese »magischen Fremderinnerungen« sind so wenig real wie die verblüffenden Tricks der großen Illusionisten.

Je länger Erlebtes zurückliegt, desto mehr beeinflussen neben eigenen Erinnerungen auch die vielen fremden ungefragt unsere Entscheidungen. Dann ist für unseren Geist buchstäblich alles *gleich* gültig. Vererben sich jedoch unreflektierte Grundannahmen wie eine goldene Taschenuhr vom Vater auf den Sohn, fehlt die innere Distanz. Jede Generation poliert und repariert dann an dieser Uhr herum, bis ihr Innenleben mit dem ursprünglichen Räderwerk nichts mehr zu tun hat. Und trotzdem tickt sie immer weiter.

Solche überlieferten Fremderinnerungen sind ziemlich hartnäckig. Sie lassen sich bei Mitarbeitern weder durch Belohnung noch durch Bestrafung ausmerzen. »Sie können eine Erfahrung nur überschreiben, wenn sie den Mitarbeiter dazu einladen, eine neue Erfahrung zu machen. Sie müssen ihn dazu bringen, dass er darauf Lust hat«, erklärt Hüther (Wellnitz 2018).

Diese Einladung sollten Sie auch an sich selbst aussprechen. Nur durch Bewusstheit können Sie den Autopiloten ausschalten und zu *Mind Movement Mastery* gelangen.

Anhaftung und Verlangen

Wir Menschen neigen dazu, bestimmte Dinge als unentbehrlich anzusehen, so als sei unser Überleben davon abhängig. Für einige fällt Schokolade in diese Kategorie. Ihr Verstand wird das vermutlich leugnen: »Natürlich komme ich ohne Schoki aus.« Trotzdem handeln sie so, als sei der Verzicht darauf für sie existenzbedrohend. Woher kommt das?

Durch die Verallgemeinerung von Dingen, die von vitaler Bedeutung sind. Darunter fällt die Aufnahme von Nahrungsmitteln – niemand sollte längere Zeit darauf verzichten. Auch Geborgenheit und Glück gehören in die Kategorie »lebenswichtig«. Fehlen diese Dinge, werden wir irgendwann krank oder nehmen uns womöglich das Leben.

Etliche zählen auch ein Leben ohne Genuss dazu. Und Schokolade ist eben für einige Leute der Inbegriff von Genuss. An sich ist sie weder gut noch schlecht. Schokolade ist eine völlig wertfreie Mischung bestimmter chemischer Substanzen. Zum Problem wird sie erst durch das, was wir aus ihr machen. Tatsächlich enthält sie ja Stoffe, die das Empfinden von Freude und Vergnügen auslösen. Insofern wirkt sie wie eine Droge: Sie kann süchtig machen.

Sucht ist eine neuronale Anhaftung: Unser Nervensystem wünscht sich die Glückshormone zurück, die das Belohnungszentrum im Gehirn beim letzten Genuss von Schokolade ausgeschüttet hat. Wenn wir diesem Verlangen oft genug nachgeben, entsteht eine immer stärker werdende Vernetzung von Nervenzellen. Aus dem Unterbewusstsein meldet sich dann nach immer kürzerer Zeit ein Jieper auf Schokolade. Der Verstand interpretiert diese Signale und sagt sich: »Schoki ist Nervennahrung und macht mich glücklich.« Das genügt als Rechtfertigung, um die Nachteile wie löchrige Zähne und »Rettungsringe« um die Hüften auf die Seite zu schieben.

Schokolade ist nur eines von unzähligen Beispielen für Anhaftungen, die unseren Handlungsspielraum einschränken. Der erste Buddha verglich Anhaftung einmal mit dem Genuss von Salzwasser: Je mehr man davon trinkt, desto durstiger wird man. Die Anhaftung beraubt uns der Freiheit, zwischen dem Objekt wie der Schokolade und dem Glücksgefühl zu unterscheiden. Ohne eine solche klare Trennung mutiert dann die Schokolade zum Glück.

Das ist umso bemerkenswerter, als der übermäßige Genuss des »Suchtmittels« eher ein Indiz für Unglück ist und allzu leicht in Abhängigkeit mündet – ein ganz typischer Effekt einer gestörten Subjekt-Objekt-Beziehung. Dann gehorcht ein von der Anhaftung konditionierter Geist nur noch wie ein Sklave. Echtes Glück zu finden, ist dabei nahezu unmöglich.

Das Herz – Signalgeber im Körper

Man sieht nur mit dem Herzen gut,
das Wesentliche ist für die Augen unsichtbar.
ANTOINE DE SAINT-EXUPÉRY

Eigentlich wissen wir es längst. Poeten schreiben Gedichte darüber, und Singer-Songwriter besingen es in ihren Liedern. Das menschliche Herz ist mehr als eine Pumpe. Einige wissenschaftliche Autoren bezeichnen es als den »leistungsstärksten Signalgenerator«. Das klingt sehr technisch. Ich bevorzuge den Vergleich mit einem Orchester, das in unserem Körper auftritt: Der Geist mag zwar der Dirigent sein, doch das Herz spielt die erste Geige.

Neuere Forschungen zeigen, dass unser Herz über ein eigenes Gedächtnis verfügt. Genauer gesagt handelt es sich bei diesem »kleinen Gehirn« um ein spezielles neuronales Netzwerk aus vielen Nervenknoten oder Ganglien. Das »Herzhirn« gehört zusammen mit dem erwähnten limbischen System, dem Stammhirn und den Nervenzellen in anderen Körperregionen zum *somatischen System*. Dieses beeinflusst im menschlichen Körper eine ganze Reihe von Aspekten des geistigen, emotionalen und körperlichen Wohlbefindens. So ist es auch für das Wollen zuständig:

Wenn Sie Hunger verspüren, vor einer Gefahr am liebsten davonlaufen würden oder Lust auf Sex haben, dann hören Sie gerade eine Nachricht aus dem somatischen System.

Im Gegensatz dazu leistet das *kognitive System* die analytische und planende Arbeit, ist also die neuronale Ausstattung für das Denken. Und beides, das Wollen und das Denken, umgeben das Fühlen.

Damit Gefühle überhaupt entstehen können, brauchen wir einen Auslöser. Diese Initialzündung kommt aus unserem *sensorischen System*, das Reize ans somatische und kognitive System meldet. Dies geschieht zum einen über unsere Sinne – das Sehen, Riechen, Hören, Schmecken und Tasten –, die alle auf die Welt draußen gerichtet sind. Zusätzlich besitzt der Mensch einen »sechsten Sinn«, der seine Antennen nach innen ausstreckt. Er ist unter anderem für die viszerale Wahrnehmung zuständig, die uns fühlen lässt, wenn sich der Magen verknotet oder das Herz zu pochen beginnt.

In ebendiesem Herzen fand Dr. Candace Pert eine besonders hohe Konzentration von Neuropeptiden wie dem »Glückshormon« Endorphin. Pert hält Emotionen für zelluläre Signale, die den Geist buchstäblich in Materie verwandeln. Sie entstehen beim Übersetzen von Informationen in die physische Realität. Emotionen gehen nicht nur zwischen Materie und Geist hin und her, sie beeinflussen auch beide.

Merke

Im Raum zwischen Reiz und Reaktion wirken Bewusstheit und Geist.

»Folge deinem Herzen.« Wie oft haben Sie diesen Satz schon gehört! Das ist sentimentaler Quatsch. Folgen Sie mit Achtsamkeit bitte Herz *und* Kopf *und* Bauch. Nur wenn diese drei Zentren gut miteinander verbunden sind, geht man klar seinen Weg.

Das Herz ist nur eines von vielen Subsystemen, die in unserem Körper zahlreiche Informationen aussenden. Einige dieser »biologischen Oszillatoren« melden sich nur fallweise. Wir kennen das von unserem »Bauchgefühl«. Eben noch haben wir auf den Bauch »gehört« und gleich danach schlägt uns etwas auf den Magen. Das sind mehr als hübsche Redensarten.

Der Bauch besitzt ebenfalls so etwas wie ein Gehirn aus etwa 100 bis 200 Millionen Nervenzellen. Sogar unser Darm verfügt über ein komplexes »Gehirn« mit so vielen Neuronen wie in unserem Rückenmark. Genau wie das »Kopf-Gehirn« arbeitet dieses *enterische Nervensystem* mit Botenstoffen wie Dopamin und Serotonin. Neun von zehn Signalen auf der »Darm-Hirn-Achse« wandern von unten nach oben. Trotzdem achten die wenigsten auf diese Botschaften, sondern schlucken lieber Medizin, um sie »abzustellen«.

Noch in anderer Hinsicht leistet unser Herz Erstaunliches. Es ist das größte Kraftwerk des Körpers. Ständig erzeugt es einen Output von bis zu fünf Watt. Im direkten Vergleich mit dem Gehirn, das ja keine Pumparbeit zu leisten hat, produziert das Herz 40 bis 60 Mal mehr elektrische Energie. Ein Elektrokardiogramm (EKG) macht diese enorme Leistung sichtbar.

Weniger bekannt ist, dass unser Herz auch ein magnetisches Feld erzeugt, das etwa 5000 Mal stärker ist als das des Gehirns. Sogar aus mehreren Schritten Entfernung lässt sich dieses Feld noch mit Messgeräten nachweisen.

Und nun wird es ganz erstaunlich: Elektromagnetische Felder im Herzen einer Person sind auf kurze Entfernung sogar in den Gehirnwellen eines *anderen* Menschen wahrnehmbar und haben auf diesen nachweisbare physiologische Effekte. Im physiologischen und emotionalen Sinfonieorchester jedes Menschen spielt das Herz also unbestritten die erste Geige.

Merke

Physische Kohärenz verbessert wesentlich die Kontrolle über die Nutzung der eigenen Energiereserven.

Ist es möglich, bewusst auf das somatische System einzuwirken? Ja, das geht. Einige Menschen besitzen von Natur aus die Fähigkeit, den Knoten im Magen aufzulösen oder den Herzschlag zu verlangsamen, andere können es lernen. Erprobte Wege zu mehr Körperbewusstheit sind Embodiment und die in der Meditation gewonnene Achtsamkeit und Präsenz. Die Kultivierung des Herzens gilt in der buddhistischen Lehre sogar als noch wichtiger als die des Geistes. Menri Trizin, der als Oberhaupt des

Bön-Buddhismus auch Meditationslehrer des Dalai Lama war, sagt in diesem Zusammenhang (Lungtok Ling 2019):

>*Ein gutes Herz ist wie Gold. Dieses freundliche Herz ist das Wichtigste von allem. Wenn du viel studieren oder eine Menge Praxis üben kannst, ist das gut. Aber es beginnt mit Freundlichkeit, guter Absicht und einem guten Herzen. Das ist wichtig. Das Eine, das du unbedingt haben musst, ist ein gutes Herz und eine freundliche Absicht.*«

So manchem konventionellen Leader mag das sehr weltfremd erscheinen. Ohne Härte und Ellenbogen lässt sich im Leben und vor allem im Business doch nichts erreichen. Doch auf einer höher kultivierten Bewusstseinsstufe wird klar, dass diese Herzensqualität den alles entscheidenden Unterschied macht. Wenn alles mit allem verbunden ist, sind wir alle eins. Und was immer wir einem vermeintlich anderen an Freundlichkeit schenken, schenken wir auch uns. So wachsen und gedeihen wir alle gemeinsam. Der Dalai Lama hat es auf den Punkt gebracht:

>**»Sei freundlich, wann immer es möglich ist.**
>**Es ist immer möglich.«**

 ### Übung zur liebevollen Präsenz

Lassen Sie uns nun mit einer Übung aus dem Embodiment Ihre Herzensqualität stärken. Wir erweitern dabei die obige Zentrierungsübung. Diesmal geht um mehr als Präsenz im Hier und Jetzt. Wir wollen gleichzeitig einen Angehörigen, Freund oder einen anderen Menschen miteinbeziehen – wichtig ist nur, dass uns beim Gedanken an diese Person das Herz aufgeht. Aus dieser Haltung heraus können wir dem aktuellen Moment und anderen mit mehr Freundlichkeit begegnen. Die Übung zur liebevollen Präsenz besteht aus folgenden einfachen Schritten:

1. Sitzen Sie aufrecht, Füße auf dem Boden.
2. Spüren Sie Ihren Körper. Wie geht es Ihnen?
3. Richten Sie sich so aus, dass Sie vollkommen aufrecht und zentriert sitzen.
4. Entspannen Sie die Vorderseite Ihres Körpers und Ihren Bauch.

5. Denken Sie an jemanden, der Ihr Herz lächeln lässt.
6. Atmen Sie tief durch die Nase ein und vollständig durch den Mund aus.

Das war's! Wie geht es Ihnen jetzt?

Übrigens: Bei dieser Praxis muss das Objekt Ihrer Gedanken nicht unbedingt eine Person sein. Sie können auch an Erlebnisse oder an andere Dinge denken, die Ihr Herz erwärmen.

Wenn Sie direkt noch eine weitere Übung zur Kultivierung des Herzens anschließen wollen, empfehle ich Ihnen die Übung zum Mitgefühl.

Spiegelneuronen – der Fremde in dir

Wir alle kennen das: Jemand lacht und wir lächeln unwillkürlich mit. Und wenn sich ein Mensch vor unseren Augen wehtut oder verletzt, dann verziehen auch wir unbewusst das Gesicht. Oft spüren wir sogar ein unangenehmes Kribbeln oder empfangen ein anderes Echo des fremden Schmerzes. Wenn wir das Leiden, den Ärger oder andere Gemütszustände eines Menschen auf diese Weise in uns selbst fühlen, dann sprechen Forscher von physiologischem Synchronismus: »Unsere Nervensysteme ›reden‹ miteinander« (Ciaramicoli / Ketcham 2001, S. 73). An dieser Resonanz beteiligt sind Nervenzellen, die auf das Mit-Empfinden spezialisiert sind: die *Spiegelneuronen*.

Wir können den physiologischen Synchronismus bewusst stimulieren, indem wir uns selbst spiegeln. Nein, ich rede jetzt nicht von Narzissmus, sondern von dem, was einige Schriftsteller tun, um sich in ihre Romanfiguren hincinzuversetzen: Wenn sie eine fröhliche Szene beschreiben, dann lächeln oder lachen sie dabei. Und schreiben sie über Leid, bringen sie sich zuvor in eine traurige Stimmung, ziehen vielleicht gar die Mundwinkel herab. Manche benutzen unterstützend entsprechende Musik. Einige Forscher empfehlen zur Psychohygiene regelmäßiges Lächeln, für so groß halten sie den Einfluss der Mimik auf das Empfinden.

Mit bildgebenden Verfahren wie der Computertomographie ließ sich nachweisen, dass die Spiegelneuronen dieselben Gehirnregionen aktivieren wie bei einer eigenen Erfahrung. Dazu erklärte der Neurologe Dr. Giovanni Buccino von der Universität Parma in einem Bericht des Deutschlandfunks (Kutzbach 2007):

»Man weiß, dass beim Erlernen von neuen Bewegungen die Spiegel-neuronen eine wichtige Rolle spielen. Versuchspersonen, die nicht Gitarre spielen konnten, bekamen im Computertomographen das Bild eines Gitarrengriffes gezeigt. Und sowohl, wenn sie dieses Bild betrachteten, als auch, wenn sie später den Griff aus der Erinnerung nachahmten, waren die gleichen Hirnbereiche aktiv.«

Was aus dieser Erkenntnis folgt: Man kann die Sensibilität für die Signale der Spiegelneuronen durch Training erhöhen (oder herabsetzen). Im Grunde tun wir das von frühester Kindheit an, denn die Spiegelnervenzellen sind uns angeboren. Die Empathie indes ist es nicht. Um sie zu entwickeln, brauchen wir gute Erfahrungen und zwar möglichst früh im Leben. Spiegelneuronen imitieren ja quasi einen früher erlebten Gehirnzustand. Deshalb sollten schon Kleinkinder Empathie selbst erleben.

Die Sensibilisierung der Spiegelneuronen endet nicht im Kindesalter. Wie wir gleich sehen werden, vermag sich das Gehirn bis ins hohe Alter immer wieder neu zu organisieren.

Wer somit seine Achtsamkeit und Bewusstheit in der täglichen Praxis stärkt, der programmiert gleichsam sein Gehirn um, damit es feinfühliger auf das Empfinden anderer Menschen reagiert.

Die medizinische Forschung im Allgemeinen und die Neurologie im Besonderen zeigen also klar: Es gibt einen engen Zusammenhang zwischen elektro-chemischen Vorgängen im Körper und Emotionen. Diese wiederum lösen E-Motionen aus – Energie in Bewegung –, die wir teils bewusst und oft unbewusst fühlen.

Unser Nervensystem wandelt die E-Motionen in Symbole oder »Karten« um, durch die wir die innere Welt bewusst wahrnehmen und sie interpretieren können. Geschieht dies, dann erkennt unser Bewusstsein ein Gefühl. Die Klage »Ich habe gerade Stress« ist somit nur ein bestimmtes Bild, das sich aus vorwiegend negativen E-Motionen zusammensetzt. Und wenn wir »Schmetterlinge im Bauch« fühlen, dann benutzen wir eine andere Karte.

Auch für die Außenwelt, die wir über unser sensorisches System wahrnehmen, erstellen wir solche Orientierungshilfen. Alles zusammen bildet unsere »Karte des Selbst«. Je geistig wacher wir diese Karte wahrnehmen, desto klarer ist unser Bewusstsein. Und aus dieser Klarheit ergibt sich das Wissen, dass es unser »Ich« ist, das den Plan formt, ihn umsetzt und die Gefühle hat.

Unendliche Potenziale für Gewohnheitstiere

Früher glaubten Wissenschaftler, unser Denkapparat sei genetisch vorprogrammiert. Diese Vorstellung ist längst überholt. Das Gehirn ist ein dynamisches Organ. Sein Hauptmerkmal ist die Vernetzung. Die *theoretische* Zahl der Verbindungen zwischen den einzelnen Neuronen in einem menschlichen Gehirn übersteigt die Zahl aller Kernteilchen in allen Galaxien. Nicht von ungefähr nennen Forscher unser Gehirn die »komplexeste Struktur im Universum«.

Auch beim Schaffen neuer Vernetzungen leistet das Gehirn Unglaubliches. Diese sogenannte Neuroplastizität zeigt sich an Patienten, die eine Hirnblutung oder einen Schlaganfall erlitten haben. Oft gehen als Folge davon Fähigkeiten wie das Sprechen oder das Sprachverstehen verloren oder es kommt zu Lähmungen. In solchen Fällen kann sich das Gehirn im Idealfall durch intensives Training flexibel neu organisieren und die verlorenen Fähigkeiten zurückerobern. Einige der dabei entstehenden Vernetzungen gleichen einem Bypass oder einer Umleitung für eine blockierte Straße. Manchmal geht die neuronale Plastizität sogar so weit, dass andere Gehirnareale die Aufgaben der untergegangenen Regionen übernehmen. Lediglich Teilaspekte der Persönlichkeit wie Gefühle und Empathie scheinen in bestimmten Hirnarealen verankert zu sein.

Wie ist es bei Erwachsenen um die Neuroplastizität bestellt? Wie das *Journal of Neuroscience* berichtete, ist das menschliche Gehirn auch weit jenseits eines Alters von 50 Jahren noch in der Lage, beim Lernen neuer Aufgaben zu wachsen. Das belegt eine Studie von Wissenschaftlern des Instituts für Systemische Neurowissenschaften am Universitätsklinikum Hamburg-Eppendorf (UKE) und aus Jena (Universitätsklinikum Hamburg-Eppendorf 2008). Die Forscher um Dr. Arne May hatten kurz zuvor als Erste nachgewiesen: Bestimmte Regionen des menschlichen Gehirns können auch nach Abschluss des etwa zwanzigjährigen Reifungsprozesses noch wachsen. Bis dahin war unklar, ob auch ältere Menschen diese »Neuroplastizität« aufweisen.

Im Rahmen der Studie lernten 44 Probanden beiderlei Geschlechts das Jonglieren. Die Wissenschaftler untersuchten die Gehirne der Fünfzig- bis Siebenundsechzigjährigen im Kernspintomographen vor und nach dem dreimonatigen Training sowie nach einer Trainingspause von weiteren drei Monaten. Eine untrainierte Vergleichsgruppe scannten sie exakt an denselben Tagen. Was kam dabei heraus?

Nach der Trainingsphase zeigten die MRT-Bilder bei den Jongleuren eine einseitige Vergrößerung der grauen Substanz im visuellen Assoziationskortex. Diese Gehirnregion ist für das Wahrnehmen von Bewegungen im Raum zuständig. Nach der vierteljährigen Pause ohne Training hatte sich der Zellaufbau teilweise wieder zurückgebildet. Die Kontrollgruppe zeigte keinerlei Veränderungen in diesem Areal des Gehirns.

Zudem fanden die Forscher bei den Jongleuren eine Vergrößerung im Hippocampus. Von dieser für das Lernen wichtigen Hirnregion ist schon länger bekannt, dass sich dort neue Nervenzellen bilden können. Weiteres Wachstum zeigte sich in den Zellstrukturen, die zum Belohnungssystem des Gehirns gehören. Dazu May im *Deutschen Ärzteblatt* (EB 2008):

>*»Das Ergebnis zeigt, dass die Veränderungen nicht nur auf das jugendliche Gehirn beschränkt sind, sondern dass sich die anatomische Struktur des erwachsenen Gehirns selbst im Alter noch signifikant verändern kann. Auch und gerade für ältere Menschen ist es daher wichtig, neue Herausforderungen zu meistern und Neues zu lernen.«*

Wer sich also im Lernen zurückhält, lässt seine mentalen »Muskeln« verkümmern. »Augen zu und durch« ist daher, von einzelnen Ausnahmen abgesehen, keine kluge Lebens- und Führungsstrategie. Letztlich zerstört mentaler Stillstand wichtige Vernetzungen im Gehirn, neuronale Strukturen, die für das Selbstmanagement und für den Umgang mit hochkomplexen Situationen lebenswichtig sind.

Erwachen: Bewusstheit jenseits des Denkens

»Die Gedanken sind frei«, heißt es in einem deutschen Volkslied. Überall auf der Welt ist der freie Wille ein hohes Gut. Zu seiner Verteidigung sind Revolutionäre auf Barrikaden gestiegen, und dabei ist viel Blut geflossen. Aber wie frei ist der Geist tatsächlich?

So frei, wie unser Bewusstsein ihn sein lässt. Wir haben gesehen, dass unser Gehirn sich ständig neu vernetzt. Daraus entstehen die sprichwörtlichen »Denkmuster«. Solche Strukturen im Gehirn können eine mächtige Barriere darstellen, die unser Wille nur schwer zu überwinden vermag. Doch weil das Gehirn so flexibel ist, können wir die Muster »umschreiben«. So lassen sich selbst versteinerte Prägungen und schwere Traumata überwinden. Wäre es anders, gäbe es weder Psychotherapeuten noch spirituelle Lehrer.

Wenn Bewusstheit und Geist sich im Raum zwischen Reiz und Reaktion entfalten, dann bedeutet Freiheit, diesen Raum frei zu gestalten. Das geschieht nicht über Nacht. Es ist ein bewusster Lernprozess, vergleichbar mit dem Bewegungsablauf, den ein Skispringer immer wieder üben muss, bis alles automatisch abläuft. In Bezug auf Leadership nenne ich diesen vertikalen Entwicklungsprozess eine »Reise zu erwachter Leadership«.

Merke

Freiheit bedeutet, den Raum zwischen Reiz und Reaktion frei zu gestalten.

Dieser Roadtrip vollzieht sich über mehrere Etappen. Am Anfang steht die Achtsamkeit für den eigenen Körper, die in bessere physische Kontrolle übergeht und den Blick für die eigenen Emotionen öffnet. Wer seine Emotionen zulässt und versteht, wird wiederum leichter seine Ziele erreichen, energetischer bleiben, gesünder, glücklicher, smarter und erfolgreicher – alles zur selben Zeit. Und mit jeder gemeisterten Etappe wächst die soziale Intelligenz. Auf der Zielgeraden dieser Reise erreicht das Bewusstsein eine Klarheit jenseits von Achtsamkeit, »normalem« Denken und dem Festklammern ans eigene Selbst.

Diese Vorstellung mag auf den ersten Blick befremden. »Mein Körper, das bin ich, beide sind eins«, argumentieren viele. Lässt sich diese Auffassung nach dem, was Sie inzwischen über die Plastizität des Gehirns erfahren haben, noch aufrechterhalten? Hinzu kommt, dass sich die meisten Zellen unseres Körpers regelmäßig erneuern. Sie, lieber Leser, sind in einer Stunde schon nicht mehr genau der- oder dieselbe wie just in diesem Moment, da Sie diese Worte lesen.

Sich das bewusst zu machen, kann die Transformation hin zu dem oben beschriebenen befreiten und erwachten Geist deutlich erleichtern. Damit will ich nicht sagen, Ihr Körper gehöre nicht zu Ihrem Ich. Im Hier und Jetzt ist Ihr Körper sehr wohl ein Teil dieses Ichs, ebenso wie er ein Teil Ihres Geistes ist. Wenn Sie jedoch Ihren Körper als etwas ansehen, dass sich im Fluss befindet, ermöglicht Ihnen diese Sicht eine unschuldigere Art der Selbstbetrachtung, wie sie bei Kindern ganz normal ist.

So gelingt es Ihnen leichter, den Fokus auf andere zu lenken, Ihr Herz für sie zu öffnen, ihnen zuzuhören und ihre Bedürfnisse ins eigene Handeln miteinzubeziehen.

Wie wir im Kapitel »Grenzen der Vereinfachung« gesehen haben, gibt es erstaunliche Übereinstimmungen zwischen der Quantentheorie und den in der Meditation gewonnenen Erfahrungen eines Bewusstseins, das über Zeit, Dualität und die individuelle Bewusstheit hinausreicht. In der Quantenphysik gibt es ja weit mehr als die mit den fünf Sinnen wahrnehmbaren Dimensionen der Wirklichkeit.

Stellen Sie sich vor, Sie wären Uhrmacher und bekämen den Auftrag, die Ganggenauigkeit eines 150 Jahre alten kostbaren Chronografen zu verbessern. Würden Sie ein paar allgemeine Beschreibungen über solche Uhren lesen und dann sofort loslegen? Vermutlich nicht. Ich schätze eher, Sie würden die Uhr öffnen, ins Innere hineinsehen und jedes Detail gründlich studieren, und erst dann würden Sie mit dem »Tuning« beginnen.

Genauso verhält sich ein »erwachter« Leader. Um sein Tun bewusst zu steuern, statt nur zu reagieren, muss er gewahr sein, was gerade geschieht. Präsenz in diesem Sinne heißt für ihn also, sich den Moment, von dem er ein Teil ist, in möglichst vielen Elementen bewusst zu machen. Wie wir noch sehen werden, ändert sich mit dem Erwachen sein ganzes Denken, Fühlen und Handeln. Auf diesem Weg muss er so manche bittere Pille schlucken. Das heißt: Er braucht Akzeptanz.

2. AKZEPTANZ – Das Ende der Ausreden

Man muss aus Katastrophen
noch einen Triumph schlagen.
Viktor E. Frankl

Sein Arbeitsplatz war der »Selbstmörderinnenpavillon« in Wien. Als Oberarzt betreute er hier im Psychiatrischen Krankenhaus bis zu 3000 Frauen, die lieber sterben als leben wollten. Im September 1942 hielten es die Nazis dann für untragbar, den jüdischen Psychiater Viktor Emil Frankl weiter in Freiheit zu lassen, und schickten ihn mit Frau und Eltern ins Ghetto Theresienstadt. Hier starb zunächst sein Vater. Die Übrigen

kamen nach Auschwitz, wo man Viktors Bruder und Mutter in der Gas-
kammer ermordete. Seine Frau deportierten die Nazis ins KZ Bergen-
Belsen, wo auch sie den Tod fand. Bei Kriegsende war nur noch Viktor
übrig geblieben.

Und trotzdem war er daran nicht zerbrochen.

Im Gegenteil. Während viele andere KZ-Häftlinge die durchlittenen
Gräueltaten tief in ihrer Seele vergruben und manchmal jahrzehntelang
nicht darüber sprachen, veröffentlichte Viktor Frankl schon 1946 sein
Buch ... *trotzdem Ja zum Leben sagen: Ein Psychologe erlebt das Konzen-*
trationslager. Ihn dürstete nicht nach Rache. Stattdessen hielt er die Versöhnung für den einzig sinnvollen Weg, über die Katastrophen der Shoah
und des Kriegs zu triumphieren. Wie war ihm das möglich, obwohl er
doch so viel Leid erfahren hatte?

Durch Akzeptanz.

Akzeptanz bedeutet, eine Situation so anzunehmen, wie sie ist. Sie erlaubt, der Wahrheit entspannt ins Gesicht zu sehen, die Tatsachen nicht
nur mit dem Verstand zu begreifen, sondern auch mit Herz und Bauch.
Viktor E. Frankl sagte: »Man muss flexibel und dankbar bleiben für das,
was das Leben bietet.« Mit solcher Anerkennung wird unser Bewusstsein
zum würdigen Gastgeber. Wir verbeugen uns innerlich vor unserer Erfahrung, ohne sie zu verurteilen.

Es hat seinen guten Grund, warum die Anonymen Alkoholiker das Be-
kenntnis »Mein Name ist ... und ich bin Alkoholiker« als Voraussetzung
dafür betrachten, sich von der Sucht zu befreien. Solange jemand sich die
Situation schönredet – »Es sind nur ein paar Gläser zu viel. Ich könnte
jederzeit aufhören!« –, bleibt er in alten Mustern gefangen.

 **Nur, was ich wirklich als Realität annehme,
damit kann ich arbeiten.**

Ähnlich schmerzhaft wie die Alkoholiker-Beichte kann es für einen Manager sein, sich seinen Prägungen und Konditionierungen zu stellen. Das
Eingeständnis, sich selbst nicht im Griff zu haben und cholerisch zu sein,
fällt wohl niemandem leicht. Vor allem dann nicht, wenn eine Führungskraft bisher ihren Selbstwert daraus zog, alles unter Kontrolle zu haben.

Kapitulieren? Im Gegenteil!

Akzeptanz ist kein Wegducken, keine Kapitulation. Sie ist genau das Gegenteil von Schwäche. Wer sich seinen eigenen Macken und Makeln stellt, der braucht Mut und Kraft. Aber ist Akzeptanz denn wirklich so wichtig für die Achtsamkeit, dass sie im RAIN-Prozess einen eigenen Buchstaben verdient?

Ja, ist sie! Wenn ich den Augenblick nicht nehme, wie er ist, dann bin ich nicht mehr in dem Moment. Ich fliehe in einen zukünftigen Wunschtraum, der sich fast nie erfüllt. Dann beginnt der »Affengeist« zu plappern. Akzeptiere ich nicht den Moment, ändere ich nichts, sondern werde mich höchstens zum Schlimmeren verändern. Dann packt mich die Wut und schleift mich an den Haaren durch die Arena.

Nur Akzeptanz versetzt uns in die Lage, ernsthaft nach den Ursachen unseres Verhaltens zu forschen.

Wer sich täglich im Hamsterrad abstrampelt, neigt allerdings eher dazu, anderen die Schuld für alles zu geben, was schiefläuft. Oder er beklagt sich. Und was verbessert sich dadurch? Nichts. Sie verlieren nur die Selbstkontrolle. Der »Schuldige« wird sein Verhalten kaum ändern. Selten haben wir Einfluss auf die äußeren Umstände und das Handeln anderer Menschen. Nur wer bereit ist, sich in die Gleichung miteinzubeziehen, gewinnt Kontrolle zurück.

Jenseits von Billigung und Resignation

Akzeptanz bedeutet, mutig in den Spiegel zu schauen und sich mit allen Ecken und Kanten anzunehmen. Das ist nicht dasselbe wie Billigung. Im Zen heißt es: »Wenn du verstehst, sind die Dinge genauso, wie sie sind. Und wenn du es nicht verstehst, sind die Dinge immer noch so, wie sie sind.« Ich muss wohl oder übel akzeptieren, dass mir ein Wirbelsturm sämtliche Dachziegel vom Haus gerissen hat. Aber ich muss es nicht billigen. Ich kann etwas dafür tun, das Dach zu erneuern und für den nächsten Sturm stabiler zu bauen.

Dasselbe Prinzip gilt auch fürs eigene Ich. Ohne Selbstakzeptanz gibt es keine Selbsttransformation. Wozu auch? Die anderen sind ja schuld. Verleugnete Gefühle oder eine Situation, die man innerlich von sich schiebt, kann man nicht ändern. Man muss sie zuerst annehmen. Wenn Ihr Vater Sie gelehrt hat, dass ein Indianer keinen Schmerz kennt, dürfen Sie trotzdem weinen, falls Ihnen danach ist. Der erste Schritt besteht darin, zu erkennen und zu akzeptieren, dass Ihre Grundannahmen und verborgenen Verpflichtungen derzeit keinerlei Gefühle von Schwäche und Schmerz zulassen und dass diese Grundannahmen Sie deshalb regelrecht betäuben. Sobald Sie sich dessen bewusst werden, können Sie solche Gefühle wieder erlernen und in Ihr Leben integrieren.

Bitte verwechseln Sie Akzeptanz auch nicht mit Resignation. Wenn der Wirsingeintopf mir nicht schmeckt und ich ihn trotzdem hinunterwürge, weil mein Körper Energie braucht, dann kapituliere ich vor den Umständen. Kapitulation hat aber nichts damit zu tun, eine Situation anzunehmen. In der Schlacht bei Waterloo hat Napoleon seine Niederlage zwar resignierend hinnehmen müssen. Aber später schob er Marschall Grouchy und anderen die Schuld für seinen Misserfolg in die Schuhe – er hatte ihn also nicht akzeptiert.

Wahre Akzeptanz urteilt nicht und sucht die Schuld auch nicht bei anderen. Wenn die Wirsingsuppe nicht schmeckt, dann sagt die wahre Akzeptanz: »Ich bin hier und jetzt. Ob das Essen gut oder schlecht ist, ich nehme es an. Es ist, wie es ist. Da bin ich ganz offen. Ich bin mit dem, was ist.« Wer so oder ähnlich wahre Akzeptanz zeigt, der braucht kein Urteil. Ablehnung leugnet die Realität und stört das innere Gleichgewicht.

Wahre Akzeptanz wahrt die Balance.

Diese innere Ausgeglichenheit führt zu Gelassenheit, Gleichmut und Gemütsruhe. Selbst in schwierigen Situationen bewahren Sie dann die Fassung und beurteilen unvoreingenommen, was wirklich *ist*. Diese Haltung ist das Gegenteil der heute so verbreiteten Unruhe, Aufgeregtheit, Nervosität. Den daraus entstehenden Stress können Sie sich ersparen. Mit wahrer Akzeptanz.

Neue Perspektiven, neue Spielräume

 Wer den Moment akzeptiert, in dem er *ist*, öffnet die Tür für Neues. Das zeigt sehr schön die Geschichte des Mannes, der vor einem Tiger floh. Er lief, so schnell er konnte, aber die Raubkatze kam immer näher. Schon glaubte er, ihren heißen Atem im Nacken zu spüren, als der Weg jäh auf einer Klippe endete.

Ehe der Mann ganz zum Stillstand kam, rutschte er auch schon ab und fiel – ungefähr anderthalb Meter tief, denn er hatte eine wilde Weinrebe zu packen bekommen. Verzweifelt klammerte er sich daran fest, während ihn von oben der Tiger aus seinen gelben Augen gierig musterte. Zu allem Unglück wartete unten am Boden noch ein zweiter Tiger, der hungrig zu dem baumelnden Leckerbissen aufsah.

Da fiel der Blick des Mannes auf eine saftige Weintraube, die direkt vor seiner Nase hing. Er ließ die Rebe mit einer Hand los, pflückte eine pralle Beere und steckte sie sich in den Mund.

Mmh! Wie zuckersüß sie schmeckt!

Die Geschichte mag etwas überspitzt sein, doch durch extreme Positionen lässt sich ein Sachverhalt oft am besten verdeutlichen. Der Mann, der zwischen den zwei Raubkatzen hing, hatte plötzlich seine Situation akzeptiert. Alles Jammern hätte daran nichts geändert. Es hätte ihm höchstens die Kraft geraubt und damit die Möglichkeit, vielleicht doch noch einen Ausweg zu finden. Die Akzeptanz ermöglichte ihm, das Beste aus seiner misslichen Lage zu machen: den himmlischen Geschmack der Weinbeere zu genießen. Durch Gewahrsein im Hier und Jetzt erlangte er Befreiung. Jeder Augenblick umschließt alles, was wahrhaft existiert. Die Vergangenheit ist nur eine Erinnerung, die Zukunft ist lediglich eine Vorstellung. Real ist nur der jetzige Moment.

Will ich Ihnen als Leader damit durch die Blume sagen, Sie sollten sich und Ihr Team von jeder Vision fernhalten? Ganz im Gegenteil. Wie wir noch sehen werden, sind Visionen eine wichtige Quelle der Inspiration. Wenn die Vision aber nur aus dem Blick auf die nächsten Quartalszahlen besteht, dann ist das keine Vision. Der Fokus verschiebt sich nur vom Moment aufs Morgen. Strategien für die Zukunft zu entwickeln, ist wichtig und richtig. Wer aber das Hier und Jetzt außer Acht lässt, weil er das Morgen fürchtet oder herbeisehnt, der ist nie bei sich selbst. So jemandem wird es kaum gelingen, glücklich zu sein und erfolgreich zu führen.

Menschen, die keine Vision haben, liefern sich dem Zufall aus. Wir brauchen einen Fixstern. So wie der Segler, der sich am Polarstern orientiert. Trotz dieses Leitsterns akzeptiert er den Wind, die Strömung und alles andere im Hier und Jetzt. Seine Vision – vielleicht der Heimathafen, wo er zum ersten Mal sein neugeborenes Kind sehen wird – gibt ihm Kraft, die Mühen der rauen See zu ertragen und zu meistern.

Einfach alles auf sich zukommen zu lassen, hat nichts mit Akzeptanz zu tun. Wenn Sie aber Szenarien durchplanen, dann bitte ohne die ängstliche Vorstellung, wie schlimm es noch werden kann. Werden Sie sich stattdessen mit Bewusstheit Ihrer Emotionen gewahr. Wenn Sie ängstlich sind, gut. Fragen Sie sich, warum das wohl so ist. Speist sich diese Angst aus konkreten Gefahren oder nur aus vagen Annahmen von der Zukunft oder diffusen Fremderinnerungen?

Ohne Akzeptanz laufen Sie Gefahr, eine Selffulfilling Prophecy heraufzubeschwören: Ihre Erwartungen versetzen Sie und Ihre Umgebung dann in eine unbewusste Opferrolle, die genau das provoziert, was Sie auf keinen Fall wollen.

Es ist nicht das Ereignis, welches das Ergebnis beeinflusst. Vielmehr unterscheiden die von den Ereignissen ausgelösten Emotionen und Gedanken zwischen Erfolg und Misserfolg, Glück und Elend, Leben und Tod.

Mangelndes Selbstwertgefühl ist im Bemühen um echte Akzeptanz einer der stärksten »Störsender«. Immer wieder schickt es dem Geist Botschaften wie: »Ich bin kein guter Ehemann«, »Ich bin keine gute Mutter«, »Ich bin ein jämmerlicher Freund«. Bei Männern konzentriert sich die Unzulänglichkeit oft auf ihre Leistungskraft, ihre körperlichen Fähigkeiten oder mangelnden Stärken. Bei Frauen stehen oft Schuldgefühle der Akzeptanz im Weg. Laut einer Umfrage fühlen sich ganze 96 Prozent der Frauen – also fast jede – mindestens einmal am Tag schuldig (Lechter 2019, S. 323). Egal ob Mann oder Frau, dieses »Ich bin nicht genug« hemmt bei jedem die Entscheidungsfreiheit.

Was lässt sich gegen solche Gefühle der Unzulänglichkeit tun? Ein wichtiger Schritt auf dem Weg zu größerer Selbstakzeptanz ist das Erkennen des Unterschieds zwischen Fühlen und Gefühlen (Emotionen). Ist das nicht dasselbe?

Sie erinnern sich bestimmt noch an unsere biologischen Signalgeber wie das Herz und den Bauch. Ich hatte sie mit Musikern im Orchester unseres Körpers verglichen. Was wir *fühlen*, gleicht dem Ausschlag einer

Nadel auf einem Schallpegelmesser, der die Lautstärke eines Tones sichtbar macht. Wir fühlen das Stechen einer Nadel, das Kitzeln einer Feder oder das Grummeln des Magens. *Gefühle* (Emotionen) sind so viel mehr! Mit den Gefühlen nehmen wir die ganze Melodie aus *allen* Tönen wahr, die das Orchester in unserem Körper spielt. So gesehen sind Emotionen eine Verbindung zwischen Biologie und Verhalten.

Was man mit diesem Wissen um die eigenen Emotionen anfängt, zeigt sehr schön das Beispiel von Erik. Oft gelang es ihm nur mit viel Mühe, nicht auszurasten, was allerdings nicht dasselbe ist wie Selbstkontrolle. Seine emotionale Verfassung war im Keller, weil das von ihm gemanagte neue Produktsegment nicht so in die Gänge kam, wie die Vorstandsplanung das verlangte. Er war angespannt und wütend auf sich selbst, weil er es »einfach nicht packte« – ein 1a-Kandidat für Magengeschwüre. So ein zerrupftes Nervenkostüm ist die typische Folge einer gestörten Subjekt-Objekt-Beziehung: Erik hatte sich mit jeder Faser seines Ichs mit seinen Produkten identifiziert.

Etwa zu dieser Zeit begann er nach Wegen zu suchen, seine emotionale Gesundheit zu verbessern und fragte mich, ob ich ihn coachen würde. Ich begleitete ihn auf seinem Weg des RAIN mit den Schritten der Bewusstheit, Akzeptanz, Erforschung und Befreiung. Wichtig war für ihn, dass er Bewusstheit für seine Erfahrungen im Moment entwickelte. Hier halfen ihm die Meditation und Übungen wie »Sensing Arms and Legs«. Darüber hinaus lernte Erik, nach und nach zu akzeptieren, wie stark sein Selbstwert und sein gesamtes inneres Erleben vom Erfolg seiner Produktkategorie abhängig waren. Um die tieferen Ursachen für diese Dynamik aufzudecken und sukzessive aufzulösen, entwickelten wir gemeinsam seine *Immunity Map* (mehr dazu im Abschnitt »Vier Lektionen zum psychologischen Immunsystem« im nächsten Kapitel »Erforschung«) und arbeiteten an seinen tiefen Grundannahmen und inneren Verpflichtungen. So gelang ihm seine innere Transformation und Befreiung.

Heute geht Erik mit schwierigen Situationen anders um. Er besitzt jederzeit ein Bewusstsein dafür, wie er im Moment ist, und kann gegensteuern, sobald er bei sich ein Abdriften vom ausgeglichenen emotionalen Zustand bemerkt. Bei der Vorbereitung auf ein stressiges Meeting oder eine wichtige Präsentation denkt er bewusst über seinen emotionalen Zustand nach und wendet die Übungen methodisch an. ●

An Eriks Geschichte erkennen wir gut das enge Zusammenwirken von Bewusstheit und Akzeptanz. Solange er sich unbewusst von seiner Anspannung und Wut steuern ließ, waren diese Subjekte von ihm. Seit er sich ihrer gewahr ist, sind sie Objekte, und *er* kann sie bewusst kontrollieren – ein Paradebeispiel für eine Subjekt-Objekt-Verschiebung. Dank dieser vermag Erik seinen emotionalen Zustand heute urteilsfrei zu erforschen und sich von den früheren Anhaftungen zu befreien. Der Zen-Lehrer Toni Packer sagt (Kornfield 2007):

>*Das Entstehen und Aufblühen von Verständnis, Liebe und Intelligenz hat nichts mit einer äußeren Tradition zu tun. Es geschieht ganz von selbst, wenn ein Mensch fragt, sich wundert, zuhört und schaut, ohne in Angst zu verfallen. Wenn die Selbstbezogenheit ruhig ist, in der Schwebe, sind Himmel und Erde offen.*«

Akzeptieren Sie die Situation, um Verstrickungen zu entwirren und echte Lösungen zu finden. Und dann gehen Sie sie an!

Übung zur Akzeptanz

Bevor wir uns der Erforschung *(Inquiry)* zuwenden, wollen wir herausfinden, wie Akzeptanz und Ablehnung funktionieren. In dieser Übung müssen Sie nicht meditativ vorgehen, doch es erleichtert Ihre Konzentration und dürfte auch die Ergebnisse verbessern.

Bitte folgen Sie in der Übung der Abfolge Ihrer gegenwärtigen Gefühle, Gedanken und Wahrnehmungen von Augenblick zu Augenblick. Das Ziel besteht darin, dort zu sein, wo Sie sind, ungeachtet dessen, was Sie gerade erleben. Folgen Sie einfach 15 Minuten lang Ihrer sich entfaltenden Erfahrung. Widerstehen Sie der Versuchung, die Akzeptanz auf eine bestimmte Erfahrung »zurechtzubiegen«. Bleiben Sie einfach ein wohlwollender Beobachter, der vergleicht und versteht, aber nicht ins Geschehen eingreift. Ihre ganze Aufgabe besteht darin, zu erfahren.

Nach der Viertelstunde dürfen Sie sich innerlich umwenden und die einzelnen Erfahrungen nochmals genauer untersuchen. Wann und wie sind sie erschienen? Haben Sie eine aktive Ablehnung gespürt? Welche Gefühle, Gedanken und Wahrnehmungen haben Ablehnung hervorgerufen? In welchem Moment glich Ihre Akzeptanz eher Resignation?

Gab es auch ergreifende oder gar euphorische Akzeptanz? Wann war das?

Was hat Sie am meisten beschäftigt? Sind im Wechselspiel von Akzeptanz und Ablehnung bestimmte Muster erkennbar gewesen? Hatten Sie einen Moment wahrer Akzeptanz? Oder gar mehrere? Wie kam es dazu?

3. ERFORSCHUNG – Alles, was wahr ist

Wir müssen uns erst hinsetzen, den Geist erforschen
und unsere Erfahrungen untersuchen, um zu sehen, was
hier wirklich vor sich geht.
KALU RINPOCHE

Der Anruf kam unerwartet, ich hatte lange nicht mehr von Frank gehört. Ob ich zu ihm kommen könne, fragte er. Er brauche meine Hilfe. Seine Stimme klang verzweifelt. Also setzte ich mich am nächsten Tag in den Flieger nach Amsterdam. Frank war dort Vorstand in einem großen internationalen Unternehmen. Er lief ständig auf 120 Prozent. Oder mehr.

Als ich ihn am Flughafen traf, war er nur noch ein Häuflein Elend. Der neue CEO und er hätten sich nicht verstanden, daraufhin habe man sich nach wenigen Wochen getrennt. Frank hatte seinen Job verloren. Für einen Menschen wie ihn, der sich immer über seinen Erfolg und seine Karriere definiert hatte, war das ein schwerer Schlag.

»Was sagt deine Frau dazu?«, erkundigte ich mich. »Yasmin hat mich verlassen. Und die Kinder hat sie auch mitgenommen.« Allmählich bekam ich ein Gefühl für die Dimension seines Problems. Frank fühlte sich völlig allein und verlassen. Mit seinem Job und seiner Familie hatte er die beiden Säulen verloren, die ihm in seinem rastlosen Leben Halt gaben. Als wären alle Dämme gebrochen, überrollte ihn nun all der Schmerz, den er jahrelang mit seinem hohen Pensum und der bedingungslosen Härte gegen sich selbst unterdrückt hatte. Er empfand seine Lage als totale Katastrophe. Für mich barg sie – von außen betrachtet – eine große Chance.

Aber das sagte ich ihm in diesem Moment natürlich nicht. Was Frank jetzt brauchte, war jemand, der ihm zuhörte und ihn in seinem Schmerz annahm und auffing. Er musste im ersten Schritt zunächst einmal lernen zu fühlen und zu akzeptieren, was er fühlte. Das war ein hartes Stück Arbeit. Denn Frank hatte in all den Jahren verlernt, sich zu spüren. Mit den beschriebenen Folgen.

Im folgenden Schritt begann die Erforschung. Warum hatte Frank weder sich selbst gespürt noch mitbekommen, dass er wie ein Kamikazepilot in den Sturzflug der Selbstzerstörung übergegangen war? Weder sein neuer CEO noch seine Ehefrau hatten ihn mehr ertragen können. Wie war er an diesen Punkt gelangt? Welche inneren Programme hatten ihn zu einem gefühlslosen Zombie werden lassen, der erst aufwachte, als er Job und Familie verloren hatte?

Diese Erforschung war schmerzhaft für Frank. Aber sie öffnete ihm die Augen und half ihm, sich selbst neu zu finden und sich ein neues Leben aufzubauen – mit neuem Job und neuer Partnerin. Und einem neuen Frank, der nun bewusster mit sich selbst, seinen Gefühlen und Bedürfnissen und mit anderen Menschen umging. ●

Vier Lektionen zum psychologischen Immunsystem

Was hatte Frank davon abgehalten, sich am eigenen Schopf aus dem Schlamassel zu ziehen? In ihrem bahnbrechenden Werk *Immunity to Change* (2009) identifizierten Kegan und Lahey das »psychologische Immunsystem« als hemmendes Element bei der Entfaltung unseres gesamten Potenzials. Das psychologische Immunsystem gehört zu den Mechanismen, mit denen die Psyche sich schützt und uns in einem psychisch stabilen Zustand halten möchte.

Manchmal dient es unserer Psyche auch als Schutzschild bei Fehlentscheidungen. Wenn sich unser grünes Gewissen also nach dem Kauf des zweieinhalb Tonnen schweren, 150 000 Euro teuren, CO_2-speienden SUVs meldet, dann grätscht sofort eine innere Stimme dazwischen und verkauft uns diese Fehlentscheidung als sicherheitsrelevante Notwendigkeit: Die Traktion des Allraders an den drei Wintertagen im Jahr ist einfach unschlagbar und die beheizbaren Außenspiegel sorgen immer für klare Sicht. Bei den vielen Dienstreisen ist so ein fahrender Safe einfach ein Muss.

Das psychologische Immunsystem ist also ein zweischneidiges Schwert. Was in Extremsituationen überlebenswichtig ist, zieht im ganz normalen Wahnsinn der disruptiven VUKA-Welt etliche Probleme nach sich. Die Digitalisierung und andere neue Strömungen stören empfindlich das menschliche Bedürfnis nach Beständigkeit. Das hat viel mit unseren inneren Filtern zu tun, die einfach alles ausblenden, was den »Zustand der stabilen Mitte« gefährden könnte.

Inzwischen kennen Sie ja bereits recht gut die Ursachen für solche Filter, für die es so viele Namen gibt: Grundannahme, Prägung, Konditionierung, mentales Konstrukt, Glaubenssatz, Denk- und Verhaltensmuster, *Big Assumptions*, *Hidden Commitments* … Sie alle schalten uns mental auf Autopilot. Je öfter wir aber auf den immer gleichen Bahnen unterwegs sind, desto schwerer fällt ein Kurswechsel. Kurz gesagt, wir werden mehr und mehr immun gegen Veränderungen und verlieren damit den Kontakt zur Realität. Das führt früher oder später unweigerlich zu Fehlentscheidungen und Kollateralschäden.

Nur nützt dieses Wissen wenig, wenn die »Immunität gegen Veränderung« (engl. *Immunity to Change* oder kurz ITC) ausgerechnet die Menschen ausbremst, die den Wandel herbeiführen sollen. Mit welcher Kraft die ITC dabei auf die Bremse tritt, zeigt eine Untersuchung über Infarktpatienten: Nur einer von sieben schafft es nach einem Herzanfall, sein Leben nachhaltig zu verändern. Zwei Jahre nach einer Herz-OP bleiben davon sogar nur noch 10 Prozent der Patienten übrig, wie eine andere Untersuchung zeigt. Dies beweist deutlich, dass selbst der stärkste Veränderungsschmerz *(Sense of Urgency)* meist nicht ausreicht, um einen echten Wandel zu ermöglichen.

Das Wissen um die Existenz und Arbeitsweise des psychologischen Immunsystems kann Ihre innere Transformation entscheidend voranbringen. Das habe ich bei Maria gesehen, die sich ungemein schwer damit tat, in Vorträgen souverän und selbstbewusst aufzutreten. Sie unternahm viel, um ihre Technik zu verbessern, aber unterm Strich brachte ihr dieses horizontale Lernen wenig.

Ich empfahl Maria ein Konzept, das Menschen echte und dauerhafte Veränderungen ermöglicht: das von Kegan und Lahey entwickelte *ITC-Coaching*. Der erste Schritt dabei ist das Erstellen einer sogenannten

Immunity Map. Maria erlangte dadurch Bewusstheit für ihre unbewussten Strategien der Selbstsabotage, die auf tief verwurzelten Glaubenssätzen beruhten. Danach konnte sie ihre inneren Annahmen überprüfen und neu justieren. Das erforderte Achtsamkeit, Selbst-bewusst-sein und Zeit. Dieses Selbst-bewusst-sein zu erlangen, war für Maria der Wendepunkt. Endlich verstand sie, warum sie so festgefahren war und wie sie sich befreien konnte. Und je mehr Bewusstheit sie darüber erlangte, desto leichter fielen ihr Gespräche und Vorträge. Sie machte sich keinen Kopf mehr, vor wie vielen Leute sie würde sprechen müssen. ●

Kegan und Lahey beschreiben in ihrem Buch die »Medizin«, die ich Maria verschrieben hatte. Sie besteht aus den folgenden vier Lektionen:

1. Den Blick auf seine »innere Landschaft« richten

Die Mehrheit unserer Zeitgenossen zeigt nur eine geschönte Version ihrer selbst – vorzugsweise auf Selfies. Die wenigsten kennen ihr innerstes Selbst, und kaum einer würde es freiwillig anderen offenbaren. Sich gründlich zu erforschen, will gelernt sein, und es ist nicht immer angenehm. Doch genau mit diesem Blick auf die »innere Landschaft« beginnt der Perspektivwechsel zur Überwindung der Immunität gegen Veränderung.

Warum ist das so wichtig? Weil nur der Blick auf den eigenen »Nabel« die Widersprüche zutage fördert, die uns an freien Entscheidungen hindern. Erst wenn wir das Vergrößerungsglas auf diese Unstimmigkeiten richten, können wir unsere wahren Probleme verstehen, und nur wenn wir sie verstehen, können wir sie losen.

2. Seine Erfolgsformel umstellen

Bei den meisten Menschen sieht die Strategie zum Verbessern eines unbefriedigenden Zustands immer gleich aus. Die gängige Erfolgsformel lautet:

> Sich ein klares Ziel setzen
> + Aktionen zur Zielerreichung sorgfältig planen
> + Willenskraft aufbringen und beibehalten
> + Fortschritte kontrollieren und bei Bedarf nachbessern
> = erfolgreiche Veränderung

Leider funktioniert das persönliche Change Management bei den meisten mit dieser Formel jedoch nicht. Warum nicht? Weil sie davon ausgeht, dass wir a) schlechtes Verhalten direkt in gutes Verhalten verwandeln können und b) nur genug Willenskraft brauchen, um die Veränderung nachhaltig zu etablieren.

Beide Annahmen sind falsch. Wir können nicht einfach einen Schalter umlegen, so als würde man die Drehrichtung eines Motors umkehren. Fast jeder hat mit unbewussten, also verborgenen Verpflichtungen *(Hidden Commitments)* zu kämpfen, die einer beabsichtigten Veränderung entgegenstehen.

Willenskraft allein kann solche Widersprüche nicht auflösen. Dies zeigt das Beispiel des Salesmanagers Carl. Er hat sich den idealen Body-Mass-Index (BMI) zum Ziel gesetzt, weil das gesünder ist als die »Rettungsringe«, die er momentan mit sich herumschleppt.

Abnehmen ist sein vordergründiges Ziel. Unbewusst verfolgt er aber noch andere Ziele. Als Vertriebsleiter hat er oft üppige Geschäftsessen mit potenziellen Kunden. Er will trotz Diät weiter spontan bleiben. Außerdem kennen ihn in der Firma und im Freundeskreis alle als »gemütlichen Kumpel«. Vielleicht halten sie ihn bald für einen eingebildeten, oberflächlichen Fatzke, wenn er im Anzug plötzlich eine gute Figur macht. Na ja, und dann ist da noch die Schweinshaxenfraktion in der Familie, die Carl wie einen Aussätzigen behandeln könnte, wenn er bei Familienfesten plötzlich am Chicorée knabbert.

Jedes Kilo weniger auf der Waage erhöht für Carl den Druck, an den unbewussten Verpflichtungen festzuhalten. Je mehr die Rettungsringe abschmelzen, desto eitler kommt er sich vor, obwohl er's gar nicht ist. Er fühlt sich plötzlich als Miesepeter, der Kunden, Kollegen, Freunden und der Familie den Spaß verdirbt. Diese innere Unzufriedenheit schlägt sich in seinem Selbstwertgefühl, seiner Stimmung und seiner ganzen Haltung nieder. Und dann geschieht genau das, was Carl unbewusst befürchtet hat: Er ist weniger erfolgreich. Völlig frustriert gibt er schließlich sein Abnehmziel auf, kehrt zu seinen alten Essgewohnheiten zurück und hat für sich gelernt: Das mit ihm und dem idealen Body-Mass-Index wird sowieso nie was. ●

Was hätte er besser machen können? Verkehrt war nicht sein Wunsch, einen unbefriedigenden Zustand zu verändern. Im Gegenteil! Gesunde

Ernährung und ausreichend Bewegung sind sogar sehr wichtig. Carl hatte nur die falsche Erfolgsformel angewandt.

Erfolgreiche Veränderung muss immer damit beginnen, uns unserer unbewussten Verpflichtungen und der ihnen zugrundeliegenden Überzeugungen gewahr zu werden. Erst dann können wir uns von dem lösen, was uns ausbremst, und tatsächlich frei entscheiden.

3. Seine Energie sinnvoller einsetzen

So wie unser biologisches Immunsystem den Körper vor Eindringlingen schützt, umgibt auch das psychologische Immunsystem unseren Geist mit einem Panzer. Jeder, der an einer Autoimmunkrankheit leidet oder davon betroffene Personen kennt, weiß um die zerstörerische Macht unseres Immunsystems. Es meint es zwar gut mit unserem Körper, behandelt ihn aber nicht immer so. Manchmal tötet es ihn sogar.

Mit dem psychologischen Immunsystem verhält es sich ähnlich. Es will uns vor Veränderungen schützen, die uns schaden könnten. Das tut es aber so gewissenhaft, dass es uns auch vor Veränderungen schützt, die durchaus nützlich sind. Manchmal sieht es eine Bedrohung, wo es keine gibt. Wir *glauben* nur in Gefahr zu sein, weil unsere Eltern oder andere uns von frühester Kindheit an vor dem vermeintlich gefährlichen Handeln gewarnt haben. Allein bei dem Gedanken, auch nur einen Fuß auf den »gefährlichen Weg« der Veränderung zu setzen, zieht sich alles in uns zusammen.

Solche Kontraktionen lassen sich nicht mit Willenskraft ändern. Sie kosten die Psyche nur Kraft, weil sie sich ständig gegen die Dynamik des Lebens anstemmen. Das ist so, als würden Sie in Ihrem Auto gleichzeitig Gas geben und auf die Bremse treten: Sie kommen zwar nicht oder kaum voran, verbrauchen aber trotzdem Treibstoff. Über kurz oder lang wird hierüber auch der Wagen Schaden nehmen.

Verschwenden Sie nicht Ihre Energie damit, einen Status quo aufrechtzuerhalten, der Ihnen auf Dauer nur schadet.

4. Die Selbstsabotage beenden

Beginnen Sie Ihre innere Transformation jetzt! Dazu müssen Sie zunächst Ihre verborgenen Verpflichtungen, Narrative, Glaubenssätze und Grundannahmen aufdecken, um sie dann zu verändern und sich schließlich von ihnen zu befreien. Genau für diese Entdeckungsarbeit haben Kegan und Lahey die *Immunity Map* entwickelt – die »Landkarte der Immunität«. Sie hilft uns dabei, zu erkennen, wie das psychologische Immunsystem Sie zwar stabil hält, gleichzeitig aber Ihre innere Entwicklung und Transformation sabotiert.

Jede *Immunity Map* beginnt mit einem Veränderungsziel. Davon ausgehend untersuchen Sie Ihr aktuelles Verhalten, das im Widerspruch zu diesem Ziel steht. Im nächsten Schritt decken Sie Ihre verborgenen Verpflichtungen auf, die Sie von der Veränderung dieses Verhaltens abhalten. Jetzt erkennen Sie die Dynamik Ihres psychologischen Immunsystems, das eine Veränderung Ihres bisherigen Verhaltens um jeden Preis verhindern will und das Erreichen Ihres Veränderungsziels boykottiert. Im letzten Schritt erforschen Sie, welche grundlegenden Annahmen Ihr Immunsystem speisen. Welche *Big Assumptions* liegen Ihren inneren Verpflichtungen zugrunde? Mithilfe der *Immunity Map* werden Sie sich dieser Grundannahmen bewusst und können nun beginnen, diese gezielt zu transformieren.

Im Anschluss an das folgende Kapitel können Sie mit der *Immunity Map* Ihre eigene Immunitätskarte erstellen.

Hemmende Grundannahmen testen und verändern

Nun haben wir also die unbewussten Grundannahmen identifiziert, die unsere Veränderung verhindern. Indem wir sie in Worte fassen, kommen wir diesen unbewussten *Big Assumptions* auf die Spur. So nehmen wir gewissermaßen die Brille ab, durch die wir uns und die Welt bisher gesehen haben, und erkennen eine weniger getrübte Realität. Sie werden nun feststellen: Die meisten Grundannahmen sind völlig übertrieben, verzerrt oder sogar komplett falsch und blockieren Ihre persönliche Entwicklung.

Ganz im Sinne des RAIN-Prinzips vollzieht sich auch die Korrektur der Grundannahmen, indem wir zunächst einmal unsere Bewusstheit dafür schärfen, in welchen Situationen sie uns steuern und limitieren. Akzeptanz für ihr Wirken und ihre Sabotage sowie eine tiefere Erforschung ihrer Hintergründe sind die nächsten Schritte in einem ITC-Coaching, mit dem Sie Ihr psychologisches Immunsystem zunehmend verändern und auflösen.

Eine gute Hilfe beim Abnehmen der »Brille« ist es, die biographischen Wurzeln der eigenen Grundannahmen zu erforschen und sich zu fragen, was diese widerlegen könnte. Welche messbaren Daten oder unwiderlegbaren Tatsachen sprechen dagegen? So hätte Maria etwa durch eine neutrale Instanz oder mithilfe von Fragebögen herausfinden können, wie sie tatsächlich auf ihre Zuhörer gewirkt hat.

So können auch Sie sich ein »Best-Fall-Szenario« überlegen, mit dem sich Ihre Grundannahmen widerlegen lassen. Und dann setzen Sie es um und schauen, was dabei herauskommt. Möglicherweise werden Sie positiv überrascht sein. Manchmal muss man die fragliche Situation mehrmals testen, um der Wirklichkeit auf die Spur zu kommen.

Sehen wir uns einmal an, wie Maria sich anhand ihrer eigenen Landkarte der Immunität analysiert hat:

1	2	3	4
Verbesserungsziel	Verhalten vs. Ziel	Verborgene Verpflichtungen	Grundannahmen
	(Was ich stattdessen mache bzw. nicht mache)	(Hidden Commitments)	(Big Assumptions)
		Sorgen-Box	
Eine erfolgreichere, selbstbewusstere Rednerin werden; mich mehr auf meine Botschaft und die Zuhörer fokussieren als auf meine Ängste	Ich vergleiche mich mit anderen guten Rednern und halte mich für uninteressant. Ich konzentriere mich beim Reden auf mein Bauchgrummeln. Ich suche Feedback in der Körpersprache meiner Zuhörer, vor allem bei jenen, die gelangweilt wirken.	Nicht selbstzufrieden werden Nicht als arrogant angesehen werden Mich nicht wie eine Betrügerin fühlen Mich nicht zu ernst nehmen	Ich muss lustig sein oder Geschichten erzählen, um interessant zu sein. Ich als Person bin eher uninteressant. Andere haben Interessanteres zu erzählen als ich. Mein Bemühen, mich interessant zu machen, obwohl ich es nicht bin, wird von anderen als Betrug durchschaut. Die Körpersprache anderer ist eine gute Feedbackquelle.

Abb. 9: Marias Immunity Map

Sobald ich mit Maria ihre *Immunity Map* entwickelt hatte, achtete sie bewusster auf sich, wenn sie vor einer kleinen Zuhörerschaft oder in einem informellen Umfeld sprach. Allmählich erkannte sie, dass der informelle Gesprächston ihr am besten lag. Aber wie spricht man zu einem größeren Publikum im Plauderton? Ein Freund half ihr dabei, es mit Fragen zu probieren: Sie stellte die Frage an die Zuhörer und nahm die Antworten auf; so entstand eine Interaktion, mit der sie sich wohler fühlte.

Maria brauchte eine Weile, um das ideale Format für dieses Frage-und-Antwort-Spiel zu finden, dann aber fühlte es sich für sie »toll« an. Sie entwickelte ihre Methode weiter und brachte im nächsten Schritt die Zuhörer dazu, auch *miteinander* ins Gespräch zu kommen. Am Ende dieses Prozesses hatte sie beide *Big Assumptions* widerlegt, die sie früher hemmten: Maria war weder uninteressant, noch musste sie unbedingt lustig sein, damit andere sie mochten.

Übung zu Ihrem psychologischen Immunsystem

In dieser Übung lernen Sie, Ihren Blick auf Ihre innere Landschaft zu richten und Ihre Erfolgsformel umzustellen, um nicht unnötige Energie in den Erhalt eines unsinnigen Status quo zu stecken.

Die *Immunity Map* von Kegan und Lahey hilft Ihnen dabei, Ihren Glaubenssätzen, verborgenen Verpflichtungen und Narrativen auf die Spur zu kommen und zu erkennen, wie das psychologische Immunsystem Ihre innere Entwicklung und Transformation blockiert. Diese »Landkarte der Immunität« lässt sich als vierspaltiges Raster darstellen (siehe Abb. 10). Arbeiten Sie sich bitte von links nach rechts durch die einzelnen Spalten:

1. Identifizieren Sie in Spalte 1 ein Verbesserungsziel, das …
   - wichtig für Sie ist,
   - Sie in Ihrer Entwicklung voranbringt und
   - ein positives Ziel darstellt, auf das Sie sich zubewegen können, statt nur etwas zu vermeiden.

2. In die nächste Spalte gehören Ihre *sichtbaren* Verhaltensweisen, die gegen das Verbesserungsziel arbeiten. Bitte alles notieren, was im Widerspruch dazu steht. So erkennen Sie Ihre alte »Erfolgsformel« und finden leichter neue Ansätze für einen erfolgreichen Richtungswechsel.

3. Stellen Sie sich vor, Sie täten das genaue Gegenteil jeder von Ihnen in Spalte 2 beschriebenen Verhaltensweise. Welche Sorgen und Ängste kommen dabei hoch? Diese notieren Sie in der sogenannten Sorgen-Box.

   Wenn Sie nun tiefer schauen, erkennen Sie die verborgenen Verpflichtungen, die Sie genau vor diesen Sorgen schützen wollen. Diese *Hidden Commitments* sind niemals nobel, sie dienen einzig und allein Ihrem Selbstschutz. Aus Sicht dieser Verpflichtungen ist jede Verhaltensweise in Spalte 2 sinnvoll, das Verbesserungsziel aber eine Bedrohung.

   Nun wird Ihnen klar, warum Sie sich so verhalten, wie Sie es in der zweiten Spalte notiert haben. So legen Sie Ihre Dynamik offen, die Sie am Ändern Ihres Verhaltens hindert. Jetzt kennen Sie für diesen konkreten Fall Ihr psychologisches Immunsystem.

4. Im letzten Schritt ergründen Sie die grundlegenden Annahmen, aus denen sich Ihr Immunsystem speist. Welche *Big Assumptions* prägen unbewusst Ihr Selbstbild oder die Einschätzung anderer und der Welt?

Die in Spalte 4 notierten Grundannahmen sind immer eine Verallgemeinerung, Übertreibung und / oder Verzerrung der Realität. Hier offenbaren sich Ihnen die Ursachen Ihres bisherigen Verhaltens, die Ihre Transformation blockieren. Wenn Sie an dieser Stelle ansetzen und diese Grundannahmen korrigieren, können Sie auch Ihr Verhalten grundlegend und dauerhaft verändern.

Seien Sie nicht entmutigt, wenn die Erforschung Ihrer *Hidden Commitments* und *Big Assumptions* nicht gleich perfekt ist. Jede Annäherung ist schon ein Erfolg. Möglicherweise identifizieren Sie sehr schnell einen Ihrer »Saboteure« und erkennen, wo Sie den Hebel ansetzen müssen, um sich zu befreien.

Verwenden Sie bitte die Vorlage »Ihre Immunity Map« (siehe Abb. 10). Wo liegt Ihr Denken und / oder Verhalten besonders im Argen? Definieren Sie daraus ein positives Ziel und vermerken Sie es in Spalte 1. Arbeiten Sie sich dann bitte selbstkritisch, aber nicht anklagend von links nach rechts durch die Spalten 2 bis 4.

1	2	3	4
Verbesserungs-ziel	Verhalten vs. Ziel	Verborgene Ver-pflichtungen	Grund-annahmen
	(Was ich stattdes-sen mache bzw. nicht mache)	(Hidden Commit-ments)	(Big Assumptions)
		Sorgen-Box	

Abb. 10: Ihre Immunity Map: Wie Sie Ihr psychologisches Immunsystem über-winden

Nach dieser Übung denken Sie nun vielleicht: »Schaffe ich es jemals, mich von meinen Grundannahmen und verborgenen Verpflichtungen zu lösen?« Ich versichere Ihnen: Ja, das können Sie. Aber es wird Ihnen nicht von heute auf morgen gelingen. Im nächsten Kapitel geht es daher zunächst einmal darum, warum Sie sich auf diesem Weg von Rückschlä-gen nicht entmutigen lassen müssen.

Einmal scheitern heißt nicht immer scheitern

Auch wenn wir dreimal auf die Nase fallen, heißt das noch lange nicht, dass wir die schwierige Herausforderung niemals meistern werden. Es besteht die Gefahr, sich von vornherein auf das eigene Scheitern einzu-stellen, und nach dem Gesetz der Selffulfilling Prophecy geschieht es dann oft auch. Wenn's nicht funktioniert, dann geißeln wir uns, da wir wohl eine oder mehrere Faktoren der Erfolgsformel vernachlässigt haben. Wir waren eben nicht ausreichend motiviert, hatten keinen guten Aktionsplan, es mangelte uns am Willen …

Seien Sie nicht so hart mit sich selbst, nur weil Ihr psychologisches Immunsystem so unerbittlich mit Ihnen umspringt. Entlarven Sie die Sabotageakte des psychologischen Immunsystems, indem Sie sich gründlicher erforschen als bisher. So kommen Sie Ihren mentalen Konstrukten auf die Spur, welche die Wirklichkeit immer übertreiben, verallgemeinern oder verzerren.

Zusammenfassend lässt sich festhalten, dass Ihnen die Arbeit an Ihrem psychologischen Immunsystem hilft, sich Grundannahmen bewusst zu machen, die bis dahin Subjekt waren, die also *Sie* gesteuert haben. Indem Sie diese Grundannahmen und verborgenen Verpflichtungen zum Objekt machen, können nunmehr Sie *diese* steuern. Ein ITC-Coaching, das Sie bei der Veränderung Ihres psychologischen Immunsystems unterstützt, fördert und beschleunigt also Ihre vertikale Entwicklung.

Beobachten, was jetzt geschieht

Unser großes Thema in diesem Buch ist ja die Selbsttransformation durch vertikales Lernen. Hierbei geht es, anders als beim horizontalen Lernen, ebenso sehr um das *Nicht*-Lernen wie um das Lernen. Die Erforschung *(Inquiry)* hilft uns dabei, die Spreu vom Weizen zu trennen, uns also falsches Denken und Verhalten abzutrainieren und uns gutes anzueignen.

Letzteres ist meist schwieriger. Zu Recht nennt der vietnamesische Mönch und Zen-Meister Thích Nhất Hạnh den Prozess der Erforschung »tief sehen«. Es geht darum, fest verwurzelte Konditionierungen und Prägungen zu erkennen und sich von ihnen zu lösen. Schon bei dem Gedanken ans Loslassen sendet uns das psychologische Immunsystem die Botschaft: »Achtung, du betrittst unbekanntes Terrain! Du bist in Gefahr. Gehst du auch nur einen Schritt weiter, verlierst du etwas / jemanden.«

Im Kern sind es fast immer Ängste, die Leid verursachen. Sie münden leicht in einem Teufelskreis: Ich habe Angst, im Fall einer Krankheit nicht für meine Familie sorgen zu können; lege mein Geld hoch spekulativ an, um sie abzusichern; verliere das Geld; mache mir noch mehr

Sorgen; werde vor Sorge öfters krank; treibe exzessiv Sport, um mich zu stählen; erleide ein Burn-out; und jetzt kann ich wirklich nicht mehr für die Familie sorgen.

Ängste besitzen große Macht. Erst wenn wir ihnen auf den Grund gehen, werden wir gewahr, dass sie womöglich unbegründet sind oder das Loslassen unseren Zustand sogar verbessert. Auf einer weiter entwickelten Bewusstseinsstufe sehen wir dann unsere Verletzlichkeit nicht mehr als Schwäche, sondern als erweiterte Wahrnehmung. Sie erschließt uns neue Informationen und ermöglicht so bessere Entscheidungen. Wir bewerten unsere früheren Perspektiven dann nicht als falsch, sondern nur als unvollständig und durchaus bedeutsam. Und damit ist jedem Selbstvorwurf die Grundlage entzogen.

Erinnern Sie sich noch an Rolf, dessen Wutausbrüche ihn an den Rand der Arbeitslosigkeit getrieben hatten? Er ist kein Einzelfall, auch wenn die Auslöser variieren. Da ist die Managerin Claudia, die in den letzten Jahren zehn Kilo zugenommen hat, weil sie das Arbeitspensum nur mit dem regelmäßigen Griff in die Pralinenschachtel aushält und chronisch schlecht schläft. »Mir geht's körperlich immer schlechter. Ich brauche Strategien, um mit Stress besser klarzukommen«, erklärt sie mir lahm. Der Kurs zur progressiven Muskelentspannung habe leider auch nichts gebracht.

Nicht zu vergessen, Thomas. Er ist Manager auf der mittleren Führungsebene, der sich mit Magenschmerzen plagt und dem sein Chef mangelnde Durchsetzungskraft attestiert. Seine Mitarbeiter wiederum kritisieren, er vertrete bei denen da oben die Interessen des Teams nicht energisch genug. Seine Selbstdiagnose: »Was immer ich mache, es ist nicht genug. Leider bin ich rhetorisch nicht so versiert, da habe ich Nachholbedarf.«

Weder ein Training in Stressmanagement noch Rhetorikkurse werden Situationen wie die von Claudia und Thomas nachhaltig verbessern. Das ist horizontales, nicht vertikales Lernen. So entsteht keine Achtsamkeit. Sich seiner Automatismen und verborgenen Verpflichtungen *(Hidden Commitments)* gewahr zu werden, ist sozusagen der Anlauf, den wir nehmen müssen, um die innere Transformation hin zu *Mind Movement Mastery* zu schaffen. Und mit diesem neuen Geist ändern wir dann auch unser Verhalten.

Rolf etwa hat gelernt, beim ersten Aufwallen der Wut innezuhalten und sich zu fragen: »Was sind die Trigger, die Auslöser, die mich immer wieder wütend werden lassen? Was ist im Außen passiert, wenn ich so reagiere? Und was löst das in meinem Inneren aus? Welche grundlegenden Annahmen und verborgenen Überzeugungen übernehmen dann unbewusst das Kommando und steuern mein Verhalten?« Mit dieser Art der Erforschung beginnt die Selbstbefreiung:

 Sobald ich meinen Geist unter Beobachtung stelle, bin ich ihm nicht mehr ausgeliefert.

Das Bewusstmachen durch Beobachtung verlangt einige Erfahrung. Mir hat die tägliche Praxis der Meditation dabei geholfen, mir zu jedem Zeitpunkt gewahr zu sein, was ich gerade erlebe.

Die Trigger entlarven

Der zweite Aspekt der Erforschung ist eher analytischer Natur. Dabei geht es um die Fragen nach den Auslösern oder Triggern, wie Rolf sie sich gestellt hat. Hier richtet sich unser Fokus automatisch auch auf den Ort, wo wir die Erfahrung machen. Oft verstehen wir nicht sogleich, was da genau passiert. Daher ist es nur allzu natürlich, sich zu fragen: »Was verursacht das bestimmte Gefühl in mir? Was löst es aus?« Je öfter Sie sich diese Frage stellen und je mehr Sie über den Ort des Geschehens erfahren wollen, desto eher und leichter werden Sie zum wahren Kern Ihrer Erfahrung vorstoßen.

Mit »Wahrheit« meine ich in diesem Zusammenhang etwas, das dem Ereignis Bedeutung verleiht und ihm einen Platz im Gesamtbild zuweist. Wahrheit ist also über die rationale Erklärung hinaus das Gefühl, etwas erfahrbar Bedeutsames zu erleben oder zu fühlen. Solche Wahrheiten geben dem Herzen und der Seele Sinn. Viktor E. Frankl sagte einmal:

>»Die Frage ist falsch gestellt, wenn wir nach dem Sinn unseres Lebens fragen. Das Leben ist es, das Fragen stellt; wir sind die Befragten, die zu antworten haben.«

Was er damit meinte? Nun, Sinn ist im Leben nicht machbar, er muss gefunden werden. Erforschung ist das Messgerät zum Aufspüren von

Sinn. Geeicht durch Präsenz bin ich dort, wo ich gerade bin, und nirgendwo sonst. Aus dieser Perspektive heraus kann ich erforschen, woher das kommt, was ich im Hier und Jetzt erlebe. Und ich sehe exakt, was sich gerade um mich herum ereignet und was als Reaktion auf diese Außenreize *in* mir geschieht. So kann ich zwischen Wahrnehmung und Wertung unterscheiden. Ich ergreife gleichsam einen roten Faden, der mich aus dem Labyrinth meiner Gefühle heraus ans Licht eines sensibleren Bewusstseins führt.

Dazu zwei praktische Beispiele:

Nehmen wir an, Sie stehen auf der Dienstfahrt im Stau. Wie empfinden Sie das? Ihr Geist neigt dazu, die Situation mit einer Story zu verknüpfen: Sie haben einen wichtigen Termin (Bewertung) und wenn Sie ihn verpassen, geht Ihnen ein großes Geschäft durch die Lappen (Spekulation). Die Erforschung macht daraus etwas anderes: Sie haben einen Termin und stehen im Stau. Punkt. Hier nehmen Sie gelassen den roten Faden auf und machen das Beste aus dem Status quo.

Mir ging es auf einer Flugreise in die USA einmal ähnlich. Am Zielflughafen stellte ich fest: Mein Koffer ist nicht da. Auf Atlantikflügen pflege ich es mir bequem zu machen, deshalb trug ich keinen Businessanzug. Zu dieser Situation hätte ich mir jetzt eine dramatische Geschichte ausdenken können. Tat ich aber nicht. Stattdessen ging ich einfach in Jeans und T-Shirt zum Termin, erklärte mein Malheur, sorgte so für verständnisvolle Heiterkeit und das Treffen lief wunderbar.

Wir alle sind Weltmeister darin, schlimme Geschichten zu erfinden. Selbst literarisch unbegabte Zeitgenossen tun das gerne. Doch statt meine eigene Horrorgeschichte zu schreiben, kann ich es wie Oprah Winfrey halten und mich fragen: *What's the next right move?* — »Was ist der nächste richtige Schritt?« Erforschen Sie stets, was Sie *jetzt* verändern können. Sie selbst sind der Schlüssel zu Ihrer Souveränität.

Möglicherweise erkennt der Manager im Zuge der Erforschung, dass seine cholerischen Reaktionen nicht an dem Mitarbeiter liegen, der mit seinem Nachfragen immer wieder in einem wunden Punkt herumbohrt. In Wirklichkeit ärgert ihn nur, dass dieser sich etwas erlaubt, was er sich selbst mit eiserner Disziplin versagt. Oder er bemerkt, dass sein Brüllen nur der Nervosität geschuldet ist, die ihn vor bestimmten wichtigen Meetings umtreibt.

Erforschung rüttelt also an der vermeintlich objektiven Realität: Es ist nicht das Verhalten anderer, das meine heftigen Reaktionen auslöst, son-

dern es sind meine damit verknüpften Wertungen und die eingeschliffe-
nen Verhaltensmuster. Um zu solchen Einsichten zu gelangen, braucht
es manchmal einen »Spiegel«. Bei Frank aus Amsterdam war ich diese
Reflexionsfläche, die ihm seine Denk- und Verhaltensmuster vor Augen
gehalten hat. Was ich ihm sagte, war keine Theorie, sondern selbst erlebte
Praxis.

> **Ein guter Lehrer ist der, der den gleichen Weg wie ich geht,
> mir aber schon ein paar Schritte voraus ist.**

Körper, Gefühle, Geist und Wahrheit erforschen

Die Fähigkeit sich selbst wahrzunehmen und damit die eigene Person
realistischer einzuschätzen, ist ein typisches Merkmal herausragender
Führungskräfte. Das fand der Psychologe Daniel Goleman heraus, als er
mehrere Hundert Manager in zwölf Unternehmen untersuchte. Solche
bewussten Leader kennen ihre Fähigkeiten und Grenzen und wissen,
wann sie mit anderen zusammenarbeiten müssen, deren Stärken die ihren ergänzen. Sie bemühen sich um Feedback und lernen aus ihren Feh-
lern.

Für ein solches Mindset brauchen Leader Achtsamkeit, wie sie aus dem
RAIN-Prozess erwächst. Diese erstreckt sich auf Körper, Gefühle, Geist
und Wahrheit. Untersuchen wir einmal genauer, wie die Erforschung dieser vier Daseinsfaktoren zu mehr Achtsamkeit führt:

Im Körper manifestieren sich die Schwierigkeiten, mit denen sich
der Geist plagt. Die medizinische Disziplin der Psychosomatik liefert
dafür zahlreiche Hinweise. Manchmal spüren wir Wärme, Kontraktion,
eine Verhärtung oder Vibration. Dann wieder fühlen wir Taubheit, ein
Pochen, Schwitzen oder Veränderungen des Atems und/oder unseres
Blickfelds. Achtsames Erforschen bedeutet zu untersuchen, wie wir diesen Veränderungen begegnen. Dazu eignet sich die meditative Praxis der
gleich folgenden »Übung zur Erforschung«.

Der zweite Daseinsfaktor, auf dem Achtsamkeit beruht, sind die Gefühle. Gerade wenn der Geist sich in einer Ausnahmesituation befindet,
werden Sie Emotionen spüren. Sich ihrer Natur gewahr zu werden, ge-

lingt durch Erforschung. Ist die Emotion hauptsächlich angenehm, unangenehm oder neutral? Welche sekundären Gefühle sind mit ihr verbunden?

Emotionen treten selten in Reinform auf. Meist besteht unser momentaner Gefühlszustand aus einem Cocktail von Emotionen in unterschiedlicher Dosierung. Gerade beim Erkennen von unterschwelligen Gefühlen hilft wiederum die meditative Praxis. Untersuchen Sie in Selbstreflexion, wie sich jede Emotion anfühlt. Ist sie angenehm oder schmerzhaft, anspannend oder entspannend, hell oder düster? Beobachten Sie genau, wo Sie die Emotion in Ihrem Körper spüren und was mit ihr geschieht, während Ihre Achtsamkeit darauf gerichtet ist.

Der dritte Fokus der Achtsamkeit richtet sich auf den Verstand. Hier geht es um Gedanken und Bilder, die sich in einer Ausnahmesituation einstellen. Welche Storys, Urteile und Überzeugungen zeigen sich? Welche verborgenen Verpflichtungen *(Hidden Commitments)* lassen mich so denken, wie ich denke? Oft wird bei genauerem Hinsehen offenbar, dass da auch die nun schon hinlänglich bekannten Grundannahmen zutage treten. Wir sehen, dass es sich nur um Geschichten handelt, nicht um die Wirklichkeit. Durch achtsame Erforschung können Sie diese mentalen Fesseln lockern und schließlich ganz sprengen.

Der vierte Daseinsfaktor in unserem Reigen ist die Wahrheit. In diesem Zusammenhang geht es darum, die einer Erfahrung zugrunde liegenden Prinzipien und Gesetze auf ihren Wahrheitsgehalt abzuklopfen. Ist diese Erfahrung tatsächlich so solide, wie sie unserem Geist erscheint? In der Erforschung finden Sie heraus, ob Sie glauben, sich an »unwahren« Erfahrungen wegen verborgener Verpflichtungen festklammern zu müssen, ob Sie ihnen widerstehen oder sie sogar loslassen können. Sie sehen, ob Ihre Beziehung zu der Erfahrung für Sie eine Quelle des Leidens oder des Glücks darstellt. Und hierin erkennen Sie, wie wenig oder stark Sie sich damit identifizieren.

Damit sind wir schon fast beim letzten Schritt von RAIN angelangt: der Nicht-Identifikation / Befreiung. Doch ehe ich dazu komme, lassen Sie uns der Erforschung noch eine persönlichere Note verleihen. Im nächsten Unterkapitel geht es nur um Sie.

Fragen zur Selbstverortung

Erinnern Sie sich noch an die acht Bewusstseinsstufen? Durch Erforschung gelingt es Ihnen leichter, sich in diesem Modell zu verorten. Tabelle 5 mag Ihnen dabei eine Orientierung geben. Der Einfachheit halber habe ich einige Ebenen zusammengefasst. Es geht lediglich darum, Ihnen ein Gefühl für die Komplexität Ihres Geistes zu vermitteln. Diese erkennen Sie schon an der Art der Fragen, die sich an die Ausführungen von Jennifer Garvey Berger aus dem Buch *Changing on the Job* anlehnen (2012, S. 117):

Bewusstseinsstufe	Typische Fragen
Opportunist	• Was springt für mich dabei heraus? • Haben andere genau das Gleiche? • Wer ist hier verantwortlich und setzt die Dinge durch? • Welche Belohnung gibt's für das Erreichen oder Übertreffen der Ziele? • Welche Konsequenzen erwarten mich beim Verfehlen der Vorgaben?
Diplomat und Experte	• Was werden die anderen sagen? • Wie wird sich dadurch mein Ansehen in meiner Kerngruppe oder Rolle verändern? • Wer kann mir sagen, ob ich's richtig oder falsch gemacht habe? Wie erfahre ich das? • Mache ich das richtig? • Machen andere das richtig?
Erfolgsmensch	• Wie bringt dies meine größeren Ziele, Werte oder Prinzipien voran? • Welchen Beitrag leisten andere dazu? Mit wem muss ich mich abstimmen oder zusammenarbeiten? • Woher weiß ich, dass es für mich richtig ist, das zu tun? • Liegt es in meinem Zuständigkeitsbereich, dies zu tun? Ist es gut, mich mit diesem Problem zu beschäftigen? • Wie könnte ich dabei mit anderen zusammenarbeiten? • Wie entwickle ich die Standards, um meinen Erfolg zu beurteilen?

Bewusstseinsstufe	Typische Fragen
Individualist und Transformator	• Was kann ich daraus lernen? • Welche Annahmen über die Welt geben den Anstoß für *mein* Handeln oder *meine* Meinung und wie verhält sich das bei den anderen um mich herum? • Sind die Rahmenbedingungen für dieses Thema im Einklang mit der Art und Weise, wie ich die Welt sehe? • Wie arbeite ich mit anderen zusammen, um dieses Thema zu gestalten und umzugestalten? Wie verändert das Thema uns? • Was verlieren wir im Erfolgsfall und was gewinnen wir beim Scheitern?

Tab. 5: Selbstreflexion in Abhängigkeit von der Bewusstseinsstufe

Besonders die letzten Fragen in der Tabelle geben ein Gefühl dafür, wie groß der Unterschied zwischen einem selbsttransformierenden und einem noch weniger kultivierten Bewusstsein ist. Auch im Umgang mit abweichenden Meinungen zeigt sich die geistige Reife. Nehmen wir an, es geht um eine bestimmte Frage, in der Sie und der andere entweder gleich oder exakt gegensätzlich denken. Wie gehen Sie dann mit der jeweiligen Haltung um? Versuchen Sie bitte, sich selbst mithilfe von Tabelle 6 einzuschätzen (nach Garvey Berger 2012, S. 121):

Bewusstseinsstufe	Du denkst wie ich.	Du denkst anders als ich.
Opportunist	Du hast die richtigen Werte und Sichtweisen. Du hast den Durchblick und fügst die Fakten richtig zusammen.	Entweder bist du für oder gegen mich. Wenn du gegen mich bist, liegst du falsch und siehst die Dinge nicht logisch oder moralisch einwandfrei oder korrekt. Da du da irgendwie nicht richtig tickst, erscheint es mir unwahrscheinlich, dass ich mit dir grundsätzlich eine gemeinsame Basis finden werde.

Bewusstseinsstufe	Du denkst wie ich.	Du denkst anders als ich.
Diplomat und Experte	Du bist einer von »uns«. Wenn du meine Ansichten auf diesem Gebiet teilst, wirst du wahrscheinlich auch meine Überzeugungen bei anderen Dingen teilen, die »uns« betreffen.	Du gehörst zu »denen«. Vielleicht könntest du irgendwann einer von »uns« werden, wenn du dein Verhalten änderst. Es könnte einen Weg der Übereinkunft geben. Je nachdem, wie wichtig das Thema für mich ist, könnte ich eventuell eine gemeinsame Grundlage mit dir finden.
Erfolgsmensch	Wir beide teilen bestimmte Sichtweisen zu dem Thema. Das muss aber nicht heißen, dass wir auch zukünftige Themen aus demselben Blickwinkel sehen.	Ich versuche, die Gründe für deine andere Meinung zu verstehen. Manchmal helfen mir gerade die Menschen, die nicht mit mir übereinstimmen, meine Argumente zu verfeinern und zu gestalten. Ich kann deiner Logik folgen – und sie vielleicht schätzen, unabhängig von deiner Meinung zu diesem speziellen Thema.
Individualist und Transformator	Du und ich mögen in diesem Punkt einer Meinung sein, aber ich vermute, wir haben wahrscheinlich ein ganz anderes Verständnis dafür, wie wir das Thema angehen und wie wir aus vermutlich vielen interessanten, unterschiedlichen Gründen dennoch zusammenfinden. Ich bin neugierig auf die Unterschiede, die uns letztlich trotzdem die Einigung finden lassen.	Ich bin an allen Sichtweisen auf jegliches Thema interessiert, weil sie mein Denken voranbringen und mir helfen dazuzulernen. Vielleicht ändert deine andere Sichtweise ja meine Meinung oder fügt meinem Denken neue Nuancen hinzu. Ich erkenne in der Tat, dass der einzige Grund, warum ich felsenfest an meiner Sichtweise festhalte, darin besteht, dass jemand anderes mit Überzeugung die entgegengesetzte Perspektive vertritt. So erschafft und ermöglicht deine konträre Perspektive in gewisser Weise erst die meine.

Tab. 6: Beurteilen der Blickwinkel anderer je nach Bewusstseinsstufe

Übung zur Erforschung

Naturgemäß bietet das Kapitel über die Erforschung vielleicht mehr als jedes andere in diesem Buch viele Ansatzpunkte zur Selbstreflexion. In dieser Übung werden Sie einfach Ihre gegenwärtige Erfahrung beobachten. Sie können die Praxis aber wie schon erwähnt auch auf andere erforschenswerte Objekte anwenden, etwa auf die Frage, wie Sie mit Andersdenkenden umgehen.

Erforschung bedeutet ja, jeden Prozess, der von sich aus geschieht, aufmerksam zu untersuchen. Sie lädt unsere Erfahrungen dazu ein, sich vor unserem inneren Auge zu entfalten, während wir sie beobachten und uns mit ihnen beschäftigen. Wie funktioniert das?

Wir beginnen wieder mit dem ABC Centering nach Mark Walsh:

Awareness

1. Sitzen Sie aufrecht, Füße auf dem Boden.
2. Spüren Sie Ihren Körper. Wie geht es Ihnen?

Balance

3. Richten Sie sich so aus, dass Sie vollkommen aufrecht und zentriert sitzen.

Core Relaxation

4. Entspannen Sie die Vorderseite Ihres Körpers und Ihren Bauch.
5. Atmen Sie tief durch die Nase ein und vollständig durch den Mund aus.

Wie geht es Ihnen jetzt?

Nun fahren wir fort. Widmen Sie 15 Minuten der Untersuchung Ihren Erfahrungen, die von Augenblick zu Augenblick kommen und gehen. Zweck der Übung ist es, sich zu gestatten, dort zu sein, wo man ist. Weisen Sie Ihre Erfahrungen nicht zurück, selbst wenn sie unangenehm sein sollten. Lassen Sie sie zu. Begegnen Sie ihnen mit der Offenheit eines kleinen Kindes – neugierig und unvoreingenommen –, dann werden sie sich vor Ihnen entfalten. Die Erfahrungen plätschern wie ein Gebirgsbach von einem Moment zum nächsten. Je länger Sie das Wahrgenommene sein lassen, wie es ist, und sich jeder Veränderung interessiert zuwenden, verwandeln sich alles in einen steten Strom. So wird aus der Erforschung eine Forschungsreise.

Am Ende des 15-minütigen Ausflugs nehmen Sie sich noch zehn Minuten Zeit zum Nachdenken und Nachspüren. Sie haben innere Widerstände gespürt? Wo in Ihrem Körper haben Sie diese wahrgenommen? Dann machen Sie sich ihre Präsenz bewusst. Sie haben die Widerstände zugelassen? Gut! Denken Sie auch hierüber nach. Wann stieg der Widerstand in Ihnen auf? Wann hat das Zulassen die Oberhand gewonnen? Wie hat sich das angefühlt? Was war das Erleben in Ihrem Körper? Wie hat sich vielleicht auch Ihre Atmung verändert? So erkennen Sie die Gefühle, in die Sie eingreifen wollten. Sie verstehen, was in Ihnen Ablehnung, Vermeidung, Manipulation oder eine andere Art der Einmischung hervorgerufen hat.

Je deutlicher Sie erkennen, was Sie zulassen und was Ihren Widerstand auf den Plan ruft, desto mehr werden Sie den Unterschied wertschätzen.

So öffnet Ihnen die Erforschung die Tür zur Befreiung.

Merke

Erforschung *(Inquiry)* bedeutet, jede Erfahrung und jeden Prozess, die im Hier und Jetzt von sich aus geschehen, aufmerksam zu untersuchen. Dieses achtsame Erforschen erstreckt sich auf die vier Daseinsfaktoren Körper, Gefühle, Geist und Wahrheit. Mit der Erforschung gelingt es, mentale Konstrukte zu entlarven und zu sehen, was wirklich *ist*.

---

4. BEFREIUNG – Abschied vom Ego

»Es gibt nur wenige Momente in der Geschichte, in denen ein Sport eine Nation nicht nur vereinen, sondern auch definieren kann«, schrieb die ABC-News-Reporterin Laureen Effron (2013) über den Rugby World Cup 1995. Worauf sie anspielte, war Nelson Mandelas große Transformation.

Erst im Jahr davor war Mandela zum Präsidenten Südafrikas gewählt worden. Die Jahrzehnte der Apartheid hatten im Land tiefe Wunden gerissen. Als Mandela vor seine Wähler trat, schrien sie und schwangen

Banner mit der Aufschrift: »Wir wollen Waffen, Mandela. Gib uns Waffen.« Doch der Mann, der für die Abschaffung der Rassentrennung mehr als ein Vierteljahrhundert in Gefängnissen der Weißen gesessen hatte, wollte keine Rache. Er wollte endlich Frieden zwischen Schwarz und Weiß.

Im Verlauf des Turniers schafften es die *Springboks*, die Mannschaft Südafrikas, was man in Deutschland wohl ein »Wintermärchen« nennen würde: Sie erreichten das Finale der Weltmeisterschaft. Am 24. Juni 1995 liefen die Mannschaften des Gastgebers und Neuseelands dann im Ellis-Park-Stadion auf. Schwarz und Weiß waren nach Johannisburg gekommen, um *ihre* Mannschaft siegen zu sehen. Schon diese friedliche Gemeinschaft von Sportfans wäre in Zeiten der Apartheid undenkbar gewesen. Aber das war erst der Anfang.

Vor dem Anpfiff betrat Nelson Mandela den Rasen, in dem grünen Trikot und der Basecap der *Boks*. In der Kleidung einer *weißen* Mannschaft schüttelte er *weißen* Spielern vor einem überwiegend *weißen* Publikum die Hände. Und dann reckte er die Faust in die Luft, zum Gruß der *schwarzen* ANC. Das Publikum jubelte.

Mit dieser Geste löste er die Dualität auf zwischen den »rassistischen Weißen« hier und den »freiheitsliebenden Schwarzen« dort. Er verschmolz die Pole, ohne die es nie eine Politik der Rassentrennung gegeben hätte. Für ihn gab es nur eins: Menschen. ●

Dies ist die höchste Stufe der vertikalen Entwicklung.

Der britische *Independent*-Korrespondent John Carlin, der über das Weltcup-Finale im Ellis-Park-Stadion berichtete, beschrieb Mandela als die charismatischste Person, der er je begegnet sei. Er verglich ihn gar mit Abraham Lincoln. Aber Charisma ist nicht dasselbe wie *Mind Movement Mastery*. Mandela besaß beides im Überfluss.

Sie erinnern sich noch an *Ubuntu*? Wörtlich bedeutet das Bantuwort ja: »Ich bin, weil wir sind.« Oder wie Mandela es ausdrückte: »Nur wegen anderer Menschen sind wir Menschen.« Da gibt es keinen Raum mehr, in den der Hass auf das andere noch hineinpasst.

Warum erzähle ich diese Geschichte? Weil Nelson Mandela sich von den Denkmustern seiner Leute befreit oder sie nie übernommen hatte. Ob und wie oft er überhaupt an Rache dachte, wissen wir nicht. Doch wir wissen, dass seine Umgebung den Ruf nach Vergeltung oft genug skandiert hatte. Was immer davon auf ihn niedergerieselt war, er hatte es sofort wieder abgeschüttelt. Oder – und da sind wir beim Thema – er hatte sich nicht mit den allgegenwärtigen Rachegedanken *identifiziert.*

Im RAIN-Prozess sprechen wir von Befreiung oder fachsprachlich von *Non-Identification.*

Mandela hatte sich mit dem begnügt, was er war: ein Mensch. Oder wie Eckhart Tolle es ausdrückt: Ich muss nicht etwas werden. Ich bin schon. Ich muss nur vorstoßen zu diesem verschütteten Selbst und es »herauslassen«. Durch Befreiung haben es große Leader wie Mandela und Gandhi geschafft, anderen Menschen Räume zu eröffnen. Das ist eine wunderbare Definition von Leadership.

Wie jede Stufe des RAIN-Prozesses so beginnt auch die Nicht-Identifikation beim eigenen Selbst. *Ich* löse mich von dem Neid, damit er nicht länger ein Teil von mir ist. *Ich* befreie mich von dem »Versager«, damit mein überkritischer, längst verstorbener Vater mir nicht länger den Schneid abkauft. *Ich* löse mich von der Vorstellung, nur dann Anerkennung zu finden, wenn ich mehr leiste als alle anderen. Der Buddhismus nennt Nicht-Identifikation den Ort des Erwachens, das Ende des Festhaltens, wahren Frieden – *Nirwana.*

> **Je weniger ich als Subjekt und je mehr ich als Objekt erlebe, desto freier kann ich gestalten. Ich habe mehr Räume, die ich nutzen kann, für mich und andere.**

Bestimmt erinnern Sie sich noch an den Vergleich der Wahrnehmung einer Biene mit der unsrigen. »Jeder Geist erschafft sich seine eigene Welt«, lautete die Lehre daraus. In den vom tibetischen Vajrayana-Buddhismus geprägten Formen der Meditation erreichen wir eine Einsicht in die Realität, in der wir erkennen, dass alles Objekt ist. Das bedeutet, alles ist vom Geist mit Bedeutung *aufgeladen.* Alles ist vom Geist gemacht.

Wenn mein Geist einer bestimmten Erfahrung seinen Stempel aufdrückt, dann kann der Stempelabdruck kein Teil von mir sein. Ich muss ihn also nicht auf mich beziehen, mich nicht mit ihm identifizieren. Steht da also »ABGELEHNT«, dann ist das nur Stempelfarbe. Es bedeutet nicht, dass ich die Erfahrung tatsächlich zurückweisen muss. Vielleicht hat den Stempel meine Mutter angefertigt und mir eingebläut, ihn bei genau solchen Erfahrungen zu benutzen. Aber seitdem haben sich die Zeiten geändert, und was damals galt, ist heute nur noch albern. Also, weg mit dem alten Stempel! Höchste Zeit für *Non-Identification.*

Wenn Sie mit der Befreiung Ihre ersten Schritte gehen, mag es Sie befremden, sich immer wieder klarzumachen: »Ich bin nicht meine Gedanken. Ich bin nicht meine Gefühle. Gedanken und Gefühle kommen und gehen.« Aber dieser Lehrsatz wird mit der Zeit Wirkung zeigen. Heute sagen Sie vielleicht noch: »Ich bin wütend.« Dann ist die Wut ein Teil von Ihnen. Durch die Erfahrung der Nicht-Identifikation werden Sie lediglich feststellen: »Da ist Wut.« Dann ist die Wut ein Objekt, mit dem Sie umgehen können. Und dann sind Sie frei.

Facetten der Freiheit

Mehr Freiheit bedeutet mehr Verantwortung. Denn alles *können* heißt nicht alles *tun*. Wohin es führt, wenn Menschen alles tun, was sie können, zeigt der mitunter verbrecherische Umgang mit der Umwelt und mit der Gesundheit anderer. So exportieren deutsche Unternehmen nach wie vor Pestizide nach Südamerika, die in Europa wegen ihrer *nachgewiesenen* Gefahr für die Gesundheit verboten sind. Alles im Rahmen der Gesetze. In Lateinamerika zerstört das Giftzeug dann die Natur, macht Menschen krank, kommt im Orangensaft wieder zu uns nach Europa zurück und macht uns hier ebenfalls krank. Warum? Weil die maßgeblichen Leader verantwortungslos entscheiden und weil sie es *können*. Wir sollten also nicht jede Freiheit ausnutzen. Sie endet da, wo sie die legitimen Freiheiten anderer beschneidet.

Je freier ich mich entscheiden kann, desto größer ist auch die Möglichkeit des Scheiterns. Auf die Spitze getrieben heißt das:

 Ein Maximum an Freiheit bedeutet den maximalen Verlust an Sicherheit.

Und zugleich bietet die Freiheit grenzenlose Chancen. Als ich in einer Meditation erstmals die Befreiung vollkommenen Erwachens spürte, weinte ich hemmungslos. Das ist die Erfahrung der *völligen* Loslösung vom Ich mit all seinen mentalen Konstrukten, das man gemeinhin als *Awakening* bezeichnet. Im Zustand des Erwachens wird uns bewusst, dass der Zustand der Getrenntheit und Dualität, in dem wir uns bisher befunden haben, nichts als eine Illusion ist.

Die wahre Natur der Befreiung

Alle Menschen auf Erden teilen ein Grundbedürfnis: den Wunsch glücklich zu sein und Leiden zu vermeiden. Insofern wird in der buddhistischen Lehre die Sehnsucht nach einem Zustand vollständigen, ununterbrochenen Glücks als Heimweh nach unserer »wahren Natur« bezeichnet.

Solange der Autopilot die Kontrolle hat, ist es jedoch schwer, sich von Dingen zu befreien, die uns Leiden zufügen oder uns unglücklich machen. Befreiung auf mentaler Ebene ist ein Loslösen von den Anhaftungen. Das ist so, als würden Sie einen engen Bleigürtel tragen, der Ihnen die Luft abschnürt und Sie ständig runterzieht. Würden Sie von einer Klippe springen, um das Problem zu lösen? Das täte schlimmstenfalls jemand, der den Gürtel als Teil seines Ichs ansieht und sich über ihn identifiziert. Doch Sie würden das natürlich nicht machen. Sie würden den Bleigürtel abnehmen, ihn in den Keller verbannen oder gleich ganz entsorgen.

Sobald Sie Ihren Geist von den lästigen Anhaftungen emanzipiert haben, fühlen Sie sich leichter, befreiter: Sie lassen Dinge geschehen, sodass sie kommen und wieder gehen. Dieses tiefere Bewusstsein eröffnet Ihnen neue Handlungsspielräume. Sie erlangen innere Unabhängigkeit.

Stellen Sie sich diese Nicht-Identifikation bitte nicht wie einen Schalter vor, den man nur finden und umlegen muss, und ab dann läuft alles wie geschmiert. Es mag sein, dass Sie sich von manchen Anhaftungen sehr leicht befreien, andere dagegen so fest an Ihnen hängen wie Kletten im Fell eines Wolfs. Dieser über die verschiedenen Bewusstseinsstufen verlaufende Prozess der Befreiung lässt sich in folgende vier Ebenen aufteilen:

1. *Jenseits von Gedanken und Gefühlen:* Ich bin nicht alles, was ich denke oder fühle.
   Mir ist bewusst, dass da noch ein Stück Mama, Papa, Opa, Oma oder auch traumatische Erfahrungen mitmischen. Aber auf deren inneres Geplapper muss ich nicht hören. Genauso wird mir bewusst, dass mein Denken von kulturellen und gesellschaftlichen Konventionen geprägt ist. Diese können manchmal hilfreich, mitunter aber auch limitierend sein. Gedanken und Gefühle kommen und gehen.
   Ich entscheide, wie ich mit ihnen umgehe.

2. *Jenseits vom Selbst:* Ich bin mehr als mein Ego.
   Wer oder was bin *ich* jenseits all meiner Identifikationen wie
   Beruf, Besitz, Beziehungen, Name …? Ich erkenne, dass das Selbst
   konstruiert ist, stoße zu einer tieferen Wahrheit vor und lasse das
   Ego hinter mir.

3. *Jenseits von Zeit und Dualität:* Ich bin nicht getrennt.
   Alles ist eins. Ich betrachte mich als Teil eines großen Ganzen, in
   dem sich alles, mich eingeschlossen, im Fluss befindet und sich
   jegliche Polaritäten aufgelöst haben.

4. *Jenseits von individuellem Bewusstsein:* Ich bin alles und nichts.
   Es gibt keinen Betrachter (Subjekt), nichts, was betrachtet wird
   (Objekt) und keine Betrachtung (Aktivität). Alles ist reines Bewusstsein und alle Formen sind Manifestationen dieses reinen Bewusstseins.

Befreiung ist also ein Kontinuum, das sich bis hin zu dem Zustand erstreckt, von dem Kalu Rinpoche sagte:

> »*Wir leben in Illusion und dem Erscheinen von Dingen. Es gibt eine
> Realität. Wir sind diese Realität. Wenn du das verstehst, siehst du,
> dass du nichts bist, und wenn du nichts bist, bist du alles. Das ist
> alles.*«

Im Rahmen dieses Buches behandeln wir hauptsächlich die erste (unte-
re) dieser vier Ebenen. Hier und da kratzen wir bereits an Level 2. Was
darüber hinausreicht, bedarf in den meisten Fällen einer angeleiteten,
jahrelangen Praxis.

Auf Level 1 geht es hauptsächlich um Konzentration, Achtsamkeit und
Fokus sowie um Präsenz und um das Bewusstmachen der mentalen Konstrukte unseres psychologischen Immunsystems. Wie wir gesehen haben,
sind diese unbewussten Konstrukte eine Rüstung, die uns schützt, und
zugleich ein Korsett, das uns mit großer Kraft einzwängt. Die Kunst besteht darin, nur die Teile der Rüstung abzulegen, die Sie einengen und
deren Schutz Sie nicht (mehr) benötigen.

Der dekonstruierende Geist

85 Prozent der Menschen schließen von sich auf andere. In den Theorien zur vertikalen Entwicklung von Führungskräften spricht man hier von »konventionellen Leadern«. Sie sind nicht in der Lage, überhaupt zu verstehen, dass andere ein und dieselbe Situation ganz anders wahrnehmen als sie. Dazu müssten sie sich von ihren mentalen Konstrukten lösen. Das gelingt nicht durch Kurse zur Verhaltensänderung, sondern nur durch vertikales Lernen.

Ein solcherart entwickelter Geist folgt dann seinem Besitzer. Er ist nicht länger das ungezähmte Pferd, das spontanen Impulsen nachgibt. Auch plappert und hüpft er nicht ständig wie ein aufgedrehter Tempelaffe. Vielmehr erkennt der einstige Choleriker die Welle der Wut, schon während sie sich erhebt. Zudem weiß er um ihre Ursachen und Reaktionsmuster. Diese dekonstruierende Achtsamkeit versetzt ihn in die Lage, sein Denken und Handeln bewusst zu steuern: »Ja, da kommt die Welle. Doch ich kann sie ausrollen lassen, ohne ihr zu folgen.«

Auch Zeit ist ein Konstrukt unseres Geistes. Oft ist unser Konzept vom großen Fluss der Zeit, auf dem wir antriebslos treiben, recht nützlich. Wie schon im Kapitel »Das Jahrhundert des Leistungswahns« gezeigt, narrt uns das mentale Zeitkonstrukt mit allerlei Trugbildern. Zeit ist eben nicht Geld, auch wenn die VUKA-Welt uns das ständig einreden will. Wir werden unsere grundlegenden Probleme nicht allein mit besserem Zeitmanagement meistern.

Die Wahrheit ist: Wir brauchen ein besseres Energiemanagement. Zeit kann niemand aufhalten. In einem stressigen, fordernden Job gelingt Transformation nur dann, wenn wir lernen, achtsamer mit unserer Energie umzugehen. Vielleicht lädt die Achtsamkeit Ihren Akku nicht mehr so weit auf wie bei einem Zwanzigjährigen. Doch sobald Sie gelernt haben, mit Ihrer Energie im Sinne von Mindfulness *geistvoll* zu haushalten, werden Sie überrascht sein, wie viel Kraft und Ausdauer Sie zurückgewinnen.

Wenn ich in der Überschrift zu diesem Thema also vom »dekonstruierenden Geist« spreche, dann meine ich damit nicht mentale Anarchie. Irgendjemand muss meinen Geist führen und das Beste ist, wenn *ich* das bin und keine unreflektierten eingeimpften Gedanken, Gefühle, Weltdeutungen und Wertungen.

Befreiung bedeutet also, sich selbst zu durchschauen. Sich seiner Subjektivität, seiner Muster und Gewohnheiten gewahr zu sein und sie einzudämmen, wenn sie uns oder anderen nicht guttun. Und all das nicht mit dem Gefühl, sich verbiegen zu müssen, sondern mit souveräner Gelassenheit. Denn:

> **Der Geist ist ein guter Diener,**
> **doch ein schlechter Herr.**

All das bedeutet nicht das Ende von Wut, Enttäuschung, Überforderung oder Ängsten. Ein Mensch ohne Emotionen wäre innerlich tot. Aber es bedeutet das Ende der Unterwerfung unter diese Emotionen. Wer sich innerlich befreit, kann destruktive Impulse vorbeiziehen lassen wie die Welle, die ausrollt. Anders gesagt: Sie hüpfen nicht länger über jedes Stöckchen, das der unstete Geist Ihnen vor die Füße wirft.

Übung zum Energie-Check

Sie brauchen Energie für Ihre Arbeit, für Ihre Gesundheit, in Krisensituationen und ganz allgemein zum Bewältigen des Alltags. Wenn Sie die folgende Befragung von Zeit zu Zeit wiederholen, sehen Sie, ob und wo sich Ihre Energiepotenziale verändern.

Sie können die Übung einfach in Frage-und-Antwort-Form durchführen. Es nützt Ihrer Konzentration und erleichtert spätere Vergleiche, wenn Sie sich die Antworten auf einem Blatt Papier notieren und mit dem aktuellen Datum versehen.

Noch mehr Bewusstheit für Ihre Energie erreichen Sie, wenn Sie die Übung als meditative Praxis durchführen, wie ich es im Kapitel »Tipps für die tägliche Praxis« und der sich anschließenden »Übung zur Achtsamkeit für Gedanken« beschreibe.

SINN

> Welche Werte leiten mich in meinem Leben?

> Was sind die wichtigsten Aufgaben in meinem Leben?

> Wie fühle ich mich mit meinem Umfeld verbunden?

> In welchen Situationen empfinde ich Erfüllung und tiefes Glück?

OPTIMISMUS

> Welche Talente und Fähigkeiten zeichnen mich aus?

> Was gibt mir die Zuversicht, in meinem Leben erfolgreich zu sein?

> Auf welche Ressourcen kann ich mich immer verlassen?

GESTALTUNG

> Welche Gestaltungsräume habe ich in meinem Leben?

> Wie nutze ich diese Gestaltungsräume bereits heute?

> Welche Räume könnte ich mir darüber hinaus erschließen?

> Was kann ich beeinflussen?

> Wie könnte ich meine Gestaltungsräume erweitern?

Abb. 11: Energie-Check: Sinn, Optimismus, Gestaltung

Resilienz – Rücksprung aufs wahre Ich

Das achtsame Befreien von mentalen Konstrukten hat noch einen weiteren positiven Effekt: Resilienz. In Verbindung mit dem RAIN-Prozess meine ich damit psychische Belastbarkeit. Aufschlussreich ist in diesem Zusammenhang, was das lateinische Wurzelwort *resiliere* bedeutet, nämlich »zurückspringen«.

Ein Mensch mit Resilienz kann in einer belastenden Situation gleichsam zur »wahren Natur« seines Ichs zurückspringen. Er klammert sich also nicht ans Leid, den Stress oder die Wut mit all ihren denkbaren Konsequenzen, sondern kehrt zurück ins Hier und Jetzt, zu dem, was gerade *ist*. Das bedeutet nicht, mit allem einverstanden zu sein. Es heißt vielmehr, Erfahrungen und Geschehnisse unvoreingenommen zu betrachten, auch unter schwierigen Umständen das große Ganze im Blick zu behalten und seine Handlungsspielräume flexibel zu nutzen.

Leider wird Sie die Resilienz nicht unverwundbar machen. Wir bleiben immer verletzlich, weil Schwierigkeiten und Schmerzen nun mal Teil unseres Lebens sind. Wer resilient ist, verbündet sich mit der eigenen Verletzlichkeit. Wie wir noch sehen werden, würden wir durch Widerstand nur den Leidensdruck erhöhen. Je bewusster und akzeptierender Sie Ihre Verletzlichkeit wahrnehmen und sich fürsorglich um sich selbst kümmern, desto mehr wird Ihre psychische Widerstandskraft zunehmen.

Wie wir gesehen haben, ist das RAIN-Prinzip ein machtvolles Werkzeug. Achtsamkeit und furchtlose Präsenz bringen echten Schutz. Wenn wir der Welt mit Bewusstheit, Akzeptanz, Erforschung und Nicht-Identifikation begegnen, entdecken wir, dass Freiheit möglich ist, wo immer wir sind, so wie der Regen aufkommt und alle Dinge gleichermaßen nährt. Ohne Identifikation können wir mit Sorgfalt leben, sind aber nicht mehr an die Ängste und Illusionen des kleinen Selbstgefühls gebunden. Wir sehen die geheime Schönheit hinter allem, was wirklich *ist*.

Merke

Im Nicht-Identifizieren mit mentalen Konstrukten und stillen Verpflichtungen *(Hidden Commitments)* liegt das Wesen der Befreiung. Sie ist die Rückkehr zu unserer *wahren Natur*.

DIE UMSETZUNG: Führung für bewegte Zeiten

Vielleicht hatten Sie beim Lesen dieses Buches irgendwann einen Aha-Moment, ein Aufmerken Ihres Bewusstseins, das Ihnen sagte: »Du musst unbedingt etwas ändern.« Das wäre erfreulich. So erfreulich wie gute Neujahrsvorsätze. Damit sich bei Ihnen *dauerhaft* etwas ändert, müssen Sie nun »nur« noch mit der Arbeit des Wachsens beginnen, mit dem vertikalen Lernen.

Wie erwähnt erlebt eine Führungskraft einen wahren Quantensprung ihrer Leadership Skills durch die Transformation von der Bewusstseinsebene des Erfolgsmenschen zu der des Individualisten und darüber hinaus. Auch jeder folgende Entwicklungsschritt auf der Stufenleiter des Bewusstseins ist ein echter Paradigmenwechsel. Während der Individualist integrativ denkt, agiert der Transformator – wie der Name schon sagt – transformativ. Seine Weltsicht ist globaler und umfasst mehrere Generationen. Der Alchemist schließlich sieht sich aus seinem erwachten, über das Individuelle hinausgehenden Bewusstsein heraus als Teil eines universellen Ganzen. Sein hohes Maß an Präsenz und komplexem Denken erlaubt ihm, viele Situationen auf mehreren Ebenen gleichzeitig zu meistern.

Sie können sich kaum vorstellen, jemals dort hinzugelangen? Es wäre schon verwunderlich, wenn Sie es könnten, denn dann wäre Ihr Denken schon recht weit kultiviert. Bei den meisten wird der Fokus am Anfang ihrer Entwicklung auf dem eigenen Körper liegen: Sie lernen, ihn bewusster wahrzunehmen und sorgsamer damit umzugehen. Dieser Prozess und das sich anschließende Stärken der emotionalen und sozialen Intelligenz greifen ineinander wie die Stränge zweier fest miteinander verflochtener Taue. Hier schließt sich dann das Kultivieren der »Ego-Reife« an.

Dieser ab der Bewusstseinsstufe des Individualisten eintretende Zustand verändert die innere subjektive Welt des Seins. Das Ich befreit sich von Prägungen und Anhaftungen und erlangt so eine Tiefe, die viel komplexere Formen der Führung ermöglicht, als Ihnen heute vielleicht denkbar erscheint.

Leadership im Umbruch

Die VUKA-Welt erzwingt innere und äußere Transformation, und je weiter das 21. Jahrhundert voranschreitet, desto mehr werden die alten Führungsstile versagen. Niemand kann verlässlich vorhersagen, wie die Arbeits- und Geschäftswelt in zehn oder gar 20 Jahren aussehen wird. Sicher ist nur, *dass* sie anders aussehen wird.

Wissenschaftler beschäftigten sich erstmals Anfang des 20. Jahrhunderts intensiver mit der Frage, was eine starke Führungspersönlichkeit auszeichnet. Damals glaubte man, es genüge, die Eigenschaften und Vorgehensweisen »großer Männer« zu studieren, um aus normalen Führungskräften Heroen der Wirtschaft zu machen. Schon das enorme Wirtschaftswachstum in der ersten Hälfte des 20. Jahrhunderts zeigte nicht nur in Nordamerika, dass es kaum genügend »große Männer« gab, um all die vakanten Managementposten zu besetzen. Die Forschung begab sich auf die Suche nach neuen Konzepten.

Eine Definition von 1930 konstatiert: »Führung ist Persönlichkeit unter Gruppenbedingungen in Aktion. […] Ferner ist sie ein sozialer Prozess.« (Reams 2017) In den späten 1960ern beschreiben die Wissenschaftler die Erfordernisse für Manager mehr situativ. An die Stelle der drei Säulen des Seins – dem Leader, den Gefolgsleuten und den gemeinsamen Zielen – treten drei prozessorientierte Faktoren, die jedem Teil des Unternehmens entspringen können:

◆ Richtung: Was ist unser Ziel? Wo wollen wir hin?
◆ Anpassung: Welche Kurskorrekturen brauchen wir zur Zielerreichung?
◆ Engagement: Wie viel müssen wir tun, um ans Ziel zu gelangen?

Der Leader muss seinen Führungsstil an das Entwicklungsniveau und die Bedürfnisse der Mitarbeiter sowie an die jeweiligen Umstände anpassen. Seine Rolle besteht sowohl im Anweisen als auch im Unterstützen des Teams.

Im Fortgang der Forschung zeigte sich, dass auch bei Führungskräften Methoden der vertikalen Entwicklung von Erwachsenen zum Einsatz kommen sollten. Diese neue Dimension ergänzte die drei Hauptaspekte der Kognition – Selbstbeobachtung, Wille und Glauben – durch Sinn und Bedeutung.

Damit stehen wir an der Schwelle zur transformationalen Führung, ein Konzept, das der US-Politologe und Historiker James MacGregor Burns 1978 einführte. Sie verlangt das Wachstum der Persönlichkeit des Leaders und das Stärken seiner sozialen und emotionalen Kompetenzen. In einem Satz:

> **Transformationale Führung erfordert vertikales Lernen (ego development) zur Entwicklung eines neuen Typs von Leader.**

Dies belegt auch die jüngere Forschung. So beobachtete Nicola C. Vincent als Ergebnis einer Studie, dass »eine Präferenz für Intuition mit einer signifikant höheren Bewusstseinsentwicklung verbunden« ist (2014). Hier kommt wieder Ken Wilbers AQAL-Modell mit den vier Quadranten ICH, ES, WIR und SIE ins Spiel. Lassen Sie uns die Stoßrichtung der nötigen Transformation von Führungskräften verdeutlichen, indem wir die vier Ebenen um 90 Grad drehen. Wie Abbildung 12 zeigt, wendet uns der im Zentrum stehende Manager jetzt den Rücken zu. Um mit *Mind Movement Mastery* zu führen, muss er in allen vier Quadranten operieren und darf keinen vernachlässigen.

Schauen wir uns das für Führungskräfte modifizierte AQAL-Modell nun etwas genauer an: Vor sich sieht der Leader das kurzfristige »ES«: das nächste Quartalsziel, das überfällige Angebot, die Produkte und Dienstleistungen, die Talentförderung … Dieses ES verschlingt, wie Befragungen von Managern zeigen, 80 bis 95 Prozent ihrer Zeit. Die Ironie: Große Geschäftserfolge finden in den anderen drei Quadranten statt.

Solange sich der Manager von der Tyrannei des »Heute« treiben lässt, wird er kaum die »Moral seiner Truppe«, das kollektive Gefühl für Wichtigkeit und die Führungspositionen stärken. Er wird das Business vielleicht managen, aber nicht führen.

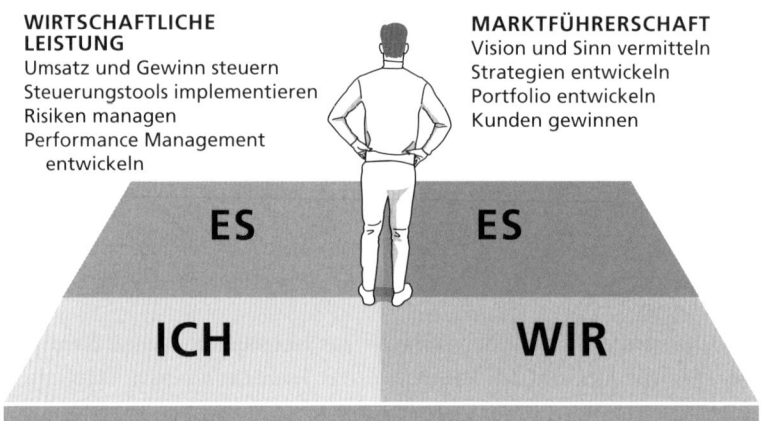

WIRTSCHAFTLICHE LEISTUNG
Umsatz und Gewinn steuern
Steuerungstools implementieren
Risiken managen
Performance Management
 entwickeln

MARKTFÜHRERSCHAFT
Vision und Sinn vermitteln
Strategien entwickeln
Portfolio entwickeln
Kunden gewinnen

ES ES

ICH WIR

PERSÖNLICHE LEISTUNG
Bewusstsein und Denken transformieren
Energie und Ressourcen entwickeln
Sinn und Motivation finden

MENSCHENFÜHRUNG
Beziehungen und Vertrauen pflegen
Hochleistungsteams entwickeln
Unternehmenskultur transformieren

Abb. 12: Das AQAL-Modell für Leadership

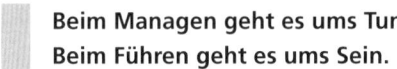

Beim Managen geht es ums Tun.
Beim Führen geht es ums Sein.

Das »ICH« befindet sich hinter der linken Schulter des Leaders. Hier geht es um die Achtsamkeit für sich selbst sowie um die persönliche und vertikale Entwicklung. Hinter der rechten Schulter des Leaders schließlich liegt das zwischenmenschliche »WIR« mit dem Identifizieren des »Wegs« und dem Gestalten der Unternehmenskultur. Ferner gehört zum WIR die Entwicklung von Führungsmannschaften und ihren Leadership-Qualitäten sowie von leistungsstarken Teams.

Versuchen Sie, das auf Führungskräfte zugeschnittene AQAL-Modell zu verinnerlichen. Dann kann es Ihnen im Alltag helfen, auch solche Perspektiven zu berücksichtigen, an die Sie bislang vielleicht weniger gedacht haben.

Die Herausforderungen der VUKA-Welt meistert ein Leader nicht, wenn er weiter auf das kurzfristige ES starrt wie das Kaninchen auf die Schlange. Seine Transformation beginnt erst, wenn er sich stärker auf das langfristige ES, das ICH und das zwischenmenschliche WIR konzentriert und mit Blick darauf die Regeln für das Business neu schreibt. Zwar hört man heute viele Lippenbekenntnisse zum WIR – »Menschen sind unsere wertvollste Ressource« –, doch in Wahrheit widmen die Manager alten Zuschnitts den Großteil ihrer Zeit und Kraft weiter dem operativen Geschäft und den Finanzen.

Weltweit gibt es bisher nur sehr wenige Führungspersönlichkeiten, die den notwendigen Weg der Transformation gehen. Auf die Gefahr hin, mich zu wiederholen: Um aus den 85 Prozent der konventionellen Manager aufzusteigen, kommen Sie ums vertikale Lernen und die Kultivierung Ihres Bewusstseins nicht herum. Ihre Entwicklung muss in allen Quadranten des AQAL-Modells zugleich erfolgen.

Übung zu Führungsprinzipien

Nach welchen Prinzipien führen Sie bisher? Folgende Übung soll Ihnen dabei helfen, dies festzustellen. Sie brauchen dafür Papier und Stift sowie einen ruhigen Ort.

Nehmen Sie die Meditationshaltung ein, schließen Sie die Augen und richten Sie Ihre Aufmerksamkeit auf den eigenen Atem. Halten Sie dabei die Aufmerksamkeit. Erst, wenn Ihr Körper und Ihr Geist zur Ruhe gekommen sind, beginnen Sie mit der Reflexion über Ihre Führungsprinzipien anhand der folgenden oder eigenen Fragen. Ich orientiere mich hier an den drei Dimensionen »Persönlichkeit«, »Rollen« und »Führungskontext«:

1. *Meine Persönlichkeit:*
   - Was sind die Werte und Kriterien meiner Führung?
   - Auf welchen inneren Leitbildern und Vorstellungen beruht, wer ich bin und wie ich führen will?
   - An welchen Überzeugungen und Grundsätzen liegt mir besonders viel?
   - Welche Prinzipien geben mir in der Hektik des Alltags Halt und Orientierung?
   - Was möchte ich durch meine Führungsarbeit bewirken?
   - Worin sehe ich die größten Herausforderungen, die mein Team und ich heute und in Zukunft meistern müssen?

2. Meine Rollen:

- Wie beschreiben andere mein typisches Führungsverhalten?
- Was erwarten meine Mitarbeiter, Kollegen und andere von mir als Leader?
- Woran erkennen andere und ich selbst, dass ich einen schlechten Tag als Leader habe?
- Wie passt meine Rolle als Führungskraft zu mir als Person, meinen Werten und meinen Idealen?
- Wohin möchte ich mich als Führungskraft entwickeln?

3. Mein Führungskontext:

- Welche Werte und Maßstäbe müssten wir im Team weiterentwickeln, um die großen Herausforderungen zu stemmen?
- Wie viel Zeit widme ich dem operativen Geschäft bzw. meinen Führungsaufgaben?
- Wie organisiere ich meine Führungsarbeit? Welche Priorität räume ich ihr ein? Wie bin ich für meine Mitarbeiter erreichbar?
- Teilen wir im Team eine gemeinsame Vorstellung über Sinn und Aufgaben von Führung?
- Wie gelange ich zu Informationen und Beurteilungen?
- Wie schaffe ich mit meinen Mitarbeitern ein gemeinsames Verständnis von Führung, das uns heute und in Zukunft trägt?

Ganz wichtig: Interpretieren oder kritisieren Sie Ihre Antworten nicht. Bleiben Sie offen und neugierig. Erzwingen Sie nichts. Geben Sie sich Zeit, die Antworten sollen von selbst kommen. Ob Sie sich dabei die Fragen einzeln stellen oder sie irgendwie zusammenfassen, spielt keine Rolle. Beobachten Sie einfach, welche Antworten aus Ihnen aufsteigen. Gerade zu Beginn mögen diese reflexhaft hervorschießen. Solche »einprogrammierten« Feedbacks legen Sie am besten zunächst auf die Seite. Ihre Antworten müssen keiner inneren Logik folgen. Sie sollen einfach geschehen.

Erstaunlicherweise gibt es dieses Erkunden der eigenen Führungsprinzipien nur sehr selten in den üblichen Seminaren für Führungskräfte. Vielleicht wundern Sie sich über die Wörter, die aus Ihrem Innern aufgestiegen sind. Viele erwarten Begriffe wie Effizienz oder Zielorientiertheit. Tatsächlich stehen da vielleicht Wörter wie Freundlichkeit, Fairness, Großzügigkeit, vorurteilsfreier Respekt, Liebe oder Wahrheit. Das ist kein Fehler. Ganz im Gegenteil. Es verrät, was Ihnen beim Führen wirklich wichtig ist.

Natürlich bringt diese Selbstreflexion nur etwas, wenn sie in Handeln mündet, angefangen bei Ihnen und danach bei allen Menschen, auf die sich Ihr Einfluss erstreckt. Je genauer Sie Ihre Werte und Prinzipien kennen, desto besser werden Sie diese im Alltag leben. Die daraus erwachsende Haltung und innere Stärke wird Sie davor schützen, die Prinzipien in einer Notsituation über Bord zu werfen. Machen Sie Ihre Führungsprinzipien zu Ihrem Kompass, der Ihnen den Weg durch schwierige Entscheidungsprozesse zeigt.

Sich selbst führen – klar, konzentriert, konsequent

Gestern war ich schlau, daher wollte ich die Welt verändern.
Heute bin ich weise, daher will ich mich selbst verändern.
RUMI

Wie wir gesehen haben, beginnt der Aufstieg in die höheren Entwicklungsebenen der Leadership im ICH-Quadranten des AQAL-Modells: beim Selbst. Er führt über die RAIN-Prozess-Stufen Bewusstheit, Akzeptanz, Erforschung und Befreiung zu einer umfassenden, grundsätzlich wohlgesonnenen Achtsamkeit gegenüber sich selbst und anderen. Dieser Prozess löst die Immunität gegen Veränderung *(Immunity to Change)* schrittweise auf und lässt uns den Autopiloten im Kopf mehr und mehr abschalten. Soweit die Theorie. Fragt sich nur: Wie erreiche ich *Mind Movement Mastery* im Alltag?

»Ja, ich weiß, ich muss Soft Skills entwickeln und authentischer sein«, antworten viele Manager, wenn ich ihnen das Konzept der Selbsttransformation ans Herz lege. Authentizität kann aber auch gespielt sein. Sich selbst zu führen bedeutet, die eigene Führung zu hinterfragen: die eigenen Rollen, die Werte und Ziele – alles, was für mich als Mensch und Leader und für mein Verhalten bedeutsam ist.

Dafür ist es erforderlich, zu sich selbst auf Distanz zu gehen und das eigene Handeln quasi von der Zuschauerbank aus kritisch und trotzdem konstruktiv zu untersuchen. Nur mit genügend Abstand zum eigenen Ich kann man die Grundannahmen und Glaubenssätze sehen, die das eigene Handeln hintertreiben. Solange wir uns diese »inneren Landkarten« nicht bewusst machen, erkennen wir nicht, wohin wir uns weiterentwickeln müssen. Die blinden Flecken unseres Bewusstseins engen unsere Sicht immer weiter ein und wir können vieles nicht verstehen.

Wer sich selbst führen will, muss den Fokus auf die eigene Energie richten, also auf die Frage: Wie kann ich mich selbst mit Energie versorgen oder die vorhandene Energie im Fluss halten? Die dazu nötige umfassende mentale Transformation geht mit innerem Wachstum einher.

Das erfordert einen qualitativen Wandel, und zwar nicht nur bezüglich des Wissens, sondern auch in Bezug auf Weltsicht oder Denkweise. Wir sprechen hier also wieder einmal von vertikaler Entwicklung: dem Verändern des Gefäßes. Horizontales Lernen mag diesen Prozess begleiten – dann entwickeln wir uns durch *In-Form-ation*. Vertikales Wachsen verlangt jedoch tatsächlich die Form unseres Verständnisses zu verändern, und das bedeutet *Trans-Form-ation*.

Lassen Sie uns nun die praktischen Aspekte dieser Selbsttransformation etwas näher betrachten.

Wege der Selbsttransformation

Mensch sein heißt,
sich verändern zu können.
Viktor E. Frankl

Es gibt Menschen, die mühen sich ein Leben lang redlich, ihr Wissen zu mehren, und es gibt Menschen, denen fliegt scheinbar alles zu. Sie sehen einem Klavierspieler zu und spielen anschließend Klavier. Sie lesen in einem aufgeschlagenen Buch beide Seiten *gleichzeitig* und kennen den Inhalt danach auswendig. Man nennt sie Inselbegabte oder Savants, was »Wissender« bedeutet. Der Savant Kim Peek, genannt »Kimputer«, inhalierte seinen Lesestoff auf diese Weise. Er soll über 12 000 Bücher im Kopf gehabt haben. Das Erstaunliche ist: Einige Inselbegabte erwerben ihre Fähigkeiten durch ein spontanes Erlebnis. Orlando Serrell flog im Alter von zehn Jahren ein Baseball gegen den Kopf. Seitdem besitzt er ein

»Kalender-Gehirn«: Er weiß heute noch, welche Farbe die Socken seines Nachbarn am Freitag, dem 13. Januar 2012 hatten.

Viele Savants leiden unter dem Asperger-Syndrom: Sie haben große Probleme, die Perspektive anderer Menschen einzunehmen, was ihnen die soziale Interaktion erheblich erschwert. Offenbar besaßen und besitzen viele Genies beklagenswert wenig Empathie. Dennoch beweisen Menschen wie der »Kimputer« und Orlando Serrell, zu welch unglaublichen Höchstleistungen der menschliche Geist fähig ist. Und zumindest einige Inselbegabte zeigen, dass wir nicht ein Leben lang auf ein geistiges Level festgelegt sind.

Nur wenige Menschen werden ihren Geist spontan in einen erleuchteten Zustand transformieren. Ich kann Ihnen auch nicht empfehlen, sich dafür Bälle gegen den Kopf werfen zu lassen. Doch es bieten sich andere Möglichkeiten. Mein persönlicher Königsweg ist die Meditation.

Spiritualität

Vielleicht spielt heute der Buddhismus eine Rolle dabei,
dass die Menschen der westlichen Welt an die geistige Dimension
ihres Lebens erinnert werden.
Dalai Lama Tenzin Gyatso

Wie wir im Kapitel über den RAIN-Prozess gesehen haben, ist echte Achtsamkeit oder Mindfulness ein geistiger Prozess, der die eigene Aufmerksamkeit auf die Erfahrungen im Hier und Jetzt lenkt. Sprachen die Menschen im antiken Rom über den Geist, benutzten sie das lateinische Wort *spiritus*. Daraus entstand unser heutiger Begriff »Spiritualität«, den wir nun etwas tiefer ausleuchten wollen.

Was ist das überhaupt, diese Spiritualität? Vielleicht Frömmigkeit? Oder die nominelle Mitgliedschaft in einer Religionsgemeinschaft? Im Gegenteil. Nicht wenige sagen ja: »Mit Gott habe ich kein Problem, nur mit seinem Bodenpersonal.« Das größte Hindernis für Spiritualität ist ihre Institutionalisierung im Rahmen von Religionen. Was also ist Spiritualität jenseits aller religiösen Dogmen?

Spiritualität ist eine positive Grundhaltung, die das Geistige als Teil der Wirklichkeit annimmt und den Menschen für eine größere Wirklichkeit öffnet und mit ihr verbindet.

In seinem Buch *Integrale Vision* vertritt Ken Wilber die Auffassung, dass jeder von uns spirituelle Intelligenz besitzt (2009, S. 139–148). Ein spiritueller Mensch zerbricht sich weniger den Kopf darüber, was passieren könnte, und wartet nicht ewig auf ideale Bedingungen. Stattdessen *handelt* er und erwartet einen guten Ausgang. Selbst wenn ungünstige Ereignisse dazwischenfunken, werden sich die Dinge für ihn oft besser entwickeln als für denjenigen, der sich von seinen Bedenken leiten lässt. Doch Spiritualität kann wesentlich weiter gehen.

Kürzlich habe ich von einer Taucherin gehört, die in der Schwerelosigkeit des Meeres regelmäßig eine sogenannte *Peak Experience* durchlebt: Sobald sie ihren Kopf unter Wasser taucht, blendet sie die ganze Welt draußen aus. Sie hört nur noch ihren Atem, ist schwerelos und ein Teil des aquatischen Kosmos. Solche spirituellen Gipfelerfahrungen erfordern keine Religiosität. Ähnliches erleben laut Umfragen etwa 75 Prozent aller Menschen. Man kann sogar lernen, solche Zustände der erweiterten Bewusstheit herbeizuführen und länger aufrechtzuerhalten. Dann sprechen wir vom Flow.

Der »einfach gestrickte Geist« scheint für derlei spirituelle Grenzerfahrungen aufgeschlossener zu sein, weil er weniger stark durch die naturalistische oder materialistische Weltanschauung geprägt ist. Ein Christ etwa mag seine Spiritualität aus der Bibel und dem Gebet schöpfen. Der Psychologe Arthur P. Ciaramicoli und Katherine Ketcham schreiben in ihrem Buch *Der Empathie-Faktor* (2001, S. 225):

> *»Gebete sind ein sanfter Weg sich in Demut zu üben […] Das schlichte Bitten um Hilfe ist gut für die Seele, aber es dient auch Geist und Körper; und aus der Perspektive der Einfühlung betrachtet sind Gebete auch gut für andere, was noch wichtiger ist. In einer Reihe von Experimenten, die Herbert Benson an der medizinischen Fakultät von Harvard durchführte, zeigte er, dass Beten gewisse psychische Veränderungen stimuliert, die zur ›Entspannungsreaktion‹ führen.«*

Es ist kein Geheimnis, dass Menschen, die sich in ihrer Gemeinde oder ihrer Religionsgemeinschaft aktiv einsetzen, mehr soziale Unterstützung und mehr Trost erfahren. Sie tun sich leichter mit einer sich an Gefühlen orientierenden Bewältigungsstrategie, die selbst aus schrecklichsten Erfahrungen etwas Positives ziehen kann. Gemäß dem *American Journal of Public Health* zeigten wissenschaftliche Untersuchungen darüber hinaus, »dass religiöse Menschen insgesamt gesünder und mit schweren Erkrankungen länger leben als nicht religiöse« (Oman, Reed 1998, S. 1469–1475).

In unserer heutigen eher säkularen Welt tun sich viele schwer damit zu beten. Die Wissenschaft kann Gott nicht im Labor untersuchen. Heiliges lässt sich weder zählen noch messen. Der Physiker und Nobelpreisträger Max Planck hat einmal gesagt (1949, S. 331 f.):

> »[...] für den Naturforscher [ist] das einzig primär Gegebene der Inhalt seiner Sinneswahrnehmungen und der daraus abgeleiteten Messungen. Von da aus sucht er sich auf dem Wege der induktiven Forschung Gott und seiner Weltordnung als dem höchsten, ewig unerreichbaren Ziele nach Möglichkeit anzunähern. Wenn also beide, Religion und Naturwissenschaft, zu ihrer Betätigung des Glaubens an Gott bedürfen, so steht Gott für die eine am Anfang, für die andere am Ende alles Denkens. Der einen bedeutet er das Fundament, der andern die Krone des Aufbaues jeglicher weltanschaulicher Betrachtung.«

Der Glaube an einen persönlichen oder universellen Schöpfer und die Wissenschaft müssen sich also nicht widersprechen. Tatsächlich haben den Großteil unseres heutigen naturwissenschaftlichen Fundaments gläubige Wissenschaftler wie Sir Isaac Newton, Johannes Kepler und viele andere gelegt. Man kann mit beiden Beinen auf dem Fundament der Wissenschaften stehen und trotzdem ein sehr gläubiger, spiritueller Mensch sein. Der Jesuit, Anthropologe und Philosoph Teilhard de Chardin hat dies sehr schön zum Ausdruck gebracht: »Wir sind nicht menschliche Wesen, die spirituelle Erfahrungen haben, sondern spirituelle Wesen, die menschliche Erfahrungen machen.«

Meditation

Viele begeben sich auch abseits der Religionen auf die »Suche nach dem Heiligen« und der Selbst-Transzendenz. Ich habe das Meditieren für mich als Weg der Spiritualität entdeckt. Dass ich dabei auf Techniken zurückgreife, die auf den tibetischen Buddhismus zurückgehen, widerspricht nicht den Erkenntnissen der modernen Wissenschaften. Albert Einstein hat einmal gesagt:

»Die Religion der Zukunft wird eine kosmische sein. Sie sollte [...] Dogma und Theologie vermeiden. Indem sie sowohl das Natürliche als auch das Spirituelle umfasst, sollte sie auf einem religiösen Sinn beruhen, der aus der Erfahrung aller natürlichen und spirituellen Dinge als tiefer Einheit erwächst. Der Buddhismus entspricht diesen Maßstäben. Wenn es irgendeine Religion gibt, die den Ansprüchen moderner Wissenschaft gewachsen ist, heißt sie Buddhismus.«

Vermutlich wusste Einstein, wie Gautama Buddha seine Schüler sogar zur kritischen Überprüfung aller Lehren ermuntert hatte:

Glaube nichts, weil ein Weiser es gesagt hat.
Glaube nichts, weil alle es glauben.
Glaube nichts, weil es geschrieben steht.
Glaube nichts, weil es als heilig gilt.
Glaube nichts, weil ein anderer es glaubt.
Glaube nur das, was Du selbst als wahr erkannt hast.

In seinem ursprünglichen Wesen ist der Buddhismus also von sehr praktischer Natur. Er geht den Dingen mit heiterer Gelassenheit auf den Grund, vor allem, um das uns innewohnende Potenzial des Geistes zu entfalten. Nach buddhistischer Tradition sind wir im Hier und Jetzt schon heil und ganz. Wir müssen nur nach und nach den Zugang zu dieser lichten Seite unseres Ichs freilegen. Und hierbei hilft die Meditation. Da spreche ich aus Erfahrung …

Wie ich den Elefantenpfad fand

Meine Reise zur Meditation ist eine kuriose Geschichte, in der ein Krimiautor, ein katholischer Priester und ein Harvard-Professor tragende Rollen spielen.

Am Anfang stand wie so oft eine große Krise. In meinem Fall die Trennung von der Mutter meines damals einjährigen Sohnes. Danach quälten mich riesige Schuldgefühle. Ich wusste nicht, wie es privat und im Job weitergehen sollte. Mein Leben lag in Trümmern. Zu dieser Zeit entsann ich mich der Bücher über Zen-Buddhismus, die ich im Alter von 15 Jahren gelesen hatte. Ein Autor, Janwillem van de Wetering, der sonst immer Kriminalromane schrieb, stach dabei besonders

hervor. Sein Buch *Der leere Spiegel*, in dem er seinen einjährigen Auf-
enthalt in einem japanischen Zen-Kloster in den 1950er-Jahren beschrieb,
hatte mich als Jugendlicher sehr stark beeindruckt.

Bis zu meiner großen Lebenskrise hatte ich mich ausschließlich theoretisch mit Spiritualität beschäftigt. Nun traf ich einen katholischen Priester,
der mich erstmals ganz praktisch mit der Meditation in Kontakt brachte.
Dies war der Beginn meiner Reise auf dem Weg des Erwachens. Von
diesem erhabenen Seinszustand – dem *Awakening* – war ich zu Beginn
allerdings weit entfernt. Anfangs diente mir die Meditation mehr als Kon-
zentrationstraining, das die Gedanken zunächst an eine lange Leine legt,
die ich allmählich immer mehr zu verkürzen lernte.

Später führten mich weitere Lehrer an andere Formen der spirituellen
Praxis und Meditation heran. Für viele Jahre waren dann vor allem die Vi-
passana-Meditation und der Diamond Approach meine spirituelle Heimat.
Letzterer ist ein von Hameed Ali (als Autor bekannt unter A. H. Almaas)
begründeter Weg, der alte spirituelle Weisheitslehren mit moderner Psychologie verbindet.

Trotz meiner Fortschritte in der Erforschung *(Inquiry)*, in Achtsamkeit,
Präsenz und dem urteilslosen Wahrnehmen hatte ich irgendwann das Gefühl festzustecken. Meine Entwicklung trat auf der Stelle. Zu diesem Zeitpunkt traf ich auf Daniel Brown. Er ist klinischer Psychologe und Professor
an der Harvard Medical School. Außerdem zählt er zu den renommiertesten
Meditationslehrern der Gegenwart. Dan besitzt die seltene Gabe, uns
»Westlern« die tibetische Meditation im *Pointing Out Style* zu vermitteln.
Über Jahrhunderte galt diese Lehre als geheim, ihre Lehrer überlieferten sie
nur mündlich.

Dan und den Lehrern seiner Linie verdanke ich unendlich viel. Der große
Wendepunkt war für mich mein erstes Retreat mit ihm im Januar 2015.
Hier lernte ich eine für mich völlig neue Form des Meditierens kennen. Statt
tage- oder wochenlang schweigend zu sitzen, erlebte ich den *Pointing Out
Style*, in dem Dan mich mit genauen Instruktionen von Meditation zu Meditation führte. Das war intensivstes Training, bei dem jede Meditation auf
der vorangegangenen aufbaute. Nach jeder Session tauschte Dan sich mit
mir über meine Erfahrungen aus. Dann gab er neue Instruktionen für die
nächste Praxis. Schon nach *einer* Woche führte er mich zu Erfahrungen, die
alles überstiegen, was ich bis dahin für möglich gehalten hätte.

Ich durfte Einsichten in die wahre Natur der Dinge und in Dimensionen
jenseits unserer 3D-Realität gewinnen. Erst jetzt erkannte ich, wie blind

ich bisher gegenüber dieser größeren Realität gewesen war. Wie bei den meisten Menschen, so hat dieses Erwachen auch bei mir starke Emotionen ausgelöst. Es fühlte sich wie eine Heimkehr an: Der Geist kehrt zurück zu seiner wahren Natur. Das Erwachen meines Bewusstseins, im Englischen *Awakened Awareness* genannt, hat mich und mein ganzes Leben von Grund auf verändert.

Seitdem arbeite ich in dieser Form jedes Jahr mehrere Wochen mit Dan zusammen. Außerdem praktiziere ich für mich täglich tibetische Meditation. Die Anleitung und regelmäßige Supervision durch Dan und meine eigene tägliche Praxis brachten mich bald an einen Punkt, an dem ich meine Einsichten und Erkenntnisse mit anderen teilen konnte und wollte.

Heute sind Meditation, Erforschung, vertikale Entwicklung, Embodiment und Yoga wichtige Schlüsselelemente in meinen Leadership-Programmen und Executive-Coachings zu *Mind Movement Mastery*. Zusammen mit meiner Lebenspartnerin, der Yoga- und Embodiment-Lehrerin Eva Klein, durfte ich vielen Menschen zu mehr Achtsamkeit und Körperbewusstsein verhelfen, darunter auch zahlreichen Topmanagern. ●

Meine Geschichte mag für Sie vielleicht ein wenig befremdlich klingen. Falls Sie vor allem in der Businesswelt unterwegs sind, kommen Sie hier mit einem anderen Kosmos in Kontakt, der scheinbar so weit entfernt ist von Konferenzräumen, Business-Lounges und Skype-Meetings. Doch ich kann Ihnen versichern, dass mein Wirken als Berater und Executive Coach im Business jeden Tag ungemein von der Welt des Spirituellen profitiert. Ich hätte es früher wohl selbst nicht für möglich gehalten, aber tatsächlich waren meine Erkenntnisse aus den Retreats und der Meditation der Schlüssel für meine heute vielfach erhöhte Effektivität und Zufriedenheit in der Geschäftswelt.

Wie dieses Buch hoffentlich zeigt, gründet die Praxis, die ich lebe und lehre, auf sehr wirksamen Übungen und Erkenntnissen. Sie integriert verschiedene psychotherapeutische Richtungen, reicht aber deutlich weiter. Statt nur Symptome oder Krankheiten zu behandeln, geht es um die Rückbindung an die »wahre Natur«, nach der wir uns unbewusst sehnen, obwohl die wenigsten sie je erkennen.

Und warum heißt dieses Kapitel nun »Wie ich den Elefantenpfad fand«? Nun, der Elefant ist eine im Buddhismus gebräuchliche Metapher für unseren Geist, den wir durch die Meditation zunächst an eine sehr lange Leine nehmen, die wir dann zunehmend verkürzen. Auf den höchsten Stufen führt der Elefantenpfad zum sogenannten Samadhi, einem Zustand tiefster Klarheit und Stille, in dem jegliches methodisch fortschreitende Denken zum Stillstand kommt. In diesem Zustand verflüchtigt sich die Unterscheidung zwischen Erkennendem, Erkenntnis und Erkanntem. Das Bewusstsein befindet sich jenseits des normalen Ich-Bewusstseins des Geistes.

Der neunstufige Elefantenpfad ist die Königsdisziplin der Konzentrationsmeditation. Und wie der Name schon andeutet, ist er keine plötzliche »Aschenputtel-Verwandlung«, nicht mal ein Dreisprung, der in einem Wochenendseminar zu bewältigen ist.

Meditation als spiritueller Stufenweg

Zwischen der Theorie zur Erwachsenenentwicklung (*Adult Development Theory*) und der Meditation gibt es viele Übereinstimmungen, vergleichbar mit den verschiedenen Routen zu einem Berggipfel. Beide Wege führen über verschiedene Bewusstseinsstufen. Beide sind mit harter Arbeit verbunden, vergleichbar mit einem Ausdauer- und Krafttraining. Und beide »Aufstiege« werden am Ende reich belohnt.

Wie beim körperlichen Training folgt auch die Meditation dem Prinzip der Anspannung und Entspannung: Erst belasten wir den Geist, dann darf er sich erholen, ehe wir ihn – nun mit höherer Intensität – erneut belasten. Ebenso wie ein Leistungssportler ein klares Ziel, etwa die Teilnahme an den Olympischen Spielen, vor Augen hat, so verfolgt auch jeder, der einen spirituellen Weg mit Ernsthaftigkeit beschreitet, ein Ziel. Ob er nun gelassener oder fokussierter werden will oder nach Glück oder Erleuchtung strebt.

Im Unterschied zum Leistungssportler erkennt der Meditierende aber bald, dass ihn das Ziel einerseits motiviert, andererseits aber auch sabotiert. Denn je mehr er dem Ziel nachjagt, desto mehr verliert er den aktuellen Moment. Und nur dieses Hier und Jetzt fokussiert die Meditation. Auf seinem Stufenweg muss der Meditierende so alles hinter sich lassen und sich von all seinen Vorstellungen und Illusionen befreien: seinen Gedanken, seinen Zielen, seinen Identifikationen, von all seinen vermeintlichen Realisationen, ja selbst von den so verheißungsvollen besonderen Zuständen wie Stille, Glückseligkeit oder strahlendem Licht. Selbst die Illusion von einem Meditierenden oder einer Meditation als einer Aktivität muss er hinter sich lassen. Jenseits aller Illusionen von Zeit, Raum,

Dualität und selbst der Leere tun sich ihm schließlich Räume und Felder auf, die sich jeder Beschreibung entziehen. Hier ist niemand mehr, der meditieren würde, keine Meditation, kein Subjekt, kein Objekt, kein Tun. Die Meditation öffnet sich gegenüber sich selbst.

Auf diesem Weg, der mit Worten nur unzulänglich zu beschreiben ist, entstehen immer häufiger zunehmend lange Lücken im Gedankenstrom, in denen der Geist gleichermaßen still und ruhig wie wachsam und aufmerksam ist. Diese Phasen des sogenannten *Mind Only* sind ein entscheidender Meilenstein auf dem Weg zum *Awakening*. Im tibetischen Buddhismus bezeichnet man die Realisation des erwachten Bewusstseins als das Ende der sogenannten *First Map,* der ersten von insgesamt drei »Landkarten« der spirituellen Entwicklung.

Lassen Sie sich nicht entmutigen, wenn das fortschreitende Vorangehen auf diesem Weg Ihr bisheriges Weltbild erschüttert. Sie nehmen die Realität anders wahr, und sogar Ihr bisheriges Ich mag dabei ins Wanken geraten. Bisher hat Ihnen dieses Ich Sicherheit gegeben wie ein fester Burgturm. Und jetzt wackelt und bröckelt der Bergfried des Egos wie bei einem starken Erdbeben. Ich erinnere mich noch, wie ich das erstmals in einer Meditation erlebt habe. Da saß nicht ich auf diesem Kissen. Da saß gar kein Ich. Auf diesem Kissen saß … *niemand.* Da fand nur noch Sitzen statt. Das Sitzen geschah.

Was ich da erlebt hatte, war eine Gipfelerfahrung wie bei der Taucherin, die ganz mit der Unterwasserwelt verschmolz. Danach fühlte ich große Angst. *Löse ich mich irgendwann völlig auf?,* schoss es mir durch den Kopf.

Viele brechen an diesem Punkt ab und meditieren womöglich nie wieder. Wenn das Ego ins Wanken gerät und seine bislang scheinbar solide Substanz zu bröckeln beginnt, fürchten die meisten Menschen, fortan im Alltag immer weniger zu »funktionieren«. Doch das genaue Gegenteil ist der Fall. Der Zustand des erwachten Bewusstseins ermöglicht Ihnen ständigen Zugriff auf Konzentration und Fokus, auf Gelassenheit und Effizienz sowie auf Kreativität und Spitzenleistung.

Was Sie durch Ihr erwachendes Bewusstsein erleben, unterscheidet sich gar nicht so sehr von jenen Gipfelerfahrungen, die jeder irgendwann erlebt. Bei manchen ist der Auslöser ein atemberaubender Sonnenuntergang in den Bergen oder am Meer. In solchen Momenten ist für uns alles eins: das Himmelsfeuer, das Betrachten und wir als Betrachter. Fälschlicherweise vermuten die meisten Menschen, ihre Gipfelerfahrung entspringe solchen Szenerien. Aber diese sind nur die Trigger, wie wir in der Meditation erkennen. Im Erlebnis des überwältigenden Sonnenuntergangs spüren wir uns selbst jenseits aller Illusionen der Getrenntheit.

Je weiter wir auf dem Stufenweg voranschreiten, desto mehr können wir die anfangs nur kurzen Erfahrungen von *Awakened Awareness* zu immer längeren Phasen ausdehnen. Schließlich brauchen wir dafür nicht einmal die Meditationshaltung, sondern können im Alltag an jedem Ort zu jeder Zeit in das erwachte Bewusstsein wechseln. Bis es irgendwann Ihr Normalzustand ist, den Sie ständig halten. Damit haben Sie dann das Ende der *Second Map*, der zweiten »Landkarte« der spirituellen Entwicklung, erreicht.

Wie Sie wissen, ließ ich mich durch meine zunächst etwas beunruhigende Gipfelerfahrung nicht von meinem spirituellen Weg abbringen. Ich lief weiter. Und je weniger mein Ich die Realität versperrte, desto bewusster nahm ich mich wahr und bewältigte den Alltag vor allem immer effektiver. Das durch die Meditation erlangte bewusste Erwachen half mir, mich nicht länger an Dinge zu klammern. Unangenehme Erfahrungen ließ ich einfach durch mich hindurchgehen. Damit entsteht eine unglaubliche Gelassenheit. Alles geschieht. Was für eine Befreiung!

Erleuchtung ohne Heiligenschein

Auch wenn Mindfulness sich immer größerer Beliebtheit erfreut, zählt die innere Transformation durch Meditation immer noch zu den selten geübten Praktiken, und das nicht nur bei Führungskräften. Wer sie anwendet, der ist, gemäß Eckhart Tolle, ein »spiritueller Pionier«. Solche Menschen haben, wie er in seinem Buch *Jetzt!* beschreibt (2011) …

> »… einen Punkt erreicht, an dem sie imstande sind, aus ererbten kollektiven Verstandesmustern auszubrechen, die die Menschheit seit Ewigkeiten im Angekettetsein an das Leiden gehalten haben«.

Ein anderes Buch, das ich im zarten Alter von 15 Jahren gelesen habe, trägt den Titel *Zen-Buddhismus und christliche Mystik* (1968). Es stammt aus der Feder des Jesuitenpaters Hugo Makibi Enomiya-Lassalle, der auch Zen-Meister war. Lassalle belegt eindrücklich, dass die Mystiker des Christentums letztlich das Gleiche gelehrt haben wie der Buddhismus. In Letzterem spielt, ebenso wie in der Mystik, der Zustand der Erleuchtung eine besondere Rolle. In monotheistischen Religionen spricht man auch von »Gotteserfahrungen« und der mystischen Vereinigung mit dem höchsten Wesen, Buddhisten streben nach der Buddhanatur.

Menschen, die mystische Erlebnisse kategorisch als »esoterische Spinnerei« abtun, tun sich mit dem Konzept der Erleuchtung möglicherweise schwer. Tatsächlich gibt es keine einheitliche Definition des Erleuchtungsbegriffes. Selbst die einzelnen Schulen des Buddhismus verstehen ihn auf unterschiedliche Weise. Buddha beschrieb die Erleuchtung schlicht als »Ende allen Leidens«. Nach Eckhart Tolle ist die Erleuchtung (2011, S. 26) …

> *»… ganz einfach dein natürlicher Zustand von empfundener Einheit mit dem Sein. In diesem Zustand bist du mit etwas Unermesslichem und Unzerstörbarem verbunden, mit etwas, das paradoxerweise du selbst bist und das zugleich etwas viel Größeres ist als du. Es geht um das Entdecken deiner wahren Natur jenseits von Name und Form.«*

Nun werden die wenigsten den erleuchteten Zustand erreichen, der ins Nirwana führt. Dorthin gelangt der Mensch entgegen landläufiger Meinung nicht erst durch das Ausbrechen aus dem Rad des Lebens und die völlige Auslöschung nach dem Tod. Vielmehr hatte Buddha mit dem »höchsten Glück« des Nirwanas eine Befreiung von jeglicher Unruhe des Geistes gemeint, von allen Anhaftungen und Grundannahmen und somit von allem Leid. Erleuchtung funktioniert also ganz ohne Heiligenschein. Das klingt doch gar nicht so schlecht, oder?

Weniger Widerstand, weniger Leid

Der Psychologe und Neurowissenschaftler Ulrich Ott zeigt in seinem Buch *Meditation für Skeptiker* (2010), dass der »Weg zu sich selbst« auch ohne religiösen Überbau möglich ist. Sie sehen sich trotzdem nicht als Kandidat fürs Nirwana? Nun, wie der Soziobiologe Robert Wright schreibt, bedeutet »zu sagen, dass man etwas niemals erreichen wird […] nicht dasselbe wie zu sagen, dass man sich ihm nicht annähern kann« (2018, S. 304).

Mein Klient Peter, Geschäftsführer eines Familienunternehmens in Hamburg, sagte: »Das Einzigartige am Leadership-Training, das Achtsamkeit einschließt, ist, dass nicht von mir verlangt wird, anders zu sein. Ich darf noch mehr der sein, der ich bereits bin.« Wie ist er zu dieser

Erkenntnis gelangt? Durch die Meditation, die er in einem Leadership-Training kennen und schätzen gelernt hat. Später haben wir die Praxis im Coaching vertieft. Wie viele meiner Klienten, so hat auch er die regelmäßige Praxis der Meditation fest in sein Leben integriert und seitdem fast täglich davon profitiert.

Was ist dieses *Sein,* von dem er da spricht und um das es in der Meditation geht? Er meint damit die »innerste unsichtbare und unzerstörbare Essenz« des Individuums, sein »eigenes tiefstes Selbst«, seine »wahre Natur«. Das Sein findet im Augenblick statt, im Hier und Jetzt, nicht in der Vergangenheit und auch nicht in der Zukunft. Bereits Geschehenes war früher einmal real, im Hier und Jetzt ist es irreal.

Das klingt banal, ist aber bedeutungsvoll, weil unser Verstand sich ja am liebsten mit der Vergangenheit und der Zukunft beschäftigt. Ohne die beiden könnte er gar nicht existieren, obwohl doch gerade die Vergangenheit uns ständig dieselbe Leier vorspielt. Das kann ungemein nützlich sein, wenn die Prägung aus guten Grundsätzen, Empathie und anderen positiven Einflüssen besteht. Doch die meisten Leute tragen eher schwer an einem Rucksack von Dingen, die sie herunterziehen.

All die in den Kellern des Unbewussten aufgehäuften Konditionierungen erzeugen Widerstand, sobald ein Trigger sie auslöst. Im besten Fall empfinden wir den Gegenangriff unseres Unbewussten als Unbehagen, oft jedoch als seelischen und/oder körperlichen Schmerz – und dann leiden wir. Mit einem geänderten Bewusstsein könnten wir uns dies ersparen, denn ein altes buddhistisches Sprichwort sagt: »Schmerzen sind unvermeidlich. Leiden ist optional.« Mit dieser Erkenntnis im Sinn können wir das Leiden der Psyche auf eine einfache Formel bringen:

Leiden = Schmerz × Widerstand

Angenommen Sie sind mit Ihren Ergebnissen nicht zufrieden und fühlen sich damit unwohl. Anstatt Ihre Rahmenbedingungen oder Ihren Perfektionismus zu hinterfragen, begegnen Sie dem Schmerz mit vermehrtem Widerstand: Sie strengen sich mehr an, werfen Pillen ein und treiben »zum Ausgleich« immer exzessiveren Sport. Nach obiger Formel verstärken Sie dadurch Ihr Leiden, im schlimmsten Fall bis zum Burn-out.

In der Meditation ersetzen Sie den Widerstand durch ein akzeptierendes, mitfühlendes Mitschwingen mit allen Erfahrungen. Dadurch sinkt im Sinne obiger Gleichung der Leidensdruck, der Geist beruhigt sich.

Möglicherweise stoßen Sie dabei auch auf tiefe Dankbarkeit für das Geschenk und die Wunder des Lebens.

Wie bildgebende Verfahren zeigen, sind der präfrontale Kortex und die Amygdala bei Menschen, die seit Jahren regelmäßig meditieren, vergrößert. Offenbar nehmen sie das Leben bewusster und intensiver wahr. Beim Verdrängen unangenehmer Erfahrungen muss das Gehirn viel Energie aufwenden. Akzeptanz erspart einem diese Kraftverschwendung und leitet die Energie in positive Aktivitäten um.

Je stärker Sie in der Meditation Ihre eigene Bewusstheit und Präsenz fokussieren, desto eher kann der daraus entstehende Welleneffekt auch Ihr Unternehmen und Ihr ganzes Umfeld verwandeln. Die damit verbundene Klarheit verbessert Ihr Mitgefühl und die Freude am friedlichen Schulterschluss. Sie verschaffen sich neuen Raum für bewusste, mutige Entscheidungen und kreative Ideen.

Entmachten von Vergangenheit und Zukunft

Manchmal ist die Beschäftigung mit der eigenen Vergangenheit durchaus nützlich, etwa wenn sie in die Gegenwart hineinstrahlt und Gefühle weckt oder Blockaden errichtet, die Ihr Handeln einschränken. Hier vorurteilsfrei zu untersuchen, was mich da ängstigt oder hemmt, ist wertvoll. Dann sind Sie im Augenblick und beobachten lediglich die Auswirkungen der Vergangenheit.

Mit der Zukunft verhält es sich ganz ähnlich. Sie ist die Vorstellung von einem Jetzt, das es noch gar nicht gibt, eine Projektion des Verstands. Real wird die Zukunft erst, wenn sie im Jetzt ankommt. Trotzdem bombardiert die Zukunft unseren Verstand mit einem Hagel aus Befürchtungen, Träumereien, bedrückenden oder diffusen Zielvorgaben wie: »Ich muss unbedingt mehr Sport treiben, dann geht's mir gut« oder: »Wenn ich irgendwann die richtige Frau finde, dann bekomme ich auch mein Leben wieder in den Griff«.

Manche Menschen könnten ganze Romane darüber schreiben, was ihrer Meinung nach passiert. Solche Gedanken vernebeln nur die Gegenwart, bis wir sie nicht mehr wahrnehmen. Die Meditation macht das ohrenbetäubende Geplapper des »Affengeistes« für Sie sichtbar, und …

… wenn Sie beim Denken wissen, dass Sie denken, dann können Sie sich davon lösen und Ihre Möglichkeiten vervielfachen.

Nur wer sich den Nachhall der Vergangenheit und die Fata Morganas der Zukunft bewusst macht, kann sich innerlich davon abtrennen. Erst dann ist es möglich, einfach nur zu sein.

Nicht-Selbst

Kennen Sie schon *Anatta?* Das ist nicht die Großmutter von Annette, sondern ein Sanskritwort, das ins Deutsche übersetzt etwa so viel wie »Nicht-Selbst« oder »Nicht-Ich« bedeutet. Gemäß der buddhistischen Anatta-Lehre existiert kein unveränderliches Selbst. Unsere psychischen und physischen Bestandteile, die wir als »Selbst« empfinden, unterliegen in Wahrheit einem ständigen Wandel.

Somit gibt es keine Seele im Sinne eines unveränderlichen Wesenskerns. Jeder Versuch, sich trotzdem an etwas Flüchtiges anzuklammern, führt unweigerlich zu Leid. Indem sich der Meditierende dem Nicht-Ich öffnet, befreit er sich zugleich von »Fesseln« wie Groll, Eigendünkel und Böswilligkeit, die er bis dahin vielleicht als unlösbaren Teil seines Ichs gesehen hat.

Im Zustand des Nicht-Ichs kann der Meditierende einen Grad der Bewusstheit erreichen, der alles übersteigt, wozu die übliche Mindfulness-Praxis in der Lage ist. Meditationslehrer sprechen, wie Sie nun schon wissen, in diesem Zusammenhang von der *Awakened Awareness* – dem »erwachten Bewusstsein«. Dieses Erwachen gleicht dem Abwerfen des Ballasts bei einem Heißluftballon, der daraufhin nur noch Ballon sein darf und in ungeahnte Höhen steigt.

Die Vorstellung, reglos auf einem Kissen oder Stuhl zu sitzen, um zu meditieren, bereitet Ihnen immer noch Unbehagen? Vielleicht ist es gerade deshalb höchste Zeit, jetzt damit anzufangen. Aus meiner Erfahrung sind oft diejenigen, die am wenigsten meditieren, genau die, welche der Wohltaten der Meditation wohl am meisten bedürfen! Das klingt paradox, lässt sich aber erklären: Gerade die Schwächen, die sich mit Meditation besonders gut überwinden lassen – eine geringe Aufmerksamkeitsspanne, innere Wut, Voreingenommenheit gegenüber Mitmenschen etc. –, erschweren den Einstieg in die spirituelle Praxis. Personen mit einem solchen Mindset sind nach den ersten Gehversuchen auf dem Stufenpfad oft vorschnell enttäuscht und werfen dann die Flinte ins Korn. Dabei würden gerade sie besonders von der Meditation profitieren – wenn sie nur ein wenig mehr Ausdauer, Disziplin und Willensstärke aufbrächten.

Meditation im Fokus der Wissenschaft

Wie zur Achtsamkeit gibt es auch zur Meditation erstaunlich viele wissenschaftliche Untersuchungen. Sie belegen die positive Wirkung auf das Glücksempfinden, auf Emotionen, körperliche Gesundheit, Stressresistenz, kognitive Fähigkeiten und andere Aspekte des menschlichen Seins. Gut messbar ist auch der Übergang des Meditierenden in einen Zustand tiefer Entspannung, höherer Bewusstheit und größerer Wachheit. Die Durchblutung des Gehirns verbessert sich und die Atemfrequenz sinkt.

Ein Beitrag in *Psychosomatic Medicine* (Davidson, Kabat-Zinn et al. 2003) beschäftigt sich mit einer Studie, in deren Verlauf Arbeitnehmer acht Wochen lang in einem Kurs Meditation und Achtsamkeit lernten. Anschließend beobachteten die Forscher mit bildgebenden Verfahren eine vermehrte Aktivität im linken präfrontalen Kortex. Dies deutet auf ein stärkeres Glücksempfinden hin.

Einige Studien zeigen zudem, dass Meditation sich positiv auf das Ansprechen des Immunsystems nach einer Grippeimpfung und auf andere Bereiche der Gesundheit auswirkt. Bei älteren Personen verbesserten sich selbst scheinbar unveränderliche Eigenschaften wie Intelligenz, Kreativität und kognitive Flexibilität. Studenten zeigten nach einem Kurs zur Achtsamkeitsmeditation mehr Mitgefühl, verspürten bei Stress weniger Angst und litten seltener unter Depressionen als eine Kontrollgruppe. Das sind nur einige wenige Beispiele der zahlreichen Forschungsergebnisse zur positiven Wirkung der meditativen Praxis.

Praxis der Meditation

Menschen meditieren aus ganz unterschiedlichen Motiven. Die einen suchen inneren Frieden, andere wünschen sich mehr Bewusstheit, Achtsamkeit, Kreativität und Glück. Und wieder andere streben nach einem höheren, erleuchteten Zustand oder nach dem Nirwana.

So verschieden die Gründe sind, so vielfältig sind auch die Formen und Techniken der Meditation. Ich praktiziere heute vor allem tibetische Formen wie Mahamudra und Dzogchen. Im Westen erfreuen sich vor allem Vipassana- und Zen-Meditation großer Beliebtheit. Darüber hinaus gibt es viele weitere Spielarten der Meditation. In folgenden Punkten stimmen alle Schulen jedoch überein:

◆ *Regelmäßig sein:* Die Praxis nicht dem Zufall überlassen, sondern täglich – am besten zu einem festen Zeitpunkt – engagiert meditieren.

- *Bei sich bleiben:* Alle Geräte und Social Media mal vergessen. Wieder damit anfangen, Körper, Geist und Herz zu bewohnen.
- *Nicht urteilen:* Die Erfahrungen im Hier und Jetzt neugierig, interessiert, frei von Wertung aus der Distanz betrachten.
- *Geduldig bleiben:* Nichts erzwingen wollen. Lassen Sie die Dinge sich entwickeln.
- *Nicht begehren:* Tun Sie die Dinge nicht um des Ziels oder einer Belohnung, sondern um des Weges willen.
- *Vertrauen haben:* in sich selbst und in den guten Ausgang der Dinge.
- *Offen bleiben:* Achten Sie mit der Neugier des Kindes auf jedes Detail, so als entdeckten Sie es zum ersten Mal. *(Beginner's Mind)*
- *Loslassen:* Sorgen und Grübeleien sind nicht Ihr Selbst.

Mind Only: die Leere, die alles ist

Ein wesentliches Element der meditativen Praxis besteht darin, sich nicht länger mit dem eigenen Verstand zu identifizieren. Das, was uns die Eltern und das Umfeld über Jahre und Jahrzehnte »eingebrannt« haben, ist nur ein *Phantomselbst*. Einige schaffen es, sich die Gängelung durch den Verstand und das von ihm erschaffene falsche Selbst auch ohne Meditation bewusst zu machen. Mit meditativer Praxis gelangt man aber meist schneller an den Punkt, an dem der eigene Geist zum Beobachter wird, der dem Denker zusieht und sich von allem Unwahren befreit. Dieses Abtrennen vom Verstand mit all seinen Anhaftungen ist die einzig wahre Befreiung aus dem Gefängnis unserer Gedanken.

Oben habe ich in diesem Zusammenhang von *Mind Only* gesprochen. Oft fällt in diesem Kontext auch der Begriff der »Leere« oder »Leerheit«. Irrtümlicherweise verwechseln viele diesen Zustand mit einer Art Vakuum des Geistes. Der Buddhismus versteht unter dieser Leere jedoch das grenzenlose Potenzial, das einer Sache innewohnt und das alles in Erscheinung treten, alles verändern oder auch alles verschwinden lassen kann. Selbst das Leid, wie Buddha lehrte.

Diese Leere hat aus sich selbst heraus keine Substanz. Alles erschafft erst der Geist: die Gedanken, Gefühle und Bedeutungen von Formen und Objekten, ja selbst die Zeit, den Raum und das Selbst. Nach buddhistischer Lehre sind unsere gegenwärtigen körperlichen Empfindungen, Gedanken, Gefühle und Wahrnehmungen immer eine Momentaufnahme der grenzenlosen Möglichkeiten der Leere. Gedanken sind wie Wolken am Himmel und Gefühle wie der Wind, der sein Spiel mit ihnen treibt.

Das Ziel der Meditation besteht darin, den Geist in seinem natürlichen Zustand ruhen zu lassen. »Selbst wenn es Ihnen gelänge, Ihre Gedanken vollkommen zum Stillstand zu bringen«, schreibt der Meditationslehrer Mingyur Ringpoche, »würden Sie doch nicht meditieren; Sie würden einfach nur in einen zombieähnlichen Zustand abdriften.« (2007, S. 211)

Der Buddhismus unterscheidet auch nicht zwischen guten und schlechten Gedanken. Etwas ist nicht zwangsläufig schlecht, weil wir es für schlecht *halten*. Für das vermeintlich Gute kann das genauso gelten. Oft sind es unsere Prägungen, unsere Glaubenssätze, die uns zu einer voreingenommenen Bewertung von Gut und Böse kommen lassen. Damit will ich nicht sagen, dass es grundsätzlich keinen Unterschied zwischen Richtig und Falsch gibt. Wir müssen uns nur durch Erforschung bewusst machen, woher unsere Einschätzung stammt. Erst dann können wir klar sehen.

Eine gute Möglichkeit, sich solche *Mind-Only*-Momente zu schaffen, sind Routineaufgaben: Duschen, Rasieren, Bügeln, Treppensteigen, das Schrubben der Fliesenfugen im Badezimmer … Wenn Sie Ihre volle Aufmerksamkeit und alle Ihre Sinne auf diese Tätigkeiten richten, treten die Gedanken in den Hintergrund und Sie spüren das stille, aber kraftvolle Gefühl von Gegenwärtigkeit. Wie gut Ihnen dies gelingt, erkennen Sie an dem Grad des Friedens, den Sie in sich spüren.

Mancher erlangt diesen Zustand durch einen Spaziergang in der Natur, andere durch die Meditation. Wagen wir uns nun mit diesem Wissen an eine Definition derselben:

Meditation (Definition)

Meditation ist eine spirituelle Praxis. Ihr großes Ziel ist die Befreiung vom Leid und die Realisierung eines tiefen, von äußeren Umständen unabhängigen Glücks. Auf dem Weg dorthin beruhigt und sammelt der Meditierende in Konzentrations- und Achtsamkeitsübungen seinen Geist. Einssein mit dem Hier und Jetzt und wohlwollendes, nicht urteilendes Beobachten eigener und äußerer Erscheinungen zählen zu den zentralen Elementen der Meditation. Die höchsten Bewusstseinszustände der Meditation lassen sich mit »Stille« und »Leere« *(Mind Only)* umschreiben, im Sinne des Loslösens von allen Gedanken und Anhaftungen, die den Meditierenden von seiner »wahren Natur« trennen. Leere bedeutet also nicht das Ausschalten des Denkens, sondern das Sichöffnen für das grenzenlose Potenzial, das allem innewohnt und alles in Erscheinung treten lassen und transformieren kann.

Embodiment: mit dem Körper führen

Wie wir sitzen und stehen,
verändert, wie wir denken und handeln.
WENDY PALMER

Bestimmt haben Sie schon einmal auf die Frage nach Ihrer Meinung geantwortet: »Ich schwanke noch.« Ist das nur ein Wortbild, oder steckt mehr dahinter? Gibt es gar einen Zusammenhang zwischen buchstäblichem Wanken des Körpers und Entscheidungsfreude?

Für diese Frage interessierten sich brennend die Wissenschaftler eines Forschungsteams rund um Dr. Iris K. Schneider an der Universität von Amsterdam. Sie wollten nicht nur herausfinden, ob Ambivalenz sich in der Körperhaltung widerspiegelt. Noch spannender war für sie die Frage: Entscheidet der Mensch anders, wenn sein Körper sich anders bewegt?

Mit welchem Versuchsaufbau würden Sie eine Studie zu diesen Fragen durchführen? Die Psychologen nutzten dafür ein Wii Balance Board. Dieses »Balancebrett« von Nintendo, das so manchen Spieleabend im Freundes- und Familienkreis in eine echte Gaudi verwandelt, besitzt Gewichtssensoren. Steht der Spieler (oder die Testperson) mit beiden Füßen drauf, lässt sich hinreichend präzise bestimmen, wie der Körper ausbalanciert ist. Diese Eigenschaft machten sich die Wissenschaftler zunutze.

Die Teilnehmer der Studie sollten zwei verschiedene Artikel über die Abschaffung der Lohnuntergrenze lesen. In Artikel eins standen kurz und knapp die Gründe für die Streichung des Mindestlohns. Artikel Nummer zwei erörterte das Für und Wider der Lohngarantie. Beim Lesen der Berichte standen die Probanden auf einem Wii Balance Board, sodass gemessen werden konnte, wie viel sie sich von einer Seite zur anderen bewegten.

Die in *Psychological Science* veröffentlichten Ergebnisse (Schneider et al. 2013, S. 319–325) waren verblüffend. Die Teilnehmer, die den Artikel mit den Vor- und Nachteilen gelesen hatten, »schwankten« tatsächlich:

Sie bewegten sich mehr von einer Seite zur anderen als diejenigen, die den einseitigen Artikel lasen. Die Schlussfolgerung der Forscher: In Situationen, in denen Menschen zögern, bewegen sie sich tatsächlich *physisch*, um ihre Zerrissenheit unbewusst anzuzeigen.

Nachdem die Testpersonen eine Weile über den Artikel nachgedacht hatten, baten die Psychologen sie um eine Entscheidung: Soll der Mindestlohn abgeschafft werden oder nicht? Diesmal zeigte das Wii Board deutlich, dass die Gefragten buchstäblich »Stellung bezogen«: Das Wanken nahm ab.

Und nun wird es ganz kurios: Das Zusammenspiel zwischen Körper und Geist funktioniert auch andersherum. Um dies nachzuweisen, hatten sich die Forscher in einem Park einzelne Fußgänger herausgepickt und ihnen eine Geschichte über eine Studie zu Tai-Chi (Schattenboxen) erzählt. Anschließend stellte man ihnen einige Testfragen. Das Ergebnis: Diejenigen, denen die Forscher sagten, sie sollten von einer Seite auf die andere wanken, empfanden mehr Ambivalenz als solche, die sich auf und ab oder gar nicht bewegten. In diesem Fall beeinflusste die Bewegung des Körpers also den Geist.

Daraus könnte man schließen, dass uns das Schwanken von einer Seite auf die andere dabei helfen kann, innerlich verschiedene Perspektiven einzunehmen und letztlich ausgewogener zu entscheiden.

Übung: Bodyscan Arme und Beine spüren

Eine vorurteilsfreie Achtsamkeit für den Körper verhilft zu einer gesunden emotionalen und physiologischen Regulierung. Der Bodyscan durch Arme und Beine *(engl. Sensing Arms and Legs)* ist eine einfache Übung, die dies wirksam unterstützt.

Setzen Sie sich aufrecht und entspannt auf einen Stuhl und stellen Sie die Füße hüftbreit auf den Boden. Lassen Sie die Schultern sinken und schließen Sie die Augen. Nehmen Sie ein paar bewusste Atemzüge und lassen Sie die Ausatmung länger als die Einatmung werden. Nehmen Sie wahr, wie die Atmung allmählich langsamer wird.

Richten Sie nun Ihre Aufmerksamkeit auf Ihren rechten Fuß. Versuchen Sie zu erfassen, was Sie dort spüren. Es geht nicht darum, dass Sie sich gedanklich ein Bild von Ihrem Fuß machen. Es geht um das, was Sie unmittelbar in Ihrem Fuß fühlen. Spüren Sie Ihre Zehen, die Fußsohle, die

Ferse, den Fußspann. Verweilen Sie mit Ihrer Aufmerksamkeit an jedem Ort für drei bis fünf Atemzüge.

Nun bringen Sie die Aufmerksamkeit zum rechten Sprunggelenk. Spüren Sie das Gelenk. Dann lassen Sie die Aufmerksamkeit weiter wandern:

- Langsam durch den rechten Unterschenkel aufwärts, spüren Sie Wade und Schienbein,
- das rechtes Knie, spüren Sie Kniescheibe, das Innere des Gelenks, Kniekehle,
- langsam durch den rechten Oberschenkel aufwärts, spüren Sie Vorderseite, Rückseite, Innenseite, Außenseite,
- das rechte Becken, spüren Sie den Sitzhöcker,
- die rechte Gesäßhälfte,
- die rechte Hüfte, spüren Sie in das Gelenk hinein.

Richten Sie nun die Aufmerksamkeit auf Ihre rechte Hand. Spüren Sie die Fingerspitzen, die Finger, den Handrücken, die Handfläche. Dann lassen Sie die Aufmerksamkeit weiter wandern:

- Langsam durch den rechten Unterarm aufwärts,
- den rechten Ellenbogen, spüren Sie in das Gelenk hinein,
- langsam durch den rechten Oberarm aufwärts,
- das rechte Schultergelenk, die Schulter bis zum Schulterblatt.

Halten Sie einen Moment inne. Spüren Sie in Ihre rechte Körperseite. Dann spüren Sie in Ihre linke Körperseite. Welche Unterschiede nehmen Sie wahr?

Abschließend richten Sie Ihre Aufmerksamkeit auf die linke Schulter, spüren das Schulterblatt und starten den Bodyscan von der linken Schulter bis zu den Fingerspitzen der linken Hand. Nun richten Sie die Aufmerksamkeit auf die linke Hüfte und setzen den Bodyscan von dort bis zu den Zehen des linken Fußes fort.

Jetzt spüren Sie beide Füße und beide Beine gleichzeitig. Nehmen Sie wahr, wie es ist, wenn Ihre komplette Aufmerksamkeit in Ihren Füßen und Beinen verankert ist. Erweitern Sie die Aufmerksamkeit und nehmen Sie die Hände und Arme hinzu. Spüren Sie Ihre Arme und Beine. Spüren Sie, wie es ist, wenn Sie komplett präsent sind in Ihren Armen und Beinen.

Während Sie weiter die Arme und Beine spüren, nehmen Sie nun Geräusche im Außen wahr. Spüren Sie weiter die Arme und Beine, öffnen Sie die Augen und nehmen Sie die Außenwelt über Hören und Sehen wahr. Beides gleichzeitig: Arme und Beine spüren und verbunden mit der Außenwelt über Ihre Sinne. Nehmen Sie sich einen Augenblick Zeit, um diese Erfahrung von Präsenz, Ruhe und Verbundenheit zu genießen.

Tragen Sie den Bodyscan durch Arme und Beine durch Ihren gesamten Alltag. Wann immer es Ihnen in den Sinn kommt, spüren Sie Ihre Arme und Beine. Egal wo Sie sind oder was Sie gerade tun – Sie können dabei Ihre Arme und Beine spüren. Diese Präsenz bringt Sie und Ihr Bewusstsein ganz automatisch in das Hier und Jetzt.

Je öfter Sie das *Sensing Arms and Legs* praktizieren, desto mehr wird es zu einer Gewohnheit. Wenn Sie diese Technik wieder und wieder üben, werden Sie bemerken, dass sich Ihre Bewusstheit und Achtsamkeit signifikant erhöht. Was immer auch geschieht, Sie sind präsent und können so angemessen reagieren und Ihre Gedanken und Gefühle steuern.

Die Entdeckung der Körper-Geist-Einheit

Die Studie der niederländischen Wissenschaftler ist nur eine von vielen, welche die enge Wechselbeziehung zwischen Körper und Geist belegen. So konnten etwa Hung und Labroo (2011) einen Zusammenhang zwischen Willenskraft und dem Anspannen von Muskeln nachweisen. William James und Carl Lange waren, wie Sie bereits wissen, Pioniere auf diesem Forschungsgebiet. Schon im 19. Jahrhundert sahen sie Körper und Geist als zwei Aspekte einer organischen Einheit.

Das ist insofern beachtlich, als Führungskräfte die Achtsamkeit für den eigenen Körper lange vernachlässigt haben. Er ist eben mehr als ein Taxi für den Geist, auch wenn viele Manager ihn genauso behandeln. Und immer Vollgas geben. Bis zum Herzinfarkt. Manche begreifen erst dann, dass es doch einen Zusammenhang zwischen Wohlbefinden und geschäftlichem Erfolg gibt.

Die etwas einsichtigeren Leader sind zwar davon überzeugt, dass die eigene Gesundheit wichtig ist, doch sie kümmern sich trotzdem nicht darum. »Es fehlt halt immer die Zeit dazu.« Auf dem Weg zur *Mind Movement Mastery* ändert sich diese Sichtweise. Der zweite Teil des Begriffs – *Movement* – beinhaltet nicht nur die geistige Bewusstheit und Beweglichkeit, sondern auch die des Körpers. Dieses Umdenken ist wichtig und richtig, denn schon Albert Einstein stellte fest: »Probleme kann man niemals mit derselben Denkweise lösen, durch die sie entstanden sind.«

Das Kapitel »Das Herz – Signalgeber im Körper« zeigte, wie das Herz und andere biologische Oszillatoren uns bei der inneren Kohärenz – dem Gleichklang unseres Selbst – unterstützen können. Dadurch gewinnen wir Energie, um Dinge zu tun, die wir bislang für unmöglich hielten. Folgerichtig müssen wir als Erstes lernen, unseren eigenen Körper zu fühlen und zu führen, bevor wir andere führen können.

Und das gelingt am besten mit Embodiment. Durch Embodiment lernen wir, den Körper als Spiegel und Influencer für uns und unser Leben bewusst wahrzunehmen und unsere Persönlichkeit und unseren Geist durch den Körper bewusst zu entwickeln. Embodiment steht damit für eine Arbeit *mit und durch* den Körper, die sich von der durch Fitness und Achtsamkeit entwickelten Beziehung *zum* Körper deutlich unterscheidet.

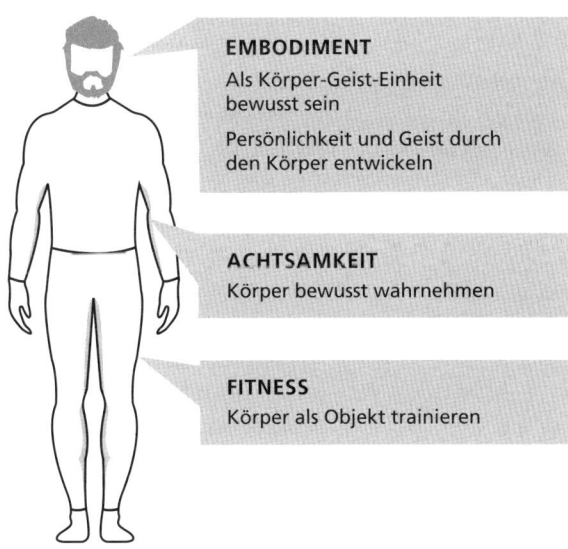

Abb. 13: Embodiment transformiert Körper und Geist: Bodyfulness ist die neue Mindfulness.

Letztere trainiert den Körper als Objekt, während sich Erstere achtsam dem eigenen Körper annähert, um zu tieferen Einsichten und nachhaltigeren Veränderungen zu gelangen als durch rein kognitive Ansätze. Ein durchaus überlegenswerter Ansatz, denn wenn Informationen schon alles wären, worum es im (Geschäfts-)Leben geht, hätte *Wikipedia* alle Probleme der Welt gelöst!

Embodiment, zu Deutsch »Verkörperung«, geht davon aus, dass Bewusstsein einen physiologischen »Spiegel« braucht: der Körper gleichsam als Hologramm unseres Geistes. Aus dieser These leiten sich verschiedene Praktiken ab, die in der direkten Arbeit mit dem Körper den Geist stärken und zu höheren Bewusstseinsstufen transformieren sollen. Die transformative Arbeit mit und durch den Körper ist noch relativ jung. Dennoch wage ich aufgrund der Forschungsergebnisse und auch meiner persönlichen Erfahrungen eine These: Embodiment wird schon in wenigen Jahren eine solch hohe Bedeutung haben, dass wir neben Mindfulness auch von Bodyfulness sprechen werden.

Die Wissenschaft entdeckt Embodiment

Im Embodiment geht es um unsere *empfundene* Erfahrung des Körpers »von innen nach außen« und deren Anwendung auf Wohlbefinden, Beziehungen, Führung und anderes. Naturwissenschaftler tun sich schwer damit. Sie wollen zählen und messen können, um dann die Daten zu analysieren und daraus zu schlussfolgern. Wenig Relevanz hat für sie indes, was ein Einzelner als »meine Erfahrung« in den Raum stellt.

Da die meisten Führungskräfte eine akademische Ausbildung genossen haben, sind auch sie von diesem Denken geprägt. Hören sie bei einem Seminar zum *Business Embodiment* etwas über den Welleneffekt, sagen sie vielleicht: »Nun, das fühlt sich richtig an. Wäre auch nützlich. Aber wo sind die *Beweise*?« Den wenigsten genügt der begeisternde Bericht des Coachs von den Erfolgen, den frühere Klienten mit Embodiment hatten.

Mittlerweile stützen jedoch immer mehr Studien die Wirksamkeit der Verkörperung, und so dürfte es nicht lange dauern, bis auch die konservativsten Wissenschaftler Embodiment als »respektabel« akzeptieren.

Dieser Sinneswandel beeinflusst auch die Sprache. Früher haben Mediziner Symptome leichthin als »psychosomatisch« abgestempelt, wenn sie keine Ursache finden konnten. Zumindest indirekt haben sie damit anerkannt, dass Geist und Gefühle einen großen Einfluss auf das Wohlbefinden haben und sogar krank machen können. Heute benutzen immer mehr Ärzte den Terminus »medizinisch unerklärliche Symptome«, kurz MUS.

Mittlerweile ist MUS ein etabliertes Fachgebiet, auf dem zahlreiche Spezialisten forschen und nach alternativen Behandlungsmethoden suchen. So hat Helen Payne vom britischen National Health Service gezeigt, wie die Tanzbewegungstherapie (DMT) – eine Form von Embodiment – bei bestimmten medizinisch unerklärbaren Symptomen helfen kann.

Schon länger ist ja bekannt, dass die aus Mimik und Gestik und anderen Bewegungen bestehende Körpersprache deutliche Rückschlüsse auf die Wesensart von Menschen erlaubt. Umgekehrt beeinflussen bestimmte Formen der Bewegung offenbar sogar die Persönlichkeit. So konnte Dr. Peter Lovatt von der Universität Hertfordshire – liebevoll »The Dance Doctor« genannt – belegen, dass neben Ausdruck und Haltung auch Bewegung mentale Ereignisse und Entscheidungsprozesse verändert. Ihm zufolge ermöglichen verschiedene Arten von Tänzen ganz unterschiedliche Denk- und Problemlösungsansätze. Manche etwa erhöhten oder verringerten das Risikoverhalten. Lovatt beobachtete einen klaren Zusammenhang zwischen der Art und Weise, wie Menschen tanzen oder sich allgemein bewegen, und dem Hormonspiegel.

Solche Erkenntnisse haben einige Forscher zu der Feststellung bewogen, wir hätten Gehirne zum Bewegen. Verkürzt darf man also mit Fug und Recht sagen:

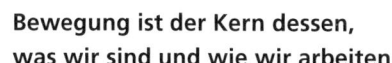

**Bewegung ist der Kern dessen,
was wir sind und wie wir arbeiten.**

Embodiment ist aber nicht auf Bewegung und Haltung beschränkt. Auch taktile Reize beeinflussen den Geist. Joshua Ackerman von der MIT Sloan School of Management stellte fest: Je nachdem, ob wir auf einem weichen oder harten Stuhl sitzen, verändert sich unsere Verhandlungstechnik. Eine andere Studie belegt, dass Machtposen schon nach wenigen Minuten das »hormonelle Make-up« verändern. Solches Verhalten beeinflusst nicht nur unsere Stimmung, sondern auch die Art, wie wir kommunizieren und wie andere uns wahrnehmen.

Längst unbestritten ist die Erkenntnis, dass geistige Aktivität die Durchblutung und die elektrische Aktivität im Gehirn verändert und bestimmte Neurotransmitter freisetzt. Hirnscans zeigen, dass schon eine Vorstellung – also pure Fantasie – spezifische Areale aktiviert. Das Gleiche geschieht beim Nachdenken und Meditieren. Für jeden subjektiven Akt gibt es eine physische Grundlage. Das ist keine Magie, nicht einmal Theorie, es ist Fakt.

Der Psychologe Richard Wiseman zeigt in seinem Buch *Rip it Up* (2015), wie wichtig positive körperliche Aktivität bei der persönlichen Entwicklung ist. Er stellt sie sogar über das positive Denken. Die Arbeit mit dem Körper hilft Coaches, schneller und kraftvoller zum Kern der Themen zu gelangen. Sie schafft nachhaltige Veränderungen und unterstützt die Bewegungsempfindung (Kinästhesie).

Die Wissenschaft ist noch ein gutes Stück davon entfernt, Therapien und Praktiken, die auf dem Körper-Geist beruhen, allgemein anzuerkennen. Trotzdem arbeitet sie schon seit Jahrzehnten mit dem *Body-Mind*-Link in der Forschung. Ich spreche von »doppelblinden« pharmazeutischen Studien. Hierbei bekommt die eine Testgruppe ein Medikament verabreicht und die andere erhält Zuckerpillen. Seltsamerweise wirken bei vielen Menschen aber auch diese Placebos. Warum?

Weil allein der *Glaube* an die Wirkung die Beschwerden des Körpers lindert und manchmal sogar Krankheiten heilt. Es sind auch seltene Fälle von Selbstheilung (Salutogenese) bekannt, bei denen Patienten mit Visualisierung und anderen Geistestechniken den Krebs besiegt haben. Solche Berichte geben der Redensart vom »gesunden Menschenverstand« eine ganz neue Dimension. Sie sind *ein* Grund, wenn auch nicht der einzige, das Potenzial der Verkörperung auch für *Mind Movement Mastery* zu nutzen.

Embodiment im Mind Movement Mastery

Wie wir an dem »Wii-Board-Experiment« gesehen haben, durchdringen sich Körper und Geist gegenseitig. Forscher sprechen von einer *Single Integrated Entity*.

Diese enge Verzahnung von Psyche und Physis belegte auch eine Untersuchung des Verhaltensforschers Chen-Bo Zhong an der Universität Toronto. Sein Team fand heraus, dass Menschen, die sich unethisch verhielten und dann ihre Hände mit einem antiseptischen Tuch reinigten, sich deutlich weniger schuldig fühlten als andere (Zhong, Liljenquist 2006). Offenbar verspürt die Seele manchmal ein tiefes Verlangen, sich durch bestimmte Handlungen Erleichterung zu verschaffen.

Psychologen, Neurologen, Verhaltensforscher & Co. haben den »Körper-Geist« (engl. *Body Mind*) als lohnenswertes Forschungsobjekt für sich entdeckt. Es zeigt sich immer deutlicher: Innere Transformation ist nur durch das Einbeziehen beider Elemente dauerhaft möglich. Hier setzt Embodiment an. Es stärkt die integrale Verbindung zwischen Bewegung, Haltung, Gedanken und Gefühlen – die Basis unserer Gewohnheiten. Erst diese umfassende Synthese aus Körper und Geist macht Leader präsenter, inspirierender und authentischer.

Weil Körper und Bewegungen ein Abbild unserer Gedanken- und Gefühlswelt sind, setzt die physiologische Komponente von *Mind Movement Mastery* genau an dieser Stelle an. Sie unterstützt das Auflösen von Denkmustern durch neuartige Formen der Bewegung. Anders ausgedrückt: So wie wir denken, so bewegen wir uns – und umgekehrt. Entwickeln wir also unsere Psyche, verändert das den Körper. Und wenn wir das Potenzial des Körpers entfalten, können wir den Geist und die Gefühlswelt transformieren.

Schon die Mönche im chinesischen Shaolin-Kloster wussten um diese enge Verbindung und entwickelten daraus ihre ganz eigene Art von Embodiment, *Shàolínquán* genannt, die »Faust der Shaolin«. Keine Sorge, ich möchte Sie jetzt nicht in die Geheimnisse der Kampfkunst einführen. Die *Martial Arts* sind nur eine von vielen Embodiment-Praktiken (siehe Abb. 14).

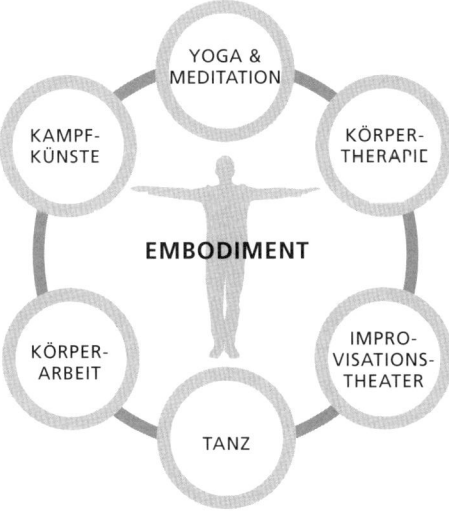

Abb. 14: Embodiment vereint in sich die verschiedensten Ansätze und Methoden der Arbeit mit dem Körper.

In diesem Buch möchte ich Ihnen vorstellen, wie Sie Ihren Körper-Geist durch *Mind Movement Mastery* entwickeln können.

Embodiment (Definition)

Embodiment umfasst die direkte Arbeit mit und durch den Körper, um so den Geist zu transformieren. Dazu bedient sich das Embodiment Atem- und Körperübungen/-techniken zum Verändern von Haltung, Muskulatur, Gewebe wie auch Bewegungsmustern. Diese physische Praxis bewirkt Veränderungen im Geist: Der Praktizierende entwickelt neue Gedanken, Perspektiven und eine neue Weltsicht. Kreativität, Mitgefühl und Teamgeist verbessern sich. Zu den unterschiedlichen Embodiment-Praktiken gehört auch Yoga, das sich gut zum Erlangen des *Mind Movement Mastery* eignet.

Hier ein Überblick über ein paar konkrete Anwendungen:

- *Zentrieren (Centering)*: Verbesserung der Führungspräsenz durch Atem- und Körpertechniken.
- *»Kampf oder Flucht«*: Ausloten der individuellen Stressmuster im Körper für bessere Stressreaktionen in Konflikten und Krisen.
- *Umgang mit Kritik*: Körpertechniken für den Umgang mit Feedback und für authentische Kommunikation.
- *Inkludierende Kommunikation*: Körpertechniken für den klaren, kooperativen Gedankenaustausch.
- *Führen mit Präsenz*: Übungen zur Verbesserung von Wirkung und Impact.
- *Führen mit Mut und Integrität*: Körperübungen für die innere Mitte.
- *Flexibilität und Agilität*: Praxis für den Umgang mit dem Unvorhergesehenen.
- *Relating*: Kontakt- und Beziehungsverhalten verbessern.

Wie Sie an dieser Übersicht erkennen, arbeitet das Embodiment mit spezifischen Körperübungen und -techniken, die auf bestimmte Ziele zugeschnitten sind. Obwohl es in diesem Abschnitt des Buches primär darum geht, sich selbst zu führen, sehen Sie hier bereits, wie sich das Embodiment auch positiv auf das Führen von Menschen und Organisationen auswirkt.

Lassen Sie uns in der nun folgenden Übung den unmittelbaren Effekt von Embodiment auf Ihren Körper, Ihre Emotionen und Ihren Geist erleben.

Übung zu High und Low Power Poses

Es ist wissenschaftlich erwiesen: Unsere Körperhaltung beeinflusst unser Selbstvertrauen und wie wir auf andere Menschen wirken. Die Forschung unterscheidet hier zwischen Haltungen, die das Selbstbewusstsein steigern, und anderen, die es reduzieren. Diese Haltungen sind eine hervorragende Möglichkeit, das Selbstbewusstsein wirksam zu regulieren. Wer ein gering ausgeprägtes Selbstbewusstsein hat und sich öfter klein macht, sollte die sogenannten *High Power*

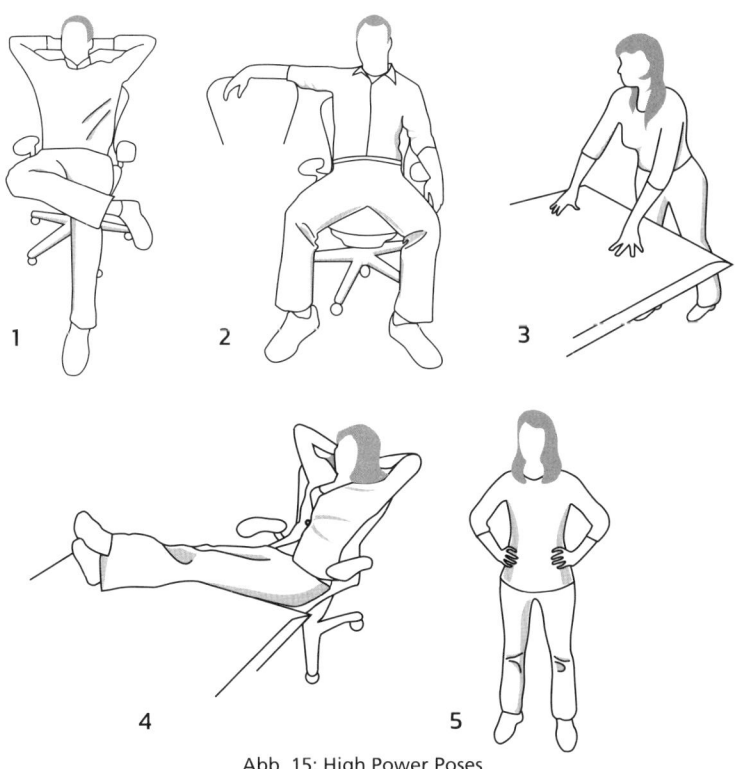

Abb. 15: High Power Poses

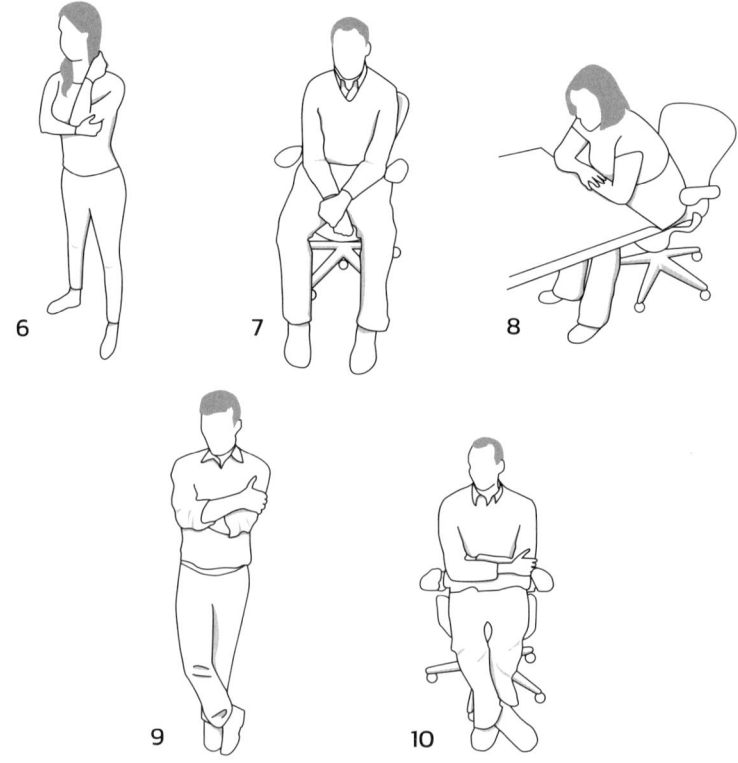

Abb. 16: Low Power Poses

Poses praktizieren. Umgekehrt bieten sich die *Low Power Poses* für diejenigen an, die eher ein übersteigertes Selbstbewusstsein haben und häufig zu dominant auftreten.

Probieren Sie es aus! In den Illustrationen finden Sie verschiedene Haltungen, die entweder *High Power* oder *Low Power* bewirken. Nehmen Sie eine Haltung für 15 bis 30 Sekunden ein und beobachten Sie, wie sich Ihre Gedanken und Gefühle entwickeln.

Sie können noch weiter gehen: Vor einem wichtigen Gespräch nehmen Sie für ein paar Minuten eine der *High Power Poses* ein. Dann führen Sie das Gespräch und überprüfen im Anschluss, wie sich die Haltung auf Sie und Ihr Gesprächsverhalten sowie die Reaktionen Ihres Gegenübers ausgewirkt hat. Sie werden erfahren, was Amy Cuddy in einer Vielzahl an Studien feststellte: Die Wirkung der Haltungen ist gewaltig. Das gilt übrigens auch für die *Low Power Poses*.

Yoga – den Geist mit dem Körper verbinden

Die Menschen in westlichen Gesellschaften sind heute weniger mit ihrem Körper verbunden als je zuvor. Das gilt nicht nur für Couch-Potatoes und Handyjunkies, sondern ebenso für Fitnessfreaks. Viele, die exzessiv Sport treiben, wünschen sich einen definierten Körper, um ihn stolz wie einen Maßanzug vorzuführen. Das hat nichts mit Körperbewusstsein zu tun.

Im Gegensatz dazu ist Yoga – wie auch andere Formen des Embodiments, die unser Leben bereichern – ein Weg zu mehr Bewusstheit und Präsenz im eigenen Körper. Wir fühlen dann bewusst, wenn die »Luft knistert«, die »Schmetterlinge im Bauch tanzen« oder das »Herz vor Freude hüpft«. Wir hören gleichsam jedes noch so verborgene Echo der äußeren und unserer inneren Welt. Dadurch sind wir enger mit uns selbst und anderen verbunden, als wir es mit Workouts je sein könnten.

Yoga gehört nach Meinung vieler zu den wirksamsten Methoden im Embodiment. Diese etwa 2700 Jahre alte philosophische Lehre stammt aus Indien und wurzelt sowohl im Buddhismus wie auch im Hinduismus. Yoga umfasst ebenso spirituelle wie körperliche Übungen. Das Sanskritwort *yoga* bedeutet wörtlich »anjochen« oder »zusammenbinden«. Im weiteren Sinne bezieht es sich auf die »Vereinigung« oder »Integration« von Körper und Geist.

Wie wir gesehen haben, kann der Körper den Geist verändern, und Yoga ist ein Vehikel dafür. Das hat wenig bis gar nichts mit dem »Instagram-Yoga« zu tun, mit dem man sich heute so oft produziert. Obwohl der Pfad des Yoga die Körperspannung und -entspannung verbessert, ist er kein Sport. Vielmehr ist dieser Weg ein Blick nach innen. Eine Auseinandersetzung mit sich selbst.

»Dein Körper ist der Spiegel und Influencer für dein Leben«, sagt die Yoga- und Embodiment-Lehrerin Eva Klein und fügt hinzu: »Transformation bedeutet, das mit dem Geist Verstandene auch zu verkörpern.« Die durch den Pfad des Yoga inspirierten Bewegungsmeditationen und neue Bewegungsformen könnten, so Klein, unsere Gedanken- und Gefühlswelt durchlässig machen für neue Impulse.

Bitte lächeln!

Erinnern Sie sich noch an die Schriftsteller, die sich über die Mimik in eine fröhliche oder traurige Stimmung versetzen? Der Psychologe James D. Laird, Autor des Buches *Feelings: The perception of self,* wollte es noch genauer wissen: Muss der Mensch sich einen emotionalen Zustand vorstellen, damit der Gesichtsausdruck Gefühle induziert? Oder genügt schon das Bewegen der dazu nötigen Gesichtsmuskeln?

Um das herauszufinden, ließ Laird Testpersonen einen Stift zwischen die Zähne nehmen. Die dadurch erzwungene Kontraktion des »Lachmuskels« ähnelte entfernt einem breiten Grinsen. So ausgestattet sollten die Probanden sich Comics ansehen und beurteilen, ob sie diese lustig finden. Eine zweite Kontrollgruppe sollte den Stift mit den Lippen festhalten, was mit einem Lächeln wenig gemein hat. Was kam dabei heraus?

Die »Zähne-Gruppe« fand die Comics signifikant lustiger als die »Lippen-Gruppe«. In einem zweiten Experiment fand Laird heraus, dass Leute, die nicken, häufiger zustimmen als solche, die den Kopf ruhig halten.

Solche Experimente stützen eindrucksvoll die *Facial-Feedback-Hypothese*, der zufolge das Bewegen der Gesichtsmuskeln das emotionale Erleben beeinflusst.

Übung zum Lächeln

Das Lächeln ist einer der drei Faktoren in einer sehr wirksamen Embodiment-Mikropraxis, die auf den buddhistischen Mönch und Schriftsteller Thích Nhất Hạnh zurückgeht. Kai Romhardt, einer seiner Schüler, nennt diese kleine, täglich immer wieder anwendbare Übung A-L-I. Das Kürzel steht für:

Atmen

Lächeln

Innehalten

Tipp: Schaffen Sie sich »Achtsamkeitsanker«, die Sie mehrmals am Tag an die ALI-Übung erinnern. Das klassische Beispiel für einen solchen Anker ist der Knoten im Taschentuch. Im digitalen Zeitalter ist eine periodische Erinnerung per Smartphone vermutlich wirksamer. Sie können aber auch wiederkehrende Tätigkeiten als Reminder verwenden, etwa den Gang zur Espressomaschine, das Annehmen eines Anrufs oder das Abstellen des Autos auf dem Firmenparkplatz.

Versuchen Sie es doch gleich einmal mit ALI! Anfangs mögen Sie sich noch zum Lächeln zwingen müssen. Aber dank unseres lernwilligen Gehirns wird es Ihnen bald in Fleisch und Blut übergehen und peu à peu auch Ihr Denken positiv verändern.

Ein Plädoyer fürs Embodiment

So wie wir denken, so bewegen wir uns – und umgekehrt: achtsam und bewusst oder aber automatisiert und unaufmerksam. Gewahrsein im Moment erfordert konstante Präsenz im Körper. Durch Bewegungen jenseits der bekannten Muster, in fließender Verbindung mit der Atmung, können wir die unentdeckten Potenziale des Körpers entfalten und auch den Geist transformieren.

Mit dem durch Meditation und Embodiment gewonnenen Körperbewusstsein lassen sich elementare Gefühle leichter aus ihrem Versteck locken. Unser somatisches System meldet sie uns als Magengrummeln, Bauchweh, Zittern, innere Unruhe und durch viel subtilere Signale …

Indem wir den *Body-Mind*-Link für uns nutzen, gelangen wir zu tieferen Einsichten und nachhaltigeren Veränderungen als durch rein kognitive Ansätze. Als Hebel für diese innere Transformation dienen uns neue, durch den Pfad des Yoga inspirierte Formen der Bewegung und die Bewegungsmeditation. Sie unterstützen die mentale und emotionale Arbeit und machen unsere Gedanken- und Gefühlswelt durchlässiger für neue Impulse. Wir formen gleichsam die Welt unserer Gedanken neu, gestalten aktiv die vom Geist geschaffene Realität.

Gerade im digitalen Zeitalter ist die Verkörperung immer wichtiger. Denn je mehr Produkte, Dienstleistungen und sogar Freundschaften nur noch im virtuellen Raum existieren, desto stärker verliert der Geist Bezugspunkte. Embodiment hilft ihm dabei, aus der Bewusstheit für den eigenen Körper auch Bewusstheit für andere zu entwickeln. Je mehr wir uns spüren, desto mehr spüren wir andere. Und wer sich und andere spürt, der führt besser.

Reflexion zum Embodiment

Haben Sie schon einmal darüber nachgedacht, welches Verhältnis Sie zu Ihrem Körper haben? Fühlen Sie sich selbst auf den Zahn. Nehmen Sie sich ein Blatt Papier, um die Ergebnisse Ihrer Selbstreflexion festzuhalten. Wenn Sie die Übung meditativ durchführen möchten, gehen Sie genauso vor wie in der »Übung zu Führungsprinzipien«. Doch statt die dort aufgelisteten Punkte abzuarbeiten, stellen Sie sich die schlichte Frage: »Was ist mein Körper für mich?«

Und dann 20 Mal Schnellfeuer! Soll heißen: Denken Sie nicht lang über die Antworten nach. Einfach aus sich aufsteigen lassen, kurz notieren und gleich wieder vorüberziehen lassen. Fertig? Jetzt erst dürfen Sie Ihr Brainstorming analysieren. Fragen Sie sich:

- Welche drei Wörter fassen am besten zusammen, wie ich mich meistens bewege? (z. B. elastisch, verkrampft, souverän …) Würden andere diese Einschätzung teilen oder nehmen sie mich anders wahr?
- Welche Rolle spielt mein Körper in meiner Führung?
- Wie hat sich mein dominantes Bewegungsmuster auf mein Leben ausgewirkt? Wann bin ich dafür belohnt worden? Habe ich dadurch mehr Liebe, Sicherheit und Zugehörigkeit erfahren?
- Wie sähe mein Leben aus, wenn ich mich genau entgegengesetzt bewegen würde?
- Wie wird mein Leben in zehn Jahren aussehen, wenn meine Art, mich zu bewegen, und die ganze Körpersprache sich nicht ändern?
- Welche Änderungen in meinen Bewegungen und meiner Körpersprache wären hilfreich?

Notieren Sie die Antworten auf diese Fragen ebenfalls auf dem Zettel. Damit haben Sie einen guten Ausgangspunkt für Ihre persönliche Embodiment-Strategie.

Anleitung zum Glücklichsein

> *Jeder Mensch will glücklich werden; um das Ziel*
> *aber zu erreichen, müsste er zunächst wissen,*
> *was das Glück eigentlich sei.*
> JEAN-JACQUES ROUSSEAU

In Bhutan misst die Regierung den Fortschritt nicht am Wert aller produzierten Waren und Dienstleistungen, sondern am Bruttoinlands*glück*. Das Königreich ist das einzige Land der Welt, das Glück zum Staatsziel erhoben hat. Auch der Schutz der Umwelt ist dort in der Verfassung verankert. Ist der Himalaya-Staat ein kurioser Einzelfall oder könnte sein »Glücksprinzip« der ganzen Welt als Vorbild dienen?

Tatsächlich plädieren Wissenschaftler auch in den Leistungsgesellschaften des Westens inzwischen für einen Wertewandel, der dem Glück mehr Raum gibt. So schreibt etwa Richard Layard, Professor an der London School of Economics (2005, o. S.):

> *Wir brauchen nicht weniger als eine Revolution in der Wissenschaft: Alle Gesellschaftswissenschaften müssen zusammen dazu beitragen, das Glück zu untersuchen. Und wir brauchen eine politische Revolution: Glück muss das Ziel der Politik werden und jedes Land muss die Entwicklung des Glücks genauso messen und bewerten wie die des Bruttosozialprodukts.«*

Wie »produziert« man Glück überhaupt? Martin E. P. Seligman, der »Vater der Glücksforschung«, war überzeugt (2005, S. 14):

> *»Authentisches Glücksempfinden entsteht dadurch, dass Sie Ihre grundlegenden Stärken erkennen, pflegen und sie jeden Tag einsetzen bei der Arbeit, in der Liebe und im Umgang mit den Kindern.«*

Im Kontext mit der inneren Transformation schließen wir uns hier der Psychologin Sonja Lyubomirsky von der Universität von Kalifornien an. Sie definiert Glück als (2018, S. 41) …

> *»… eine Erfahrung der Freude, der Zufriedenheit oder des Wohlbefindens […], die mit dem Gefühl einhergeht, dass unser Leben gut, sinnvoll und lebenswert ist«.*

Es hängt nicht allein von Lebensumständen und auch nicht nur von angeborenen Faktoren ab, ob jemand glücklich durchs Leben geht. Wichtiger ist, was der Einzelne aus seiner Situation *macht*. Das zeigt sich an dem klaren Zusammenhang zwischen dem Gefühl des Glücks und angenehmen Tätigkeiten, die man als befriedigend empfindet. Menschen erleben dabei Freude, was darauf hinweist, dass ihr Körper Endorphine ausschüttet.

Psychologen der Harvard-Universität wiesen überdies einen weiteren »Glücksbaustein« nach. Im Laufe der Studie unterbrachen sie die Probanden immer wieder durch eine App, indem sie sich nach ihrer derzeitigen Tätigkeit und ihrem Befinden erkundigten. Das erstaunliche Ergebnis: Die Teilnehmer fühlten sich umso glücklicher, je ungestörter sie arbeiten konnten. Je mehr Ablenkung und Zerstreuung es gab, desto weiter verschlechterte sich ihre Stimmung. Die Art der Tätigkeit spielte dabei nur eine untergeordnete Rolle.

Allein dieser Zusammenhang sollte uns dazu bewegen, unseren Umgang mit sozialen Medien und anderen digitalen Ablenkungen zu überdenken. Manchmal ist weniger mehr. Probieren Sie es doch einfach einmal aus, indem Sie Ihre Onlinezeit auf ein vernünftiges Maß begrenzen.

Man sollte zudem erwarten, dass es einen Zusammenhang zwischen Glück und den Tugenden gibt, die ein Mensch für wichtig hält. In diese Richtung forschte auch Seligman zusammen mit Kollegen. Sie untersuchten eine Reihe philosophischer und religiöser Traditionen wie den chinesischen Konfuzianismus, den Buddhismus, das Judentum, den Islam und das Christentum. Die Anhänger dieser und weiterer Weltanschauungen schätzen sechs Kerntugenden des »menschlichen Funktionierens« (Dahlsgaard, Peterson, Seligman 2005):

◆ Liebe und Menschlichkeit
◆ Weisheit und Wissen
◆ Gerechtigkeit
◆ Mut
◆ Mäßigkeit
◆ Spiritualität und Transzendenz

Letztlich hängt es von der Persönlichkeit des Einzelnen ab, ob und in welchem Maß sich diese Tugenden entwickeln können. Jede einzelne äußert sich in verschiedenen Facetten. So gehört zu Weisheit und Wissen auch Neugier (Wissensdurst), Lernbereitschaft, Originalität, Urteilsvermögen, Weitblick und soziale Intelligenz.

Im Laufe ihrer Untersuchung gelangten die Forscher zu der Erkenntnis, dass diese inneren Stärken erlernbar sind. Ein Erwachsener wird diese Entwicklung aber nur vorantreiben, wenn sie für ihn einen Sinn ergibt. Und dazu bedarf es laut Seligman Spiritualität und Transzendenz. Weiter schreibt er (2005, S. 37):

> »Der Sinn des Lebens besteht darin, sich mit etwas Größerem zu verbünden – und je größer das ist, woran Sie sich halten, desto sinnvoller ist Ihr Leben.«

Ich werde im Folgenden auf einige wichtige Säulen des Glücks eingehen. Damit dieses sich überhaupt entfalten kann, nennt Lyubomirsky eine Handvoll Grundvoraussetzungen oder, wie sie es nennt, »fünf Schlüssel zu lebenslangem Glück« (2018, S. 9):

◆ Positive Emotionen
◆ Optimales Timing und Abwechslung
◆ Soziale Unterstützung
◆ Motivation, Einsatz und Engagement
◆ Gewohnheit

Wie äußert es sich im Alltag, wenn man die »fünf Schlüssel« einsetzt? Lyubomirsky und andere Wissenschaftler haben einige typische Denk- und Verhaltensweisen entdeckt, die überdurchschnittlich glückliche Menschen auszeichnen (2018, S. 32):

◆ Sie widmen ihren Familien und Freunden viel Zeit, pflegen und genießen diese Beziehungen.
◆ Sie genießen auch die großen und kleinen Freuden des Lebens und ruhen ganz im Hier und Jetzt.
◆ Es ist für Sie ein Leichtes, Dankbarkeit für das auszudrücken, was sie haben.
◆ Oft sind sie die Ersten, die anderen Hilfe anbieten.
◆ Sie treiben täglich oder zumindest wöchentlich Sport.
◆ Sie arbeiten aktiv und engagiert an ihren Lebenszielen.
◆ Mit Ausgeglichenheit und Stärke begegnen sie den täglichen Herausforderungen wie Krisen, Tragödien und Stress

Übung zum Glücksniveau

Wie hoch ist Ihr Glücksniveau? Der folgende von Sonja Lyubo-mirsky inspirierte Fragebogen ist insofern eine Übung, als er Ihre subjektive Einordnung auf der Glücksskala ermittelt (2018, S. 42 f.).

Bitte markieren Sie, wie stark die folgenden Punkte auf Sie zutreffen. Der Wert 1 steht für »gar nicht zutreffend« und 7 für »sehr zutreffend«.								
1. Allgemein halte ich mich für …								

… einen wenig glücklichen Menschen.	1 ❑	2 ❑	3 ❑	4 ❑	5 ❑	6 ❑	7 ❑	… einen sehr glücklichen Menschen.

2. Im Vergleich zu den Menschen in meiner Umgebung halte ich mich für …

… nicht so glücklich.	1 ❑	2 ❑	3 ❑	4 ❑	5 ❑	6 ❑	7 ❑	… sehr glücklich.

3. Manche sind im Großen und Ganzen sehr glücklich. Sie machen aus allem das Beste und genießen das Leben, selbst in schweren Zeiten. Inwieweit trifft das auch auf mich zu?

Überhaupt nicht.	1 ❑	2 ❑	3 ❑	4 ❑	5 ❑	6 ❑	7 ❑	Trifft voll zu.

4. Einige sind allgemein sehr unglücklich. Selbst wenn sie nicht mit Depressionen zu kämpfen haben, fühlen sie sich nie so glücklich, wie sie es sich wünschen. Inwieweit trifft das auch auf mich zu?

Trifft voll zu.	1 ❑	2 ❑	3 ❑	4 ❑	5 ❑	6 ❑	7 ❑	Überhaupt nicht.

Sind Sie mit Ihrer Selbstbewertung fertig? Dann geht es jetzt ans Rechnen:

1. Zählen Sie die Werte der Punkte 1 bis 4 zu Ihrer persönlichen *Glücks-summe* zusammen.

2. Teilen Sie die Glückssumme durch 4.

Und? Sind Sie eine Frohnatur oder doch eher ein Griesgram? Das maximale Niveau auf der Glücksskala liegt bei 7. Ein durchschnittliches Ergebnis läge bei 4,5 bis 5,5. Studenten erreichen gewöhnlich kaum ein Niveau von 5 Punkten, wohingegen sich erwachsene Berufstätige und Rentner im Bereich von 5,6 Punkten bewegen. Liegt Ihr Niveau darüber, dann sind Sie ein überdurchschnittlich glücklicher Mensch. Und wenn es darunter liegt? Dann wissen wir jetzt, wo Ihr Entwicklungspotenzial liegt.

Werte und Überzeugungen neu justieren

Wenn Sie Ihr Leben ändern wollen, beginnen Sie sofort damit, tun Sie es in großem Stil und machen Sie keine Ausnahmen.
WILLIAM JAMES

In Managementseminaren wird viel von Visionen, Missionen, Ambitionen und anderen »-ionen« gesprochen. Ich frage in meinen Workshops viel lieber: »Was sind die *Werte* in eurem Unternehmen?« Oft ernte ich dann nur ratlose Blicke. Oder es kommen Allgemeinplätze wie Respekt, Integrität, gute Kommunikation und Erstklassigkeit. Frage ich weiter, stellt sich oft heraus, dass Angst an die Stelle von Werten getreten ist. Angst, etwas falsch zu machen. Angst, am Ende des nächsten Quartals die Planzahlen zu verfehlen. Sie glauben gar nicht, wie viele Ängste es gibt!

Aber Angst ist kein Wert, sondern ein meist destruktiv wirkendes *Gefühl*. Werte wären Vernunft, Autonomie, Leidenschaft, Sicherheit, Verlässlichkeit, Einfühlsamkeit und Kooperation, um nur einige zu nennen. Wenn dagegen Furcht in einer Organisation weit verbreitet ist, sind die Auslöser meist unbewusste Grundannahmen wie: »Wer hier etwas falsch macht, wird bestraft.«

Um uns selbst neu zu justieren, brauchen wir einen klaren Fokus auf die Dinge, durch die wir dauerhaftes Glück finden. Oft stelle ich in meinen Coachings die Frage: »Was macht dich glücklicher?« Und dann zähle ich auf: »Beziehungsdinge wie ein liebevoller Partner oder ein einfühlsamer Chef; Vermögensdinge wie das Haus mit Garten und der Porsche in der Garage oder Ego-Dinge wie weniger Kilos auf der Waage, ein jüngeres Gesicht und endlich keine Rückenschmerzen mehr.«

Hand aufs Herz: Was davon würde Sie wirklich und dauerhaft glücklich machen? Die Antwort lautet: »Nichts.« Geld, Ruhm, Karriere und all das Zeug machen nicht glücklich, selbst Gesundheit nicht. Sie glauben das nicht? Wissenschaftliche Untersuchungen zeigen: Nur etwa 10 Prozent unseres Glücksniveaus hängen von äußeren Umständen ab. Laut Umfragen sind selbst Führungskräfte mit einem Jahreseinkommen von mehr als 10 Millionen Dollar (!) kaum glücklicher als ihre Mitarbeiter

(Lyubomirsky 2018, S. 31). All die oben aufgezählten Dinge bescheren Ihnen bestenfalls mehr oder minder kurze Glücks*momente.*

 Ein Glücksmoment hat mit Glück etwa so viel zu tun wie eine Sternschnuppe mit einem Stern.

Wo aber sollen wir dann nach echtem Glück suchen? Wissenschaftliche Untersuchungen in Verbindung mit eineiigen Zwillingen haben gezeigt, dass exakt die gleichen genetischen und gesellschaftlichen Voraussetzungen zu ganz unterschiedlichem Glücksempfinden führen können. Etwa die Hälfte unseres Glücksniveaus steuern die Erbanlagen bei, 10 Prozent nähren sich aus den Lebensumständen (Lyubomirsky 2018, S. 65). Macht etwa 60 Prozent, auf die wir keinen oder wenig Einfluss haben. Mit anderen Worten: Wir können mindestens 40 Prozent unseres Glücks durch eigenes Denken und Handeln beeinflussen, sodass es wächst – oder verkümmert.

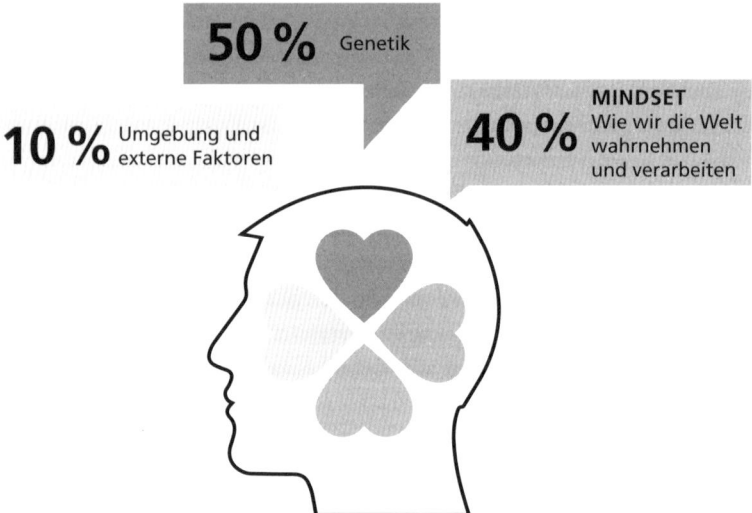

Abb. 17: Nur 50 Prozent unseres Glücksempfindens sind determiniert, den Rest können wir beeinflussen – vor allem durch die Veränderung unseres Denkens und unserer mentalen Gewohnheiten.

Eine unerschöpfliche Quelle des Glücks, an die kaum einer der vielen Unglücklichen auf diesem Planeten denkt, liegt tief in unserem Selbst. Wir müssen sie nur freilegen, damit sie munter sprudeln kann.

Psychotherapeuten vertreten beharrlich den Standpunkt, wir müssten unsere Kindheit aufarbeiten, um glücklich zu sein, traumatische Erlebnisse analysieren oder unsere typischen Verhaltensweisen durchdeklinieren. Ich rate weder davon ab, noch empfehle ich bestimmte Formen der »Glückstherapie«. Wer etwa Zeuge eines Terroranschlags war, braucht gewiss professionelle psychotherapeutische Hilfe.

Posttraumatische Belastungsstörungen sind aber noch immer die Ausnahme, nicht die Regel. Zum Glück! Die meisten fühlen sich lediglich wie ein Hamster im Hamsterrad: Sie strampeln sich täglich ab und fühlen sich dabei »einfach« nur unglücklich. Für diese still leidende Mehrheit gibt es andere Wege zum Glück wie Bewegung, Meditation und Spiritualität.

Werte stehen in Wechselbeziehung mit Überzeugungen, also mit den von Emotionen hervorgerufenen Vorstellungen von Richtig oder Falsch. Jemand mag sagen: »Frauen gehören an den Herd.« Oder: »Mitarbeiter sind grundsätzlich faul.« Das sind Glaubenssätze, die nicht auf Fakten, sondern auf Gefühlen beruhen. Trotzdem beeinflussen sie unterschwellig das Denken und Handeln – der Autopilot bestimmt den Kurs.

Wer sich selbst führen will, muss aber, wie wir gesehen haben, den Autopiloten abschalten. Ein ITC-Coaching und Meditation sind wirksame Mittel, sich seine verborgenen Verpflichtungen, Grundannahmen und Glaubenssätze bewusst zu machen und sie zu verändern. Dieses Befreien von negativen mentalen Konstrukten ebnet den Weg für positive Werte, die einem Kompass gleichen, an dem Sie zuverlässig Ihr Leben ausrichten können. So wie der Nordpol nicht jede Woche seinen Standpunkt ändert, haben auch gute Werte Bestand. Gepaart mit positiven Überzeugungen verleihen sie Ihrem Bewusstsein Rückhalt. Beides zusammen ist wichtig, um sich und andere zu führen.

Achtsamkeit entwickeln

In einer überfüllten, überreizten, überkomplexen Welt müssen wir auf neue Weise lernen, uns auf uns selbst zu besinnen. Achtsamkeit ist so gesehen die zwingend notwendige Fähigkeit, uns zu ent-reizen.

Matthias Horx

Inzwischen hat es sich herumgesprochen: Achtsamkeit lohnt sich. Der achtsame Mensch ist leistungsfähiger, kreativer und resilienter, also mental widerstandsfähiger. Dies bedeutet nicht, man könnte durch immer mehr Achtsamkeit immer mehr leisten. Das funktioniert nur bis zu einem gewissen Grad. Jeder Mensch hat einen individuellen Bereich der optimalen Leistungsbereitschaft. Die viel zitierte Formel »Mehr bringt mehr« ist dagegen ein Trugschluss. Ab einem bestimmten Arbeitspensum nehmen die Fehler zu, die Produktivität sinkt und im schlimmsten Fall enden wir im Burn-out.

Achtsamkeit ist gerade in Bezug auf die Angst, die wie geschildert zu den archaischen und negativsten Gefühlen zählt, besonders wichtig. Jenseits ihrer wichtigen Warnfunktion wirkt Angst bei vielen oft einfach nur lähmend auf die Entscheidungsfreude und Kreativität. Der achtsame Mensch indes begreift Angst als Chance für die eigene Weiterentwicklung (»Stell dich allem und wachse daran«). Solche Einsichten erschließen uns jedoch kaum die zahllosen Angebote zur Mindfulness, die mit vermeintlich einfachen Rezepten locken:

- ◆ Entwickeln Sie gesunde Routinen.
- ◆ Gehen Sie mit Prioritäten in den neuen Tag, nicht mit Mails.
- ◆ Pflegen Sie den Kontakt zu sich selbst und zu anderen.
- ◆ Erweitern Sie den Handlungsspielraum für sich und Ihr Team.
- ◆ Schaffen Sie optimale Rahmenbedingungen für Innovationen.

Das alles dürfen und sollen Sie sogar umsetzen. Doch ganz so leicht, wie es der Modetrend der Achtsamkeit verspricht, kommen Sie mir nicht davon. Ich will diese Lightversion der Mindfulness nicht kleinreden. Sie entwertet die Achtsamkeit nicht, sondern verwässert sie nur.

Die weltweit umfangreichste Studie zum »mentalen Training mithilfe westlicher und fernöstlicher Methoden der Geistesschulung« ist das vom Leipziger Max-Planck-Institut für Kognitions- und Neurowissenschaften begleitete *ReSource-Projekt*. Das Forschungsteam rund um die Neurowissenschaftlerin Tania Singer belegte den positiven Einfluss von Achtsamkeitspraxis auf unsere physische und psychische Verfassung. Achtsame Menschen verspüren weniger Stress, können sich besser konzentrieren und Dinge merken und entwickeln mehr Mitgefühl. Zudem empfinden sie eine größere Lebensqualität. Je nachdem, welche *Mindfulness*-Technik man anwendet, lassen sich unterschiedliche Effekte von Präsenz erzielen: mehr Fokus, Kreativität, mentale Widerstandskraft (Resilienz) oder mehr Einfühlungsvermögen.

Im Englischen gibt es den Fachbegriff der *Continuous Partial Attention* – der »steten Teilaufmerksamkeit«. Das trifft es recht gut: Haben Sie schon bemerkt, wie viele E-Mails voller Fehler stecken, nicht nur orthografisch, sondern auch inhaltlich? Selbst bei Studenten einer Eliteuniversität sinkt die Hirnleistung auf das Niveau eines Grundschulkindes, wenn sie sich gleichzeitig um zwei komplexe Dinge kümmern müssen. Tatsächlich ist Multitasking ein Mythos.

Ich erinnere mich an eine Klientin, die vermeintlich ihrem Mann einen Termin für ein Elterngespräch in der Schule bestätigt hatte: »Donnerstag um zehn wäre gut. ... Ich liebe dich. Danke für letzte Nacht.« Erst nach dem Klick auf *Senden* ging ihr siedend heiß auf: Sie hatte die Nachricht an mich geschickt. Das war sicher kein Weltuntergang. Aber es war ihr natürlich zutiefst peinlich. Dieses Missgeschick verdeutlicht schön die möglichen Folgen der steten Teilaufmerksamkeit.

Wer ein Team oder gar ein global agierendes Unternehmen führt, sollte sich solch einen Lapsus nicht erlauben. Er könnte in einer Katastrophe enden. Und doch treten solche Fehler im Alltag leider ständig auf. Was kann man dagegen tun?

Das Zauberwort lautet *Präsenz*. Diese beginnt damit, das eigene Leben zu defragmentieren. Jonglieren Sie im Kopf nicht ständig mit zehn Bällen gleichzeitig. Seien Sie bei einer Tätigkeit ganz präsent. Gönnen Sie sich auch ab und zu ein paar Minuten für Achtsamkeitsübungen wie das Fokussieren auf den eigenen Atem. Wie kann man die Achtsamkeit als »Homo digitalis« darüber hinaus in den Alltag integrieren? Hier ein paar Express-Tipps:

◆ Checken Sie E-Mails zu festen Zeiten.
◆ Falls Sie auf eine angespannte Situation mit einer emotionalen E-Mail reagiert haben, drücken Sie nicht sofort auf *Senden*. Nach

kurzem Innehalten verschicken Sie die Mail vielleicht in anderer Form. Oder gar nicht.

◆ Unterdrücken Sie den »Smartphone-Reflex« öfters mal für nur fünf Minuten. Verweilen Sie einfach nur mit sich im Moment.

Nicht dass Sie mich falsch verstehen. Ich halte Smartphones für nützliche Werkzeuge. Aber sie sind kein Ersatz für echte soziale Kontakte. Als Tool genutzt, können sie den achtsamen Umgang mit sich selbst und mit anderen sogar unterstützen. Das Handy eignet sich ja auch nicht nur als Wecker für die oben gezeigte ALI-Mikropraxis, sondern ebenso für andere Achtsamkeitsübungen. Setzen Sie dafür dreimal täglich eine Erinnerung. So schaffen Sie sich kleine Zeitinseln, um immer wieder neue Kraft und Klarheit zu gewinnen.

Regelmäßige Ereignisse können ebenfalls als »Marker« dienen, um sich an die nächste Achtsamkeitsübung oder Meditation zu erinnern. Das kann die Fahrstuhlfahrt sein oder der Moment, in dem Sie den Motor Ihres Autos abstellen, um gleich darauf das Büro zu betreten. Auch wiederkehrende Gänge lassen sich prima für eine Gehmeditation nutzen: Konzentrieren Sie sich auf dem Weg zur Toilette oder ins Parkhaus einfach auf Ihre Fußsohlen.

Manche praktizieren auch mittags einen *Mindful Lunch*, indem sie mit den Kollegen zunächst fünf Minuten schweigend essen und dabei ganz bei sich sind. Erst danach beginnen die normalen Unterhaltungen.

Regel – mäßig – bewegen

> *Wenn es um Gesundheit und Wohlbefinden geht,*
> *kommt regelmäßige Bewegung einem Zaubertrank so nah,*
> *wie es irgend möglich ist.*
> THÍCH NHẤT HẠNH

Yoga, Tanztherapie, Martial Arts und andere Arten des Embodiments können ganz schön anstrengend sein. Sie sind per se aber kein Sport, selbst wenn man dabei des Öfteren gehörig ins Schwitzen gerät. Deshalb ist es durchaus sinnvoll, sich *zusätzlich* sportlich zu betätigen. Ich habe es häufig genug betont: Unser Geist braucht Stille. Daher an dieser Stelle die komplementäre Empfehlung: Unser Körper braucht Bewegung. Leider machen es die meisten Menschen heutzutage genau umgekehrt.

Obwohl wir alle wissen, wie wichtig Bewegung ist, fällt es vielen ungemein schwer, den »Hintern hochzubekommen«. Vielleicht liegt es daran, dass viele Fitnesstrainer gescheiterte oder ausgemusterte Leistungssportler sind. Sie vermitteln ihren Jüngern die Vorstellung, dass Sport weh tun muss, wenn er etwas nützen soll. Kein Wunder, dass viele die guten Vorsätze nach kurzer Zeit wieder aufgeben und das Abo im Fitnessstudio verfallen lassen.

Bei der Bewegung kommt es auf Regelmäßigkeit an, wobei in diesem Wort der Begriff des »stetig Maßvollen« steckt. Besser täglich einige Minuten lang etwas für seinen Körper tun, als sich alle zwei Wochen bis zur totalen Erschöpfung auszupowern.

Und was hat das mit Meditation zu tun? Körperliche Aktivität wirkt wie ein Katalysator auf die Praxis der Meditation: Sie verstärkt den Effekt. Umgekehrt gilt das übrigens genauso. Ich selbst verbinde Meditation und Sport seit vielen Jahren. Diese Kombination empfehlen übrigens auch viele spirituelle Lehrer und Wissenschaftler. Die stimmungsaufhellenden Hormone, die der Körper beim Sport ausschüttet, sind nur einer der Gründe, die für *regel-mäßige* körperliche Betätigung sprechen.

Auch die bereits erwähnten Flow-Erlebnisse sprechen dafür. Für viele ist der Sport zusammen mit anderen auch ein Mittel, um Freundschaften zu knüpfen und soziale Kontakte zu pflegen.

Noch ein guter Rat: Erwarten Sie nicht, dass nach ein paar Tagen Sport die Hose besser passt und Sie sich wie auf Wolke sieben fühlen. Anfangs könnte sogar das Gegenteil der Fall sein. Wenn die Muskeln wachsen, bekommt Ihr Körper z. B. mehr Masse, zeigt auf der Waage also erst einmal mehr an. Das überschüssige Fett baut sich langsamer ab. Oder Sie fühlen sich während einer Übung miserabel, später dann aber zufrieden und motiviert. Üben Sie sich also auch beim Sport in Geduld. Es lohnt sich.

Konzentration

Es ist nicht leicht, konzentriert zu bleiben. Tag für Tag ergießen sich über uns wahre Sturzfluten von Informationen, noch verstärkt durch Social Media & Co. Ein Goldfisch kann sich laut einer 2015 von Microsoft Kanada durchgeführten Studie neun Sekunden lang konzentrieren, der moderne »Homo digitalis« dagegen im Durchschnitt nur noch acht Sekunden. Psychiater wie Dr. Edward Hallowell sprechen inzwischen von einer »antrainierten Aufmerksamkeitsstörung«. Gemäß der Microsoft-Studie blicken wir durchschnittlich 88 Mal pro Tag auf unser Smartphone und entsperren es 53 Mal, um es aktiv zu benutzen (Narbeshuber, Narbeshuber 2019, S. 106).

Die Folgen kennen wir bereits: Wer nicht aufmerksam ist, macht mehr Fehler und ist weniger produktiv. Einige Unternehmen haben damit begonnen, E-Mail-freie Zeiten im Arbeitstag einzurichten, um wenigstens zeitweise die ständigen Unterbrechungen abzustellen. Kein schlechter Ansatz zum Verbessern der Konzentration.

Schwerwiegender ist da schon das Abreißen des Kontakts zum Gegenüber, das ganz genau merkt, wenn wir im Gespräch zwischendurch »abschalten«. In Verbindung mit dem Smartphone kann das sogar unbewusst geschehen, wie die beiden Forscher Andrew Przybylski und Netta Weinstein 2012 in einer beachtenswerten Studie bewiesen haben.

Sie luden einander fremde Personen zu Zweiergesprächen ein. Bei einem Teil der Teilnehmer lag ein *ausgeschaltetes* Smartphone auf dem Tisch, bei den übrigen war kein Mobiltelefon zu sehen. Erstaunlicherweise empfanden Testpersonen, die das Handy im Blickfeld hatten, die Unterhaltung als weniger empathisch und vertrauensvoll als in den Fällen ohne Smartphone. Offensichtlich hat sich das Smartphone in unser Gehirn eingebrannt als ständige Erinnerung daran, dass wir permanent auf Abruf sein müssen. Die Folge: Wir können uns nicht mehr auf den gegenwärtigen Moment konzentrieren und auf unser Gegenüber einlassen.

Hier gab es also erkennbar eine »Umprogrammierung« des Gehirns, die uns von unserer Sinnes- und Körperwahrnehmung entkoppelt. Auch regelmäßig anhaltende Bildschirmarbeit trennt uns von unserem somatischen System. Diese Konditionierung nutzen die Entwickler von sozialen Medien und so mancher App. Sie bauen den »Suchtfaktor« ganz bewusst in ihre Software ein. Unter der daraus entstehenden Abhängigkeit leiden der Nachtschlaf, die Fähigkeit abzuschalten und sich zu regenerieren, die sozialen Kontakte und vieles mehr. Der erste Schritt raus aus dieser Sucht besteht darin, sie uns bewusst zu machen.

Den Geist »umzubauen« schafft man nicht durch das Befolgen einfacher Regeln. In Seminaren und Coachings zeige ich meinen Klienten, wie sie sich durch Meditation und Achtsamkeitspraxis stärker im Hier und Jetzt verankern können. Dadurch halten sie besser ihre Konzentration und den Fokus. Dies zu lernen, ist ein Prozess, der auch Sie im *Mind Movement Mastery* stetig voranbringt.

Klarheit

Das ist der Moment, in dem sich die Intuition entfaltet,
man Dinge klarer sieht und mehr der Gegenwart verhaftet ist.
STEVE JOBS

Im beruflichen Alltag wechseln die Themen oft so schnell, dass wir das Business nur noch wie im Stroboskoplicht wahrnehmen. Wir kommen nicht mehr dazu, die eigenen Annahmen zu hinterfragen, sondern »machen nur noch«. Das raubt uns die Klarheit.

Eigene Leitbilder und Annahmen beruhen oft auf Wissen und Erfahrungen. Diese geben uns ein Gefühl der Sicherheit, das in eine Art Sucht ausarten kann: Jede kleinste Abweichung vom vermeintlich »sicheren Weg« versetzt den Verstand in Panik und der wiederum induziert Gefühle wie Sorge und Angst. Wer sich in diese Sackgasse verirrt, kann die Änderungen in der zunehmend komplexen Welt nicht gebührend berücksichtigen.

Wie erlangt man seine Klarheit zurück? Sie kennen die Antwort bereits: innehalten, im Moment verweilen, beobachten, was ist und wo man im Netz der eigenen Annahmen und Vorstellungen klebt wie die Fliege im Spinnennetz. Oder kurz: durch Achtsamkeit. Sobald Sie wieder beginnen, klar zu sehen, können Sie auch frei *wählen.*

Der natürliche Geist *(Mind Only)* ist unteilbar. Was nützt mir das im Geschäftsalltag? Nun, je mehr das Gefühl des Unterschieds zwischen dem »Ich« und dem »anderen« abnimmt, desto leichter kann ich mich mit anderen Wesen, ja sogar mit meiner Umwelt identifizieren. Die Welt ist dann plötzlich gar kein so furchterregender Ort und die Feinde sind gar keine Feinde mehr. Die »anderen« sind Geschöpfe wie ich, die sich nach Glück und Freiheit von Leid sehnen und mit aller Kraft danach streben. Und ich erkenne an, dass auch andere die Gabe in sich tragen, Unterschiede als Trugbilder des Geistes zu erkennen, sich auf das Verbindende zu konzentrieren.

Je mehr Menschen zu dieser Klarheit finden, desto bessere Lösungen können sie entwickeln. Lösungen, die nicht nur ihnen selbst nützen, sondern allen Geschöpfen zum Wohl gereichen.

Kreativität

Kreativität ist Intelligenz, die Spaß hat.

ALBERT EINSTEIN

Geistesblitze sind ein zentrales Element von Innovation, meint William Duggan von der Columbia Business School. Er konstatiert, im Einklang mit aktuellen Erkenntnissen der Gehirnforschung, dass unser Gehirn ab und zu eine Entschleunigung braucht, um den Zustand der Kreativität zu erreichen. Überdies bringe Geistesgegenwart bessere Ideen hervor.

Vielleicht haben Sie das selbst auch schon erlebt: Sie brüten verzweifelt über einem Problem, finden aber einfach keine Lösung. Dann unternehmen Sie einen Spaziergang – lassen innerlich einfach mal los – und plötzlich kommt eine Idee! »Manchmal braucht ein guter Text die Entfernung vom Schreibtisch«, schreibt Jan Oliver Wurl im *Handbuch Werbetext* (Winter 2008). Das Herbeiführen dieser inneren Stille, die jeder Form von Kreativität Tür und Tor öffnet, lässt sich lernen.

Haben Sie schon einmal gehört, wie die Marke Red Bull zu ihrem Claim gekommen ist? Das war eine schwere Geburt. Johannes Kastner, der Werbetexter des Red-Bull-Gründers Dietrich Mateschitz, hatte schon zwei Jahre lang vergeblich daran gefeilt. Mit dem Slogan »Red Bull belebt Geist und Körper« war keiner der beiden so recht glücklich. »Kastner wollte das Handtuch werfen und bat Mateschitz, sich nach einer anderen Agentur umzusehen. Der aber bewegte ihn dazu, die Angelegenheit noch eine Nacht zu überdenken. Der Legende nach wurde in dieser Nacht der Slogan geboren« (Winter 2008, S. 291) – ein Claim, der die Eigenschaften eines Energy-Drinks bildhaft, griffig und einprägsam beschreibt: »Red Bull verleiht Flüüügel.«

Waren hier Zeitdruck und gesunder Ehrgeiz die Geburtshelfer, wie Wurl es vermutet? Mateschitz hatte mit der Bitte, noch einmal darüber zu schlafen, auch eine andere Botschaft gesendet: »Hör mit dem Denken auf. Fühle!« Vielleicht hat er nicht bewusst an diesen meditativen Ansatz gedacht, aber offenbar führte genau dieser – das Ausschalten des zwanghaften Denkens – zum Ergebnis, zu einem der erfolgreichsten Claims der neueren Wirtschaftsgeschichte. Eine Sternstunde der Kreativität.

Sie erinnern sich noch an das ungezähmte Pferd und den Affengeist? Beide sind Metaphern, die unseren ununterbrochenen Strom von Gedanken bildhaft beschreiben. Dieser Strom versperrt den Weg zu der Weisheit, die tief in uns verborgen liegt: den Schatz aus all unseren Eindrücken, Erfahrungen und auch aus unserem im Alltag erprobten Wissen. Mit *Mind Movement Mastery* kann Ihr Geist den mächtigen Gedankenstrom anhalten und der Kreativität grenzenlosen Raum geben.

Mitgefühl

Sei freundlich, wann immer es möglich ist.
Es ist immer möglich.
DALAI LAMA XIV.

Viele Denker und Autoren verwenden den Begriff »Herz« (»ein Herz haben«) als Metapher für den Sitz der Gefühle. Wer sich selbst transformieren will, muss seine Gefühle unbedingt miteinbeziehen. Die zwei stärksten sind wohl Liebe und Mitgefühl. Die überkommene Annahme, eine Führungskraft habe ihre Gefühle in Zaum zu halten, ist da natürlich nicht sonderlich hilfreich. Deshalb über Bord damit!

Echtes Mitgefühl geht über die Empathie, das Mitempfinden der Gefühle anderer, weit hinaus. Ein mitfühlender Mensch ist sich bewusst: Das Leiden des anderen könnte mich irgendwann genauso treffen.

Viele wenden sich vom Leid anderer einfach ab oder fügen anderen gar Leid zu, weil es sie nicht oder kaum berührt. Schlimm, wenn solche Gefühlskälte von den Eltern kommt. Das hinterlässt Wunden, mitunter ein Leben lang.

Die gute Nachricht ist: Wer sich vom Leid anderer abwenden kann, vermag sich ihm auch zuzuwenden. Man kann sein Mitgefühl wie einen Muskel trainieren und stärken, und dafür gibt es gute Gründe. Jesus lehrte seine Jünger: »Du sollst deinen Nächsten lieben *wie dich selbst.*« Wer kein Mitgefühl mit sich selbst hat, der kann auch keins für andere empfinden. Deshalb ist es so wichtig, in unserem Leben den Raum zu schaffen, um unser eigenes Leiden wahrzunehmen und uns selbst freundlich zu behandeln.

 **Uns durch Präsenz dem Mitgefühl zu öffnen, ist nicht nur gut für die anderen, sondern auch für uns selbst.**

Ein Blick in die Geschichte legt die Vermutung nahe, dass Gewalt und Grausamkeit zu unserer biologischen Grundausstattung gehören. Das landläufig – aber nicht zu Recht – mit Darwins Evolutionstheorie in Verbindung gebrachte Prinzip »Überleben des Stärkeren« scheint allgegenwärtig. Warum also nicht schonungslos seine Ellbogen einsetzen? Weil es eine noch stärkere biologische Veranlagung in uns gibt, nämlich die zu Freundlichkeit, Mitgefühl, Liebe und Fürsorge.

Das tibetische Wort für Mitgefühl, *nying-je,* beinhaltet eine unmittelbare Ausdehnung des Herzens, sodass sich selbstlose Liebe entfalten kann. Im tibetischen Buddhismus umfasst Mitgefühl daher auch das spontane Gefühl des Verbundenseins mit allen Lebewesen. Was du fühlst, fühle ich; was ich fühle, fühlst du. Zwischen dir und mir gibt es keinen Unterschied.

Man muss kein Anhänger des Buddhismus sein, um zu erkennen: Uns Menschen verbindet mehr, als uns unterscheidet. Trotzdem konzentrieren wir uns allzu oft auf die Unterschiede – und reiben uns daran. Durch Mitgefühl verstehen wir die enormen Ähnlichkeiten besser. Es muss nicht immer verändern, *was* wir tun, doch es wird verändern, *wie* wir es tun.

Leader mit diesem erweiterten Verständnis von Mitgefühl führen mit dem Ziel einer Win-win-win-Situation: gut für das Unternehmen, gut für die Mitarbeiter, gut für die Gesellschaft. Und das ist wichtig, denn Kunden fühlen sich zunehmend zu Produkten und Marken hingezogen, die nachhaltig agieren und für die Umwelt Verantwortung übernehmen. Auch deshalb spenden einige Unternehmen einen Teil ihres Gewinns für Umweltschutzprojekte oder an Non-Profit-Organisationen.

Ein geradezu überwältigendes Beispiel für die Kraft des Mitgefühls ist die Geschichte von Sheri Schellhaas, Vizepräsidentin für Forschung und Entwicklung bei General Mills. Sheri befand sich auf dem Rückweg von einer Geschäftsreise und war ziemlich geschlaucht und müde. Nach der Ankunft am Flughafen sagte sie dem Taxifahrer kurz, wohin er sie bringen sollte. Sie wollte gerade die Augen schließen, um etwas zu entspannen, als er über das kalte Winterwetter zu plaudern begann. Er kam aus Afrika. Schnee und Eis seien neu für ihn, erzählte er. Kälte sei nicht so sein Ding. Weil er munter weiter plauderte, gab Sheri schließlich die Hoffnung auf ein erholsames Nickerchen auf und hörte ihm mit wachsender Neugier zu.

Während das Taxi Kilometer fraß, tauchte sie in die Geschichte des Mannes ein. Seine Heimat war Malawi: Armut, wohin man schaute. Kaum Wasser, wenig Essen, keine Bildungschancen, keine Perspektive. Kinder aus armen Familien verhungerten buchstäblich. Jahrelang hatte der Taxifahrer für die Reise nach Amerika geschuftet, um hier ein besseres Leben zu finden …

Seine Geschichte bewegte Sheri zutiefst. Zusammen mit ihrem Team bei General Mills stellte sie in der Freizeit ab und zu für die gemeinnützige Organisation Feed My Starving Children (FMSC) Mahlzeiten aus Getreide zusammen. Nach dem Gespräch mit dem Taxifahrer überlegte sie: »Wie kann ich FMSC dazu bringen, auch nach Malawi zu gehen?«

Sheri hatte sich ein ehrgeiziges Ziel gesetzt: Sie wollte eine Million Mahlzeiten in das ostafrikanische Land verschicken. Nur, woher das Geld nehmen? Sie bemühte sich um Fördermittel aus einer Stiftung ihres Arbeitgebers und bekam tatsächlich die nötigen Mittel. Und wer sollte jetzt eine Million Mahlzeiten verpacken?

Eines Morgens veranstaltete sie für die Mitarbeiter von General Mills ein offenes Treffen. Sie erzählte ihnen von ihren Plänen und hängte eine Liste für freiwillige Helfer aus. Sheris Zuhörer merkten sofort, mit wie viel Herzblut sie ihr Spendenprogramm anging. Das wirkte ansteckend. Binnen Kurzem war die Helferliste voller Namen und bald darauf ging die Hilfslieferung auf den Weg nach Afrika.

Das klingt nach einem Happy End, doch die Geschichte geht noch weiter: Etliche der freiwilligen Helfer wollten ihr Engagement nicht auf dieses eine Projekt beschränken. So baute man die Kontakte nach Malawi aus, um Schulen und Brunnen zu bauen, die Technologie weiterzuentwickeln und Lebensmittel haltbarer zu machen. Schließlich beteiligten sich Hunderte, und Tausende profitieren davon. Und wie fing alles an? Mit der Geschichte eines Taxifahrers. Und mit einer Emotion: Mitgefühl.

Besser kann man kaum veranschaulichen, was *Mind Movement Mastery* zu bewegen vermag. Es ist schlichtweg falsch, Gefühle aus der Leadership herauszuhalten, denn sie sind eine *Notwendigkeit!*

Wer als Führungskraft sein Herz – die Gefühle – ebenso schätzt wie den Geist, eröffnet sich mehr Möglichkeiten. Spannen Sie den analytischen Verstand also zusammen mit den Gefühlen vor Ihren Karren. Das macht Sie mitfühlender, inspirierter und vergrößert Ihr Repertoire an Reaktionen und Handlungen.

Übung zum Mitgefühl

Teil 1: Tägliche Praxis

In den folgenden Übungen geht es um Freundlichkeit als solide Basis zum Entwickeln von mehr Mitgefühl. Versuchen Sie nach alter Pfadfindermanier – »Jeden Tag eine gute Tat« – täglich bewusst jemandem etwas Freundliches zu sagen oder ihm auf andere Art Freundlichkeit zu erweisen. Es sollte ein Moment sein, von dem Sie am Abend sagen können: »Da bin ich wirklich freundlich gewesen.« Gute Ansatzpunkte für Freundlichkeit finden Sie, wenn Ihnen die typischen Bedürfnisse bewusst sind, die alle Menschen haben:

- Jeder möchte frei sein von körperlichem und emotionalem Schmerz.
- Jeder möchte sich stark und gesund fühlen.
- Jeder möchte ein harmonisches Leben ohne belastende Extreme.
- Jeder möchte glücklich sein.

Kurz: Jeder Mensch strebt nach der Freiheit von Leid. Dieser Zustand ist auch das große Ziel der Meditation. Selbst wenn Sie dieses menschliche Bedürfnis bei anderen nie auf Dauer stillen werden, können Sie ihnen doch zumindest für kurze Zeit das Gefühl vermitteln, glücklicher, sicherer, stärker, vitaler und beschwingter zu sein. Dann haben Sie dieser Person wahrhaft große Freundlichkeit erwiesen.

Also, seien Sie nicht nur nett. Tun Sie konkret etwas, das mindestens einen Mitmenschen glücklicher macht, ihm Sicherheit gibt, ihn stärkt oder seine körperliche Unversehrtheit schützt, das ihn mehr Harmonie empfinden oder die Last des Alltags leichter tragen lässt. Fangen Sie spätestens morgen damit an.

Teil 2: Meditation über Freundlichkeit

Nun folgt eine meditative Übung, eine sogenannte *Metta-Meditation*, in der es um liebende Güte oder, ganz konkret, um Freundlichkeit geht. Suchen Sie sich für die Praxis eine bequeme Sitzposition, in der Ihr Körper Ruhe finden und sich getragen fühlen kann. Konzentrieren Sie sich dann einige Minuten lang auf Ihren normalen Atem. Bitte nicht anders atmen als sonst auch. Untersuchen Sie aufmerksam, was Sie dabei empfinden: in der Nase, in der Brust oder tief im Bauch. Halten Sie die Aufmerksamkeit, ohne sich von Gedanken oder Gefühlen ablenken zu lassen.

Sobald Sie in Ruhe dem eigenen Atem folgen, wechseln Sie zu Schritt zwei der Übung. Sprechen Sie in Gedanken jeden der nachfolgenden Sätze drei Mal:

- Möge ich sicher vor körperlicher und emotionaler Verletzung sein!
- Möge ich stark und gesund sein!
- Möge ich glücklich sein!
- Möge ich in Leichtigkeit und Freude leben!

Nehmen Sie sich für das innere Sprechen Zeit. Spüren Sie dabei Ihren Körper, vor allem die Herzregion. Legen Sie nach jedem Satz eine Pause von mehreren Atemzügen ein. Richten Sie Ihre Aufmerksamkeit dabei offen und neugierig a) auf die Erfahrung beim Sprechen der Sätze und b) auf die dabei aufsteigenden Empfindungen in Ihrem Körper. Nichts von dem, das da aufsteigt, bedarf einer Bewertung oder Korrektur. Nehmen Sie einfach nur wahr, was ist.

Sollte Ihre Aufmerksamkeit abdriften, konzentrieren Sie sich eine Weile wieder auf Ihren Atem, um sie neu zu fokussieren. Dann fahren Sie mit der Übung fort.

Nach Abschluss des zweiten Teils der Übung können Sie in sich hinein-hören und sich fragen, wie es sich angefühlt hat, sich selbst mit Freund-lichkeit und Mitgefühl zu begegnen. Seien Sie behutsam mit sich, während Sie diesen Fragen nachgehen. Bleiben Sie aufgeschlossen und neugierig auf das, was auftauchen mag.

Es ist nützlich, diesen Teil der Freundlichkeitsübung an mehreren auf-einanderfolgenden Tagen zu wiederholen, ehe Sie zu Teil 3 übergehen.

Teil 3: Den Kreis erweitern

Im letzten Übungsteil zur Freundlichkeit erweitern Sie den Kreis nach außen. Sie sollen die zuvor auf sich selbst bezogenen Bedürfnisse auf jemand anderen projizieren. Dazu brauchen Sie zunächst eine Person, die Sie bedingungslos liebt. Er oder sie nimmt Sie genau so, wie Sie sind. Rufen Sie sich sein/ihr Bild in den Sinn. Können Sie die Person sehen? Gut. Dann fahren Sie ähnlich fort wie in Teil 2 der Übung: Spre-chen Sie jeden der folgenden vier Sätze, jeweils mit einigen Atemzügen Pause dazwischen, drei Mal:

- Mögest du sicher vor körperlicher und emotionaler Verletzung sein!
- Mögest du stark und gesund sein!

- Mögest du glücklich sein!
- Mögest du in Leichtigkeit und Freude leben!

Welche Empfindungen steigen diesmal in Ihnen auf? Das verrät Ihnen Ihr Körper wieder besonders in der Herzgegend. Gibt es da vielleicht Wärme oder einen Anflug von Leichtigkeit? Fühlen Sie sich mit dem Menschen verbunden?

Für einige Minuten kehren Sie nun zu den schon bekannten Atemübungen zurück, um Ihre Aufmerksamkeit auf ein neues »Objekt« vorzubereiten. Sobald wieder die Ruhe in Körper und Geist eingekehrt ist, erweitern wir nun nochmals den Kreis.

Sprechen Sie wie schon zuvor in Gedanken dieselben Sätze wie eben je drei Mal mit einer Atempause dazwischen. Diesmal richten Sie die vier Aussagen an eine Person, zu der Sie eine schwierige Beziehung haben. Welche Empfindungen steigen jetzt in Ihnen auf? Spüren Sie auch diesmal in Ihr Herz. Nichts von dem, was da aufsteigt, bedarf einer Bewertung oder Korrektur. Wenn Sie bemerken, dass es Ihnen schwerfällt, für diese Person Mitgefühl zu entwickeln, kehren Sie zu einem Menschen zurück, bei dem Ihnen dies leichter fällt.

Zum Abschluss der Meditation zur liebenden Güte erweitern Sie den Kreis der Menschen, denen Sie Ihr Mitgefühl senden, sukzessive:

- Alle Menschen in Ihrer Straße und/oder Ihrem Wohnviertel
- Alle Menschen in Ihrer Stadt und/oder Ihrem Land
- Alle Menschen auf der Welt
- Alle Lebewesen

Rufen Sie sich für jede neue Person oder Gruppe zunächst das passende Bild in den Sinn. Beginnen Sie dann wieder mit der Atemübung, ehe Sie die vier Wünsche aussprechen.

Bei Menschen, bei denen Ihnen diese Übung Probleme bereitet, analysieren Sie bitte nicht, warum Sie diese weniger mögen können oder mit ihnen auf Kriegsfuß stehen. Aber machen Sie sich auch bei ihnen eines klar: *Diese Menschen haben dieselben vier Grundbedürfnisse wie Sie.*

Es geht in dieser Übung nicht darum, sich schonungslos einer schmerzlichen Wahrheit zu stellen. Gehen Sie sanft und mitfühlend mit sich um, so wie Sie es vielleicht mit Ihrem Kind tun würden. Sie müssen der Person, mit der Sie Probleme haben, nicht verzeihen oder die Gefühle ihr gegenüber ändern. Das mag sich später ergeben, aber ohne Zwang. Die Praxis der Freundlichkeit soll einfach Ihr Herz öffnen, damit Sie erkennen, dass wir alle gemeinsam in dieser Welt leben, dass es grundlegende Wünsche gibt, die alle Menschen und sogar alle Lebewesen teilen, und dass wir alle von Zeit zu Zeit leiden.

Beschließen Sie die Übung mit dem zweiten Teil, indem Sie in Gedanken noch je zwei Mal die vier »Möge ich«-Sätze sprechen. So schließt sich der Kreis beim Selbstmitgefühl.

Entfachen von Bedeutung, Sinn und Zweck

Sein, was wir sind, und werden,
was wir werden können,
das ist das Ziel unseres Lebens.
BARUCH DE SPINOZA

Im Januar 2013 berichtete ein *Deloitte*-Newsletter über einen ehemaligen Mitarbeiter von Goldman Sachs. Die *New York Times* hatte dessen Kündigungsbrief abgedruckt, was allein schon bemerkenswert war. Mehr noch traf das auf den im Brief erläuterten Grund zu, der den Mann zum Quittieren seines Dienstes bewogen hatte:

»Als ich den Interessenten nicht mehr in die Augen sehen konnte, wenn ich ihnen vorschwärmte, was für ein toller Arbeitsplatz sie bei uns erwartet, wusste ich, es ist Zeit zu gehen.«

Mit seinem Gefühl steht der hochbezahlte und trotzdem frustrierte Banker nicht allein da. Der Psychiater Viktor E. Frankl war überzeugt: »Das Leben für eine Sache oder andere Menschen ist nicht durch den Austausch von Gütern ersetzbar.« In den letzten Jahren empfinden immer mehr Arbeitnehmer so. Viele Talente schielen nicht mehr so wie früher auf einen Job, der ihnen »viel Kohle bringt«. Sie wünschen sich eher eine Arbeit, in der sie einen echten Sinn erkennen. Wenn dann auch noch die Bezahlung stimmt, haben sie nichts dagegen.

Studien wie der *Gallup Engagement Index* zeigen Jahr für Jahr auf, wie wenig Sinn Mitarbeiter in ihren Tätigkeiten erfahren und wie mäßig sie sich für ihre Aufgaben engagieren. 2019 verrichteten in Deutschland die meisten Arbeitnehmer (69 Prozent) nur Dienst nach Vorschrift, 16 Prozent hatten innerlich gekündigt, gerade einmal 15 Prozent waren mit vollem Engagement dabei (Wolter 2019).

Wer in seinem Handeln keine Bedeutung erkennt, tut bestenfalls seine Pflicht. Ihm fehlt der Antrieb. Es kommt keine Freude auf. Die berüchtigte Midlifecrisis ist oft eine Folge von Bedeutungslosigkeit. *Mind Movement Mastery* fußt auf positiven Prinzipien, die im Verbundensein mit anderen Bedeutungen aus intrinsischen Zielen schöpft. Als Leader bewirken Sie aber nur dann etwas, wenn diese Prinzipien in Ihre tägliche Führungspraxis eingehen. Den Mitarbeitern ein Gefühl für den Sinn ihrer Arbeit zu vermitteln, sollte immer ein zentraler Punkt auf Ihrer Prioritätenliste sein.

Übung zu Bedeutung und Lebenslinie

Sie werden Ihren persönlichen Lebenssinn leichter aufspüren, wenn Sie sich die wichtigen Ereignisse und Prägungen Ihres Lebens vor Augen führen. In dieser Übung können Sie Ihre persönliche Lebenslinie in fünf Schritten erstellen.

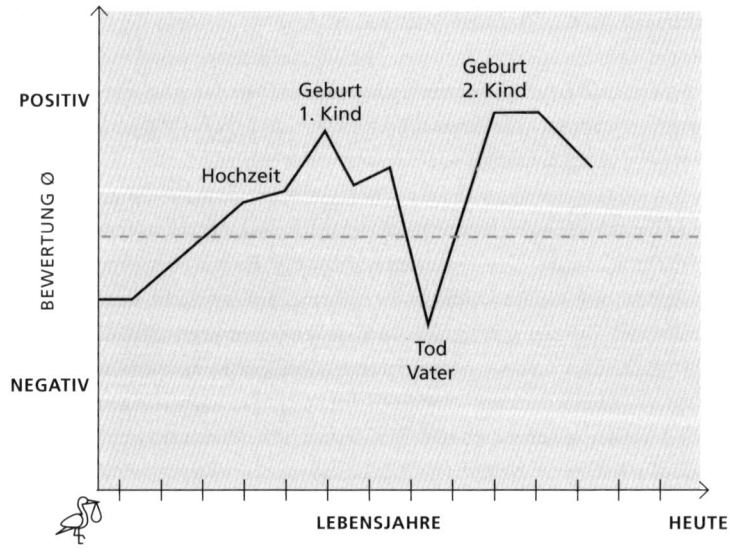

Abb. 18: Beispiel Lebenslinie

Schritt 1:

Zuerst skizzieren Sie einen Zeitstrahl mit einer horizontalen X-Achse für den Zeitverlauf, der bis zu Ihrem aktuellen Lebensjahr führt. Die vertikale Y-Achse dient der Bewertung des Erlebten (oben positiv, unten negativ), in der Mitte der Y-Achse tragen Sie eine horizontale Mittellinie ein, die für eine neutrale Bewertung steht.

Schritt 2:

Jetzt beginnt die Erinnerungsarbeit. Rufen Sie sich wesentliche Meilensteine oder Wendepunkte Ihres Lebens in den Sinn. Bewerten Sie jede Erfahrung und markieren Sie diese entsprechend auf der Zeitachse. Die Beurteilung erfolgt danach, ob Sie die jeweiligen Erlebnisse als »positiv« oder »negativ« empfunden haben. Freudige Ereignisse werden oberhalb der Mittelachse (neutral) markiert, belastende oder weniger gute Geschehnisse darunter. Dabei gilt: Je »emotionaler« die Erfahrung war, desto höher oder tiefer platzieren Sie die Markierung. Die Marke versehen Sie dann mit einem Namen oder einer Überschrift wie »Geburt des Kindes« oder »Promotion«. Beginn und Ende wichtiger Freundschaften, der Tod geliebter Menschen, Ausbildungen, Beginn und Ende von Jobs, Eheschließung oder Scheidung, erreichte Ziele, die Bewältigung von Lebenskrisen und ähnliche Meilensteine gehören ebenfalls in das Diagramm.

Lassen Sie sich Zeit beim Erstellen der Lebenslinie. Falls die Erinnerung stockt, kann ein Blick ins Fotoalbum wichtige Hinweise liefern.

Schritt 3:

Wenn alle wesentlichen Freignisse, Meilensteine und Wendepunkte des Lebens erfasst und bewertet sind, geht es ans Interpretieren der Lebenslinie. Dazu verbinden Sie alle erfassten Punkte in chronologischer Folge. Das Ergebnis aus den Aufs und Abs Ihres Lebens gleicht vielleicht einer Fieberkurve. Interessant wird es an den jeweiligen Hoch- und Tiefpunkten bzw. an den Wendepunkten. Dazu könnten Sie sich fragen:

- *Tätigkeiten:* Was habe ich damals getan? Was machte mir Spaß, was nicht?
- *Beziehungen:* Wer stand mir damals nahe? Wer hat mir geholfen, wer geschadet?
- *Erfahrungen:* Was habe ich damals gelernt? Welche Kompetenzen nützten mir dabei, eine besondere Lebensphase zu bewältigen?

- *Befinden:* Wie ging es mir? War ich zufrieden? Was gab Kraft, was hat Kraft gekostet?

Schritt 4:

Die Antworten auf die Fragen in Schritt 3 werden jetzt noch einmal reflektiert und auf die Gegenwart bezogen. Welche Begriffe (z. B. Kompetenzen oder Ressourcen) fallen Ihnen auf? Gibt es Muster, die sich im Zeitstrahl wiederholen? Sind diese Muster eher hilfreich oder schädlich? Wie wirken sich diese Muster auf die Gegenwart aus?

Schritt 5:

Nun können Sie den Blick in die Zukunft richten und aus der Lebenslinie wichtige Schlüsse ableiten, um Ihr zukünftiges Leben neu auszurichten. Folgende Fragen werden Ihnen dabei helfen:

- Wie heißt das nächste wichtige Kapitel in meinem Leben?
- Was ist meine wahre Leidenschaft?
- Was würde ich anpacken, wenn ich den Mut dazu fände?
- Hätte ich die Chance dafür ergriffen oder bekäme ich sie jetzt – was wollte ich schon immer einmal tun?
- Was ruft mir meine innere Stimme zu? Was sollte ich tun?
- Was kann ich *jetzt* »geben«, nachdem mich das Leben darauf vorbereitet hat?

Last but not least: Was sind Ihre persönlichen Schlussfolgerungen? Welche Muster erkennen Sie in Ihren Antworten?

Bewältigungsstrategien entwickeln

Eine Krise kann ein produktiver Zustand sein. Man muss ihm nur den Beigeschmack der Katastrophe nehmen.
Max Frisch

Jeder geht mal in die Knie. Vor allem, wenn das Leben mit aller Härte zuschlägt. So war es bei Lynn. Ihr Mann Charlie litt am Lou-Gehrig-Syndrom, einer fortschreitenden Erkrankung, die allmählich das Nervengewebe zerstört. Lynn hatte vier Kinder, und es war unglaublich schwer für sie mitanzusehen, wie Charlie allmählich die Fähigkeit verlor, mit ihnen zu spielen, sich anzuziehen, zu sprechen, zu essen, zu nicken und Gefühle durch Mimik auszudrücken. Es zerriss ihr schier das Herz. Als es keine Hoffnung mehr gab, vertraute sie sich einem Arzt an.

»Ich habe das Gefühl, als würde ich gleich von einem Güterzug überrollt«, schluchzte sie und tupfte sich die Tränen aus den Augen. »Sie *werden* gleich von einem Güterzug überrollt«, antwortete der Arzt. Kurz darauf starb ihr Mann.

Trotz ihres tragischen Schicksals zerbrach Lynn nicht daran. Welche Bewältigungsstrategie hatte sie in ihrer traumatischen Lage benutzt? Sie genoss die letzten Monate mit Charlie.

»Ich wollte nicht das Sonnenscheinchen spielen«, berichtete sie, »aber ich hatte 20 wunderbare Jahre mit meinem Mann. Es gibt Menschen, die nicht an einem einzigen Tag ihres Lebens so glücklich sind, wie ich es mit ihm war. Nach Charlies Tod brauchte ich sechs Monate, um zu erkennen, dass mir dieses Gefühl für immer erhalten bleiben wird. Es ist wie der Grand Canyon. Es ist ein tiefes Loch und tut unglaublich weh, aber es ist auch schön.«

In belastenden Situationen und bei traumatischen Erfahrungen, wie Lynn sie gemacht hatte, benutzen Menschen ganz unterschiedliche Bewältigungsstrategien. Oft sind diese schon frühkindlich angelegt worden, gehören also zum »inneren Betriebssystem«. Die einen gehen, wie Psychologen es nennen, »problemorientiert« vor. Andere wählen wie Lynn die »emotionsorientierte« Strategie.

Wenn beim Krisenmanagement der Verstand dominiert, liegt der Fokus klar auf dem Problem: Wie kann ich es lösen? Welche konkreten Maßnahmen helfen mir dabei? In ihrer Forschung hat Sonja Lyubomirsky unter anderem folgende Antworten nach der Frage der Bewältigungsstrategie erhalten (2018, S. 161):

- Ich bündele meine Kräfte zur Lösung des Problems.
- Ich tue alles Nötige, eins nach dem anderen.
- Ich überlege mir verschiedene Handlungsmöglichkeiten.
- Ich stelle einen Handlungsplan auf.
- Ich lege alles andere beiseite und konzentriere mich auf das anstehende Problem.
- Ich spreche mit jemandem, der mir in dieser Situation konkret helfen kann.

Gemeinhin wird Männern nachgesagt, sie würden auf diese Weise problemorientiert vorgehen, während Frauen eher zu einer emotionsorientierten Bewältigungsstrategie neigten. In Wahrheit stimmt aber weder das eine noch das andere. Die Strategie muss sich dem Problem anpassen und für die jeweilige Person geeignet sein. Das Geschlecht spielt dabei höchstens eine untergeordnete Rolle. Mitunter sind beide Ansätze gleichzeitig nützlich. Liegt etwa das eigene Kind im Sterben, nützen die klassischen Problemlösungen wenig. Ein solches mentales Trauma bewältigt man mit der emotionsorientierten Strategie gewöhnlich besser.

Bewältigungsstrategien lassen sich einteilen in die kognitiven, die das Denken ändern, und solche, die das Verhalten ändern. In die zweite Kategorie fallen extensives Holzhacken, Ablenkung, Spaziergänge in der Natur, Suche nach emotionalem Beistand, mit Familie und Freunden Angenehmes tun (Kino, Picknick etc.) und vieles andere mehr. Eine kognitive Bewältigungsstrategie bestünde in dem Versuch, aus den bedrückenden Erfahrungen zu lernen; ihnen etwas Positives abzugewinnen; das Geschehene zu akzeptieren; sich der Religion als Trostspender zuzuwenden etc.

Sowohl die vom Verstand wie auch die von den Gefühlen beherrschte Bewältigungsstrategie ist wissenschaftlich gut erforscht. In einer Untersuchung besuchten Witwer und Witwen je sieben Therapiesitzungen, die ihnen helfen sollten, mit dem Tod des geliebten Partners besser umzugehen. Die Forscher wandten sowohl die problem- wie auch die emotionsorientierte Bewältigungsstrategie an. Was kam dabei heraus?

Erstaunlicherweise wirkte die emotionale Strategie vor allem bei Männern besser und die problemorientierte bei Frauen – also genau entgegengesetzt den landläufigen Stereotypen. Möglicherweise lag es genau an diesen Klischees: Die Männer hatten zuvor selten gelernt, emotional an ein Problem heranzugehen, und für die Frauen war das Abstandnehmen von den Gefühlen eher neu. Bei Frauen, die unter ihrer Kinderlosigkeit litten, hat sich ein Mix aus beiden Bewältigungsstrategien bewährt. Dadurch verminderte sich ihr psychisches Leid und zugleich lernten sie, ihre Probleme besser zu lösen. Die Mehrzahl der Frauen bekam danach tatsächlich Kinder.

Eine starke Strategie zum Umgang mit Krisen gibt uns also nicht nur ein besseres Gefühl. Sie verbessert auch die Lösungen, die daraus hervorgehen. Selbst in so traumatischen Situationen, wie Lynn sie erlebt hat. Susan Nolen-Hoeksema und Shane J. Lopez schreiben im *Handbook of positive psychology* (2002, S. 598–606):

»Tatsächlich berichten 70 bis 80 Prozent aller, die einen geliebten Menschen verloren haben, dass sie etwas Positives in dieser Erfahrung gefunden haben.«

So war es auch bei Lynn. Ein schönes Beispiel für die Kraft einer positiven Bewältigungsstrategie. Mit Achtsamkeit und insbesondere durch die Befreiung von negativen Strategien können auch Sie zu solcher Stärke gelangen. Das ist nicht nur wichtig, um einen beruflichen Rückschlag zu verarbeiten, sondern ebenso in persönlichen Krisen, die ja immer auch ins Berufliche ausstrahlen.

Vergeben lernen

An Ärger festzuhalten ist, wie ein glühendes Stück Kohle festzuhalten, um es nach jemandem zu werfen. Derjenige, der sich dabei verbrennt, bist du selbst.
GAUTAMA BUDDHA

Erinnern Sie sich noch an Viktor E. Frankl? Wie er in Konzentrationslagern seine ganze Familie verlor? Und wie er trotzdem nach dem Ende des Nationalsozialismus nicht in der Rache, sondern in der Versöhnung den einzig sinnvollen Weg sah, über die Katastrophen der Shoah und des Kriegs zu triumphieren? Sein Beispiel zeigt: Vergebung ist keine Schwäche, sie ist ein mächtiger Schutz, der uns – trotz aller Verletzlichkeit – auf eine grandiose Weise unverwundbar macht.

Auch die Forschung belegt die ungeheure Kraft, die im Vergeben liegt. Die von den meisten als »natürlich« empfundenen Reaktionen auf zugefügtes Leid sind Zorn, Enttäuschung oder sogar Feindseligkeit. Es ist nur allzu verständlich, wenn Menschen jenen, die ihnen Leid zufügen, aus dem Weg gehen oder gar auf Rache sinnen. »Das Hauptmotiv vieler Stammeskämpfe besteht darin, Rache für erlittene Verletzungen zu üben«, erklärt Stephan Beckerman von der Penn-State-Universität (Amrhein 2018). Ja, sie ist sogar die Ursache vieler blutiger Kriege. Das *Hidden Commitment* dahinter: »Ich muss dich verletzen, damit du mich nicht wieder verletzt.« Wie unsinnig das ist, beweisen die über Generationen andauernden Blutfehden in Italien und anderswo. Jeder neue Mord hat immer nur mehr Leid gebracht.

Ganz sicher gilt: Vermeidung und Vergeltung machen nicht glücklich.

Im Gegenteil! Wer jedoch vergibt, sinnt auf Versöhnung, darauf, die negativen Gefühle zu überwinden oder sie wenigstens abzuschwächen und so inneren Frieden zu finden.

Daraus folgt, dass Vergebung und Versöhnung nicht dasselbe sind. Viktor E. Frankl wünschte sich ja ausdrücklich *Versöhnung*: Er wollte die Uhren wieder auf null stellen, um allen Menschen vorbehaltlos zu begegnen. Zu solcher Größe sind nur wenige fähig.

Eine Nummer kleiner, doch ebenfalls machtvoll, ist die Vergebung. Sie bedeutet nicht »Vergeben und Vergessen«. Wer vergibt, mag trotzdem nie wieder das enge Verhältnis zu einer anderen Person haben wie früher. Zu vergeben bedeutet auch nicht, das schädigende Handeln des anderen zu billigen, zu entschuldigen oder sich für seine Begnadigung stark zu machen.

Wer glaubt, einem anderen nicht vergeben zu können, macht sich zum Sklaven seiner eigenen Wut. Er lässt den anderen, dem er zürnt, nicht los – auch das ist eine Form der Anhaftung. Letztlich macht er sich selbst unglücklich. Vergebung erfordert somit, sich mit der Verletzung auseinanderzusetzen. Viele Menschen, die nicht vergeben können, sind verbittert, voller Hass, depressiv, angsterfüllt, zornig und neurotisch. Nicht selten rufen diese Gefühle auch psychosomatische Störungen hervor. Vergeben ist also ein Prozess, den Sie für sich selbst anschieben, um wieder Glück empfinden und gesünder leben zu können.

Nutzen Sie die Kraft der Vergebung doch einmal, wenn Sie ein Meeting vorbereiten: Begrüßen Sie im Geist jeden Teilnehmer und achten Sie dabei auf die Signale Ihres Körpers. Bildet sich bei einer Person ein Knoten im Magen? Dann lächeln Sie sich innerlich zu und reflektieren über die Ursachen Ihrer Wahrnehmung oder machen eine Meditation wie in der »Übung zum Optimismus«.

Niemand sollte sich der Vergebung verweigern, schon gar keine Führungskraft. Sie ist ein weiterer Stützpfeiler von *Mind Movement Mastery*. Wer vergibt, kann leichter Mitgefühl zeigen und wieder Nähe suchen. Untersuchungen haben gezeigt, dass Menschen, die zu vergeben gelernt haben, selbstbewusster, weniger ängstlich und zuversichtlicher sind. Und was noch erstaunlicher ist: Allein das Erinnern an einen Menschen, der mir vergeben hat, stärkt mein Wir-Gefühl. Ich fühle mich so einer Person näher und bin eher geneigt, ihr ebenfalls Gutes zu tun.

Motivation und Widerstandskraft erhöhen

Die Affen lösten das Rätsel einfach, weil sie es befriedigend fanden, Rätsel zu lösen. Sie genossen es. Die Freude an der Aufgabe war der eigene Lohn.

Daniel Pink

Motivation kommt vom lateinischen *movere* – »bewegen«. Das Wort Emotion stammt vom lateinischen *emovere* – »herausbewegen«. Im Kern ist Motivation also vor allem Emotion. Motivation ist buchstäblich der Prozess des Änderns der internen Energie. Deshalb spreche ich im Buch auch von E-Motion – »Energie in Bewegung«.

Beim Untersuchen von 128 Experimenten zur Motivation haben der Psychologe Edward Deci und zwei seiner Kollegen (1999) herausgefunden, dass »materielle Belohnungen tendenziell einen erheblichen negativen Einfluss auf die intrinsische Motivation« haben. Eine der am besten bestätigten und doch immer wieder ignorierten Erkenntnisse der Sozialwissenschaften ist die, dass kurzfristige Belohnung dauerhaft zu größten (Verhaltens-)Schäden führt.

Wiederholt konnte nachgewiesen werden, dass Belohnung und Bestrafung die Kreativität hemmen, Ergebnisse verschlechtern, gutes Verhalten hemmen und schlechtes forcieren (Watkins 2014, S. 118). Wie wenig materielle Anreize zur Qualität im Geschäftsleben beitragen, hat die Finanzkrise im August 2007 gezeigt, in der bonusverwöhnte Finanzjongleure die Weltwirtschaft ruiniert haben.

 Es ist eine erwiesene Tatsache:
Sie können nur einladen, nicht »motivieren«.

Der einzige wirksame und nachhaltige Anreiz ist daher die intrinsische Motivation: der Ansporn, der aus *inneren Beweggründen und Überzeugungen* erwächst. Jeder halbwegs gesunde Mensch hat Lust auf Leistung. Das ist eine intrinsische Motivation, die sich schon bei Kindern zeigt: Gibt man ihnen Geld für irgendetwas, dann machen sie es nur noch für Geld und nicht mehr aus Spaß. Lädt man sie zu einem Abenteuer ein, kennen sie kein Halten mehr. Erwachsene ticken da nicht sehr viel anders.

Zeit ist Leben

Zeit ist überhaupt nicht kostbar, denn sie ist eine Illusion. Was dir so kostbar erscheint, ist nicht die Zeit, sondern der einzige Punkt, der außerhalb der Zeit liegt: das Jetzt. Das allerdings ist kostbar. Je mehr du dich auf die Zeit konzentrierst, auf Vergangenheit und Zukunft, desto mehr verpasst du das Jetzt, das Kostbarste, was es gibt.
ECKHART TOLLE

Sich selbst mit *Mind Movement Mastery* zu führen, bedeutet auch, den eigenen Zeitbegriff zu hinterfragen. Wie wir schon gesehen haben, schütteln viele die Vergangenheit nicht ab. Das Hadern mit der verpassten Chance, Selbstvorwürfe wegen eines begangenen Fehlers und andere Gedanken an längst Vergangenes kontrollieren ihren Verstand.

Ein übervoller Kalender ist oft ein Ausdruck der Geschichten, die wir uns selbst erzählen: »Wenn ich nicht zu dem Meeting gehe, schadet das meiner Karriere.« Oder: »Mein Chef wird mich für nicht engagiert genug halten.« Oder: »Bestimmt verpasse ich dann etwas Wichtiges.« Manchmal stimmen diese Geschichten. Aber allzu oft sind sie Märchen, geschrieben von unseren verborgenen Ängsten.

Die meiste Zeit verbringen wir mit weniger bedeutsamen Dingen. Das Bewusstsein für das wirklich Wichtige ist nach wie vor da, aber es versteckt sich irgendwo im Hinterkopf. Dieser innere Konflikt macht uns im besten Fall unzufrieden und unwirsch, und wenn wir sensibel sind, bekommen wir davon ein Magengeschwür.

Ein anderer Aspekt der Zeit ist das Jetzt, das (möglicherweise) erst noch kommt. Führungskräfte sind oft so auf die Zukunft, vor allem in Form des nächsten Geschäftsberichts, fixiert, dass sie das Hier und Jetzt kaum wahrnehmen, geschweige denn darin agieren. Höchste Zeit, daran etwas zu ändern und die Erfahrung des Augenblicks mehr schätzen zu lernen.

Die Meditation kann dabei helfen, uns der Zeitmaschine in unserem Kopf bewusst zu werden und sie auszuschalten. Je mehr wir im Augenblick präsent sind, desto weniger lassen wir uns durch Gedanken an die Zukunft oder Vergangenheit hetzen. Wie wir schon gesehen haben, unterstützt die Meditation auch die Entwicklung zu höheren Ebenen des Bewusstseins. Auf den höheren Stufen begreift ein Mensch Zeit als Illusion. Damit meine ich nicht die »Uhr-Zeit«, die wir alle brauchen, um unseren Alltag zu gestalten. Wohl aber die »psychologische Zeit«, die unser Geist zurechtbiegt, -staucht und -dehnt, wie es ihm gerade beliebt. Er projiziert Ängste und Hoffnungen in eine imaginäre Zeit, die es so in Wahrheit nicht gibt.

Spätestens auf der Bewusstseinsstufe des Vereinigers ist damit Schluss. Diese Menschen fühlen sich mit allen Lebewesen verbunden. Es gibt für sie auch keine Dualitäten mehr, kein Gestern und Morgen, die als »Störsender« in die Gegenwart einstrahlen. Alles ist im Fluss.

Natürlich ist es grundsätzlich vernünftig, Zeit nicht maßlos zu verschwenden. Trotzdem braucht der Geist – genauso wie die Muskeln eines Leistungssportlers – nach jeder Anspannung auch eine Entspannung. Nur wenn beides im Gleichgewicht ist, fühlt sich der Mensch auf Dauer wohl und bleibt gesund. Ohne Muße gibt es weder Lebensfreude noch Kreativität. Lassen Sie Ihr Leben deshalb nicht von der Zeit bestimmen. Tun Sie das lieber selbst. Und zwar mit Achtsamkeit.

Flow: eins sein mit dem Hier und Jetzt

> *Flow ist ein optimaler Zustand, in dem du in einer Aktivität*
> *völlig aufgehst. Stunden vergehen, ohne dass du es bemerkst.*
> SUSAN CAIN

Ein befreundeter Schriftsteller erzählte mir neulich, er tauche beim Schreiben mitunter völlig ab. Würde seine Frau ihn nicht ab und zu in die Realität zurückzerren, könnte er über dem Schreiben glatt verhungern. Nicht mal Durst spürt er dann. Erst nach 15 oder 16 Stunden, wenn der Körper nach Ruhe schreit, kommt er wieder raus aus diesem Flow.

Dieser Bewusstseinszustand ist inzwischen gut erforscht. Der Pionier schlechthin auf diesem Gebiet ist Mihály Csíkszentmihályi (sprich: *Tschik-sent-mihai*), Professor für Psychologie an der Universität von Chicago. Für Mihály, wie wir ihn der Einfachheit halber nennen wollen, steht fest: Freude und Glück sind pure Energie. Aber wie entstehen diese bei der Arbeit?

In den 1960er-Jahren prägte Mihály erstmals den »Flow«-Begriff in der hier verwendeten Bedeutung. Er beschreibt einen Zustand extremer Vertiefung im Hier und Jetzt, der alles andere ausblendet. Ich erlebe das auf dem Rennrad oder beim Laufen, andere beim Malen, Angeln, Schreinern oder eben auch beim Schreiben. »Viele Läufer*innen berichten von einem *Runner's High*; einem rauschähnlichen Zustand, in dem alles fließt und man quasi ›von alleine läuft‹«, schrieb Frank Joung im Onlineportal *Achilles Running* (2014).

Im Flow fühlt man sich stark und wach. Man hat das Gefühl, die Situation ganz zu beherrschen und seine Fähigkeiten voll auszuschöpfen. Manchmal rollt der Flow über kreative Menschen wie eine Woge so kraftvoll hinweg, dass sie ihre vielen Ideen kaum festhalten können. Und das Ganze völlig ohne LSD oder andere bewusstseinserweiternde Substanzen.

Anders als die meist eher kurzen Gipfelerfahrungen kann sich der Flow über Stunden hinziehen. Zudem treten *Peak Experiences* wohl häufiger spontan auf, während ein kultivierter Geist den Flow bewusst herbeiführen kann. Laut Mihály entsteht Flow unter folgenden Voraussetzungen:

- ◆ Sie fühlen sich Ihrer Aufgabe gewachsen.
- ◆ Sie können sich voll darauf konzentrieren.
- ◆ Sie verfolgen ein klares Ziel.
- ◆ Sie erhalten durch Personen oder Erfolg ein direktes Feedback.
- ◆ Sie tun, was Sie tun, mit Leidenschaft.
- ◆ Sie fühlen: Ich kann die Situation und mein Tun voll beherrschen.
- ◆ Sie sorgen sich nicht länger um sich selbst.
- ◆ Sie spüren danach ein tiefes Gefühl der Freude und Befriedigung.

Flow kann wie eine Droge wirken: Wer sich daran gewöhnt hat, will mehr. Um den Flow wieder zu erleben, sucht man sich ständig neue Herausforderungen. Der befreundete Schriftsteller etwa schreibt neue Bücher zu ganz unterschiedlichen Themen, die ihn immer wieder fordern – und bereichern. Das ist das Positive gegenüber LSD, Fliegenpilzen und anderen Drogen:

 Der Flow hilft dabei, immer weiter zu wachsen, zu lernen und sich zu engagieren.

Das führt sowohl zu einer horizontalen Veränderung (mehr Kompetenzen, mehr Wissen) wie auch zu einer vertikalen Transformation (mehr Bewusstheit, mehr Mitgefühl, mehr Komplexität, mehr Vielfalt). Wie kommt man in den Flow? Die Psychologieprofessorin Sonja Lyubomirsky (2018) empfiehlt folgende Techniken:

- Aufmerksamkeit steigern durch kontrollierte Bewusstheit
- Neue Werte finden (offen sein für neue Erfahrungen, lebenslang lernen)
- Aus der Routine ausbrechen
- In Gesprächen den Flow suchen durch Interesse, aktives Zuhören und menschliche Nähe
- Die Arbeit klug gestalten und Sinn daraus ziehen

Einige erleben den Flow als einen Moment der Transzendenz: Das momentane Hochgefühl ebbt dann nicht so schnell wieder ab. Sie fühlen sich länger glücklicher, kreativer oder liebenswürdiger.

So erzählte mir der erwähnte Autor von einem Buchprojekt, für das er sich auf Mallorca auf eine Finca zurückgezogen hatte. Am Nachmittag des letzten Tages vor der Abreise beendete er den Roman. Es war zufällig sein Hochzeitstag. Um 16.05 Uhr kreuzte er mit einem Handtuch bewaffnet am Swimmingpool bei seiner Frau auf und verkündete überglücklich: »Jetzt bin ich fertig! Jetzt kann ich Urlaub machen.«

Übung zum Wertschätzen der Erfahrung im Moment

Diese Übung besteht aus zwei Teilen. Dabei geht es einmal mehr um Erforschung. Wir wollen im Hier und Jetzt ergründen, wie es Ihnen gelingt, im aktuellen Moment bewusst zu sein, und wie Sie diesen Moment bewerten und erfahren.

Teil 1

Wie erleben Sie den aktuellen Moment? Schätzen Sie ihn oder nicht? Aus welchen Gründen empfinden Sie so? Denken Sie in Ruhe darüber nach. Spüren Sie in Ihr Herz und Ihren Körper. Was hält Sie davon ab, jeden Augenblick als kostbar zu empfinden? Warum bevorzugen Sie spezielle Situationen und Zeiten, finden aber andere unerträglich? Je bewusster Ihnen diese Dinge werden, desto mehr lernen Sie, Ihre Zeit, Ihre Erfahrungen und sich selbst wertzuschätzen.

Teil 2

Im zweiten Teil der Übung erforschen Sie, wie Sie wertschätzen können, im Moment präsent zu sein. Ist es für Sie bedeutsam, sich selbst gegenüber präsent zu sein? Was sind die Ursachen für das Vorhandensein oder Fehlen dieser Präsenz? Auf welche Weise ist es für Sie wertvoll, im Augenblick zu verweilen und zu fühlen, was ist? Diese Kostbarkeit zu fühlen, macht dankbar. Und sich von Dankbarkeit leiten zu lassen, ist ein wichtiger Schritt der eigenen Transformation.

Optimismus

Wir können uns entweder unglücklich machen oder wir können uns stark machen. Der Aufwand ist derselbe.
CARLOS CASTANEDA

Wer mit Präsenz und Klarheit durchs Leben geht, konzentriert sich aufs Hier und Jetzt und findet dadurch leichter zu einer optimistischen Grundhaltung. Pessimisten arbeiten sich an den Dingen ab, die passieren *könnten* – möglicherweise, weil sie genau das schon erlebt haben. Für sie ist das Glas immer halb leer. Anders die Optimisten. Sie blicken zuversichtlich in die Zukunft, geben sich und anderen eine Chance oder vertrauen einfach darauf, die nächste Hürde zu nehmen. Und weil sie selbst die Niederlage als Chance begreifen, fürchten sie diese weit weniger als der Pessimist.

Optimismus hat nichts mit dem Glauben zu tun, in der besten aller Welten zu leben. Einige Wissenschaftler erkennen eine optimistische Haltung darin, wie jemand ein bestimmtes Ereignis interpretiert. Anstatt nach einem unerfreulichen Ereignis ein großes »Warum« ins Universum zu schicken, macht der Optimist das Beste aus der Situation oder versucht zumindest, daraus zu lernen.

Während sich der Pessimist einredet: »Das wird sowieso nichts«, sagt sich der Optimist: »Hier entsteht etwas Gutes.« Der Pessimist zweifelt an allem und weil immer irgendetwas schiefläuft, fühlt er sich am Ende sogar bestätigt. Der Optimist hingegen sieht auch in Rückschlägen das Potenzial für eine Win-win-Situation. Wie ist es um Ihren Optimismus bestellt? Hier finden Sie es heraus:

Übung zum Optimismus

Sie können den Fragenkatalog dieser Übung einfach in ein paar ruhigen Minuten durchgehen. Wenn Sie sich mehr Konzentration wünschen, benutzen Sie den meditativen Ansatz wie in der »Übung zu Führungsprinzipien«. Jetzt geht es darum, Ihren Optimismus zu stärken. Falls es Ihnen in einer Situation oder bei einer Erfahrung daran mangelt, stellen Sie sich folgende Fragen:

- Was, abgesehen von meiner pessimistischen Erwartung, könnte die Angelegenheit außerdem bedeuten?
- Kann sich daraus etwas Gutes ergeben?
- Erwachsen daraus neue Möglichkeiten?
- Was kann ich daraus für die Zukunft lernen?
- Habe ich dadurch neue Stärken entwickelt?

Warten Sie mit dieser Übung, bis Sie gut oder zumindest nicht schlecht gelaunt sind. Notieren Sie Ihre Antworten auf einem Zettel. Das hält Sie davon ab, in einem Strudel negativer Grübeleien zu versinken. Wiederholen Sie die Übung mehrere Tage lang oder jeweils an einem Tag im Verlauf mehrerer Wochen. Sie werden überrascht sein, wie sich Ihr Optimismus verbessert.

Der amerikanische Psychologe Christopher Peterson (2000) unterscheidet zwischen dem »kleinen« und dem »großen« Optimismus. Der »große« glaubt daran, dass der Zug pünktlich in München ankommen wird, obwohl vornedrauf groß das Logo der Deutschen Bahn prangt. Meist genügt aber schon der kleine Optimismus, um die täglichen Grübeleien abzustellen. Im 19. Jahrhundert hat der US-amerikanische Philosoph und Schriftsteller Ralf Waldo Emerson diese positive Haltung sehr treffend beschrieben:

»Schließen Sie mit jedem Tag ab. Sie haben Ihr Bestes gegeben. Sie haben ein paar Fehler und Albernheiten begangen – vergessen Sie sie so schnell wie möglich. Morgen ist ein neuer Tag: Beginnen Sie ihn gelassen und zu gut gelaunt, um sich mit dem Unsinn von gestern herumzuschlagen.«

Ich möchte dem gerne noch die menschliche Neigung, sich stets zu vergleichen, hinzufügen. Dieses Verhalten ist einerseits häufig die Triebfeder für Entwicklung und Wachstum. Andererseits wird jedoch, wer sich ständig mit anderen vergleicht, weder optimistisch noch glücklich. Selbst wenn der andere mehr Geld verdient, mehr Haare auf dem Kopf und mehr Freundinnen hat, bedeutet das nicht, dass er glücklicher ist. Oft sind die reichsten Leute am ärmsten dran. Das Gesamtpaket zählt. Deshalb hinken die meisten Vergleiche mit anderen Personen. Also verzichten Sie am besten ganz darauf und konzentrieren Sie Ihren Optimismus auf das, was Sie selbst beeinflussen können.

Der kleine Optimist ist bezogen auf bestimmte Aufgaben ein recht guter Motivator. Der große indes vermittelt eine positive Vision, die Menschen inspiriert und ihre Grundhaltung zum Unternehmen oder zu den Produkten verändert. Ein gutes Beispiel hierfür ist Steve Jobs, als er verkündete, das iPhone werde die Welt verändern – und damit Recht behielt.

Leader mit großem Optimismus führen mit Leichtigkeit, Reife, Klarheit, Anmut und Humor. Welche Art von Optimismus ist typisch für *Mind Movement Mastery*? Die Antwort liegt auf der Hand.

Sich sinnvolle und weise Ziele setzen

Wer ein Warum zu leben hat, verträgt fast jedes Wie.
Friedrich Nietzsche

Braucht jemand, der achtsam im Hier und Jetzt lebt, eigentlich Ziele? Durchaus! Mindfulness und Ziele sind kein Widerspruch. Manche Dinge muss man planen, sonst verkommt das Leben zur Lotterie. Wenn etwa die Liquidität in den Keller rauscht, dann wird alle Achtsamkeit die Banken nicht zufriedenstellen.

Ziele sind wie der Keilriemen im Auto: Sie sorgen für Antrieb, indem sie die Kraft, die wir durch unsere vertikale Entwicklung gewonnen haben, an die richtigen Stellen übertragen.

Viele laufen ein Leben lang den falschen Zielen hinterher, weil sie sich davon wahres Glück versprechen. Allzu oft betrügen sie sich damit nur selbst. Der Lottogewinn etwa macht, wie viele Geschichten zeigen, nicht nachhaltig glücklich. Jeder Mensch hat im Grunde einen »Glücks-Sollwert«, ein stabiles Glückslevel, zu dem er nach einem extremen Ausschlag schnell wieder zurückkehrt. Wie sinnlos es ist, falsche Ziele zu verfolgen, zeigt sehr schön die Geschichte von dem Fischer und dem Manager.

Der Fischer war ein Mann, der die einfachen Dinge schätzte. Er lebte mit seiner Familie auf einer Insel in einem schönen warmen Land. Jeden Morgen fuhr er früh mit seinem kleinen Boot aufs Meer hinaus und angelte zwei Fische. Damit kehrte er mittags heim zu seinen Lieben. Sie grillten die Fische gemeinsam am offenen Feuer und ließen sie sich schmecken. Den Rest des Tages verbrachten sie zusammen: Sie erzählten sich Geschichten, spielten, sammelten Strandgut und dösten auch gern ein Stündchen im Schatten der Palmen.

Als der Fischer wieder einmal sein Boot an den Strand zog, stellte sich ihm ein Urlauber vor. Er führe erfolgreich ein großes Unternehmen und erhole sich gerade ein wenig auf der Insel, erklärte der Fremde. »Ich beobachte Sie jetzt schon seit mehreren Tagen«, sagte er dann. »Mich würde interessieren, warum Sie immer nur mit *zwei* Fischen heimkehren. Da draußen gibt es doch bestimmt mehr zu angeln.«

»Oh, das Meer ist voll von Fischen«, antwortete der Fischer. »Aber zwei reichen für meine Familie und mich.«

»Ja, aber wenn Sie mit Ihrem Boot doch schon einmal rausfahren, könnten Sie doch auch mehr Fische fangen und den Rest verkaufen.«

»Und was soll mir das nützen?«

»Na, Sie hätten dann mehr Geld.«

»Und was soll mir *das* dann nützen?«

»Mit dem Kapital könnten Sie noch ein, zwei Leute einstellen.«

»Und wozu sollen *die* mir dann nützen?«

»Die fangen dann noch mehr Fische für Sie und Sie verdienen noch mehr Geld.«

Der Fischer sah den Manager verständnislos an. »Ja, und was nützt mir das?«

»Think big, guter Mann. Sie könnten nach zehn oder 20 Jahren eine eigene Fabrik besitzen, die richtig viel Umsatz macht. Dann wären Sie Großunternehmer und bräuchten irgendwann gar nicht mehr arbeiten. Stellen Sie sich das mal vor!«

Der Fischer stellte sich das mal vor. Er rieb sich den Stoppelbart. »Wenn ich nicht mehr für die Fabrik arbeiten muss, kann ich dann machen, was ich will?«

»Heureka, jetzt hat er's!«, rief der Manager begeistert. »Genauso ist es.«

»Könnte ich dann auch jeden Morgen aufs Meer hinausfahren, zwei Fische fangen, sie mit meiner Familie am Strand braten und mit ihr den Rest des Tages verbringen?«

»Ja, jeden Tag! Sie hätten dann alle Zeit der Welt und könnten Ihr Leben so richtig genießen.«

Der Fischer betrachtete den Manager wie jemanden, der den Verstand verloren hat. »Aber das mache ich doch heute schon jeden Tag.« ⬤

Aus dieser Geschichte können wir viel über Werte und Ziele lernen. Viele Menschen laufen Zielen hinterher, die nicht *authentisch,* also nicht ihre eigenen sind. Das hätte auch dem Fischer passieren können, wäre er auf das westliche Mantra »Erfolg führt zu Glück« hereingefallen. Aber das wäre nicht *sein* Ziel gewesen, kein *intrinsisches* Ziel. So nennt man Ziele, die wir aus eigenem Antrieb verfolgen, weil sie uns inspirieren oder wir sie für sinnvoll und bedeutsam erachten. Intrinsische Ziele verstärken unsere Energie, sie sind »Doping für die Seele«.

Für den Fischer ist die Familie der größte Wert. Daraus leitet sich für ihn das Ziel ab, sein Leben zu vereinfachen und sich mit dem Nötigsten zu begnügen. Er lebt mit seinen Lieben im Hier und Jetzt, und dabei sind sie glücklich. Ob das auch von dem Manager gesagt werden kann, für den sich nach dem Urlaub wieder alles um wirtschaftliches Wachstum dreht, darf bezweifelt werden.

Die Ziele des Fischers sind zudem *spezifisch* und *messbar* (zwei Fische pro Tag) sowie im Rahmen seiner Möglichkeiten *angemessen* und *realistisch.* So, wie wir ihn kennengelernt haben, wird er wohl auch *flexibel* genug sein, das Zwei-Fische-Ziel nach Bedarf anzupassen. Kommt die Verwandtschaft zu Besuch, fängt er vielleicht vier Fische, und wenn irgendwann die Kinder ihr eigenes Leben führen, dann genügt ihm und seiner Frau wohl ein einziger. Seine Ziele anzupassen, ist kein Zeichen von Schwäche, sondern zeugt von Weisheit. Merke:

Wer seine Ziele anpasst, ist nicht gescheitert, sondern nur gescheit.

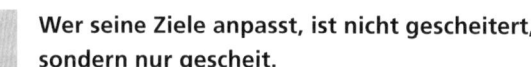

Damit ein Ziel uns wirklich motiviert, ist das Warum – der Sinn – ganz entscheidend. Zu welch außergewöhnlichen Entscheidungen und Leistungen dies führen kann, zeigt die Geschichte des zweimaligen Wimbledon-Siegers Andy Murray. Er stand 41 Wochen lang auf Platz 1 der Weltrangliste. Als der Dreißigjährige im Juli 2017 zum dritten Mal nach dem wichtigsten Titel im Tennis greifen wollte, schied er wegen Schmerzen in der Hüfte frühzeitig aus. Aber trotz einer nicht sehr erfolgreichen Hüftoperation, trotz weiterer Niederlagen im Jahr 2018 und trotz seines Absturzes auf Rang 839 der Weltrangliste dachte er gar nicht ans Aufgeben. Nur, wie sollte es mit der kaputten Hüfte weitergehen?

Murray ließ sich im Januar 2019 ein künstliches Hüftgelenk einsetzen. Bereits im Juni bestritt er im Doppel wieder ein ATP-Turnier im Londoner Queen's Club – und holte den Titel. Kurz darauf spielte er sogar wieder auf dem »heiligen Rasen« von Wimbledon, und zwar sowohl im Herrendoppel als auch im Mixed. Mittlerweile hat Murray sogar das eigentlich Unmögliche geschafft: Als Einzelspieler gewann er das ATP-Turnier in Antwerpen. ●

Was hat ihn zu seiner unglaublichen Leistung befähigt?

Er hatte ein *Big Picture,* eine große Vision: Trotz der gesundheitlichen Probleme wollte er zurück auf den Center Court. Aus diesem Ziel schöpfte er Sinn, er wusste genau, *warum* er sich im Training wieder so quälte.

Aber eine Vision allein reicht nicht. Für seine Trainingsplanung war es wichtig zu definieren, mit welchen *unmittelbaren* und *messbaren* Zielen er seinen Traum realisieren konnte. Auf dieser Ebene ging es darum, *wie* er seine Leistungskraft wiedererlangen würde: Schnelligkeit trainieren, Gewicht reduzieren, Beweglichkeit erhöhen.

Im letzten Schritt galt es zu planen, *was* ihm ermöglichen würde, seine Ziele effektiv zu erreichen. Hier zählten allein die kontrollierbaren Aktivitäten: täglich drei Stunden Physiotherapie und Krafttraining, um die Ausdauer zu verbessern; täglich intensive Schwimm- und Laufeinheiten sowie Diät nach rigorosem Ernährungsplan.

Wenn Sie sich oder Ihrem Team Ziele setzen, sollten Sie wie Andy Murray vorgehen. Zunächst brauchen Sie eine Vision, die Sie wirklich beflügelt. Nur wenn Sie mit Disziplin und Ausdauer täglich Ihre Aktivitäten umsetzen und Ihre messbaren Ziele erreichen, werden Sie Ihren großen Traum realisieren. Sie werden staunen, zu welch großartigen Ergebnissen dieser Umgang mit Zielen führen wird.

Übung zum Wunsch-Ich

Wie kann man den Optimisten in sich hervorlocken oder stärken? Mit Visualisierungsübungen zum Wunsch-Ich. Dazu folgende kleine Übung:

Stellen Sie sich an sieben aufeinanderfolgenden Tagen je zehn Minuten lang lebhaft Ihr bestmögliches Ich vor. Idealerweise schließen Sie dabei die Augen und sehen sich in Ihrem Wunsch-Ich wie auf einer Leinwand in Aktion (dissoziiert). Nach einer Weile springen Sie sozusagen in den Film hinein und *sind* Ihr Wunsch-Ich (assoziiert). Sie erleben alles aus Ihrem Wunsch-Ich heraus. Nutzen Sie dabei alle Sinne: Was sehen Sie? Was hören Sie? Was empfinden Sie? Was können Sie riechen und schmecken?

Welche »Vision« auch immer Ihr Ideal-Ich treffend beschreibt, notieren Sie diese »Vision« bei jedem Durchlauf auf einem Blatt. Beachten Sie bitte unbedingt die Schriftform! Die Verbindung von Denken und motorischer Aktivität verstärkt die Vernetzungen im Gehirn viel eher als reines Nachsinnen. Zudem zwingt uns das strukturierte und von Regeln geleitete Schreiben, unsere Gedanken zu ordnen, zusammenzuführen und zu analysieren.

Wie Laura King, Professorin an der Universität von Missouri, in einem Experiment feststellte, führte diese Visualisierungsübung bei den Teilnehmern der Untersuchung zu einer »signifikanten Steigerung des Wohlbefindens«. Warum funktionierte das so gut? Offenbar weil die Teilnehmer sich dadurch motiviert fühlten. Durch den klaren Bezug zum eigenen Leben konnten sie sich mit dem Wunsch-Ich identifizieren. Das Experiment machte ihnen Spaß. Wichtiger für den praktischen Nutzen dürfte aber gewesen sein, dass die Teilnehmer erkannten:

 Ich muss mein Leben selbst in die Hand nehmen, wenn ich für mich etwas positiv verändern will.

Es hängt also nicht vom Partner, dem Geld oder einem gnädigen Zufall ab, ob wir glücklich sind. Auch nicht von den Menschen, Umständen und Annahmen, denen wir reflexhaft für alles die Schuld zuschieben, was unser Glück torpediert. All das sind meist nur Projektionsflächen für unsere eigenen Ängste, Nöte und Enttäuschungen.

Mut zeigen

Erst der Mut zu sich selbst wird den Menschen
seine Angst überwinden lassen.
Viktor E. Frankl

Manchmal fehlt uns der Mut, uns sinnvolle Ziele zu setzen. Da spielen wieder die Glaubenssätze hinein, die uns weismachen wollen, dass wir dieses Ziel ohnehin nie erreichen können. Hinzu kommt das menschliche Bedürfnis nach der Sicherheit, die wir eher mit dem Status quo verbinden als mit etwas Neuem. Wenn ich bei Coachings Führungskräften vorschlage, die alten Zöpfe abzuschneiden, höre ich oft die Worte: »Das haben wir schon immer so gemacht. Wir können nicht einfach alles umschmeißen.«

Ein dritter Aspekt, der unseren Mut herausfordert, ist der »Versenkte-Kosten-Trugschluss«: Oft finden wir es unvernünftig, all die Mühe und das Geld, das wir in der Vergangenheit in einen Weg investiert haben, einer neuen Linie zu opfern. Gewöhnlich sind wir uns dieses Gefühls nicht einmal bewusst und erfinden stattdessen eine schaurige Geschichte: »Dann war ja alles umsonst«, sagen wir vielleicht. Und versenken noch mehr Kapital in die Vorgehensweise, die das Unternehmen oder die Abteilung immer mehr von den Anforderungen der VUKA-Welt entfernt.

Ein Leader mit *Mind Movement Mastery* besitzt ein starkes Grundvertrauen in das Gute, das er aus fast jeder Erfahrung zu schöpfen vermag. Die Unsicherheit ist für ihn nicht Feindin, sondern Freundin, weil sie neue Sichtweisen und neue spannende Möglichkeiten eröffnet. Und daraus erwächst Mut. Der Mut etwa, komplexe Initiativen trotz überraschender Wendungen und unerwarteter Einflüsse auf den Weg zu bringen. Der bewusste Leader vertraut mutig darauf, dass er fast jede Situation drehen und zu einem guten Ende führen kann. Mehr noch: Er sieht die Unsicherheit sogar als eine Verbündete, die ihm und seinem Team zu mehr Kreativität und Produktivität verhilft.

Ein guter »Turbolader« für mehr Mut ist Optimismus. Wer die Gegenwart positiv einschätzt und von der Zukunft das Beste erwartet, tut sich leichter mit mutigen Entscheidungen.

Bevor wir dieses Kapitel verlassen, noch eine abschließende Empfehlung:

Verhalten Sie sich wie ein glücklicher Mensch.

Lächeln Sie, gehen Sie auf andere zu, vermitteln Sie ihnen das Gefühl, Sie sprühten nur so vor Energie und Begeisterung – selbst dann, wenn Sie sich erst am Anfang dieses Wegs fühlen. Sie werden erstaunt sein, wie dieses Verhalten auf Sie und andere wirkt.

Wie wir ja schon gesehen haben, verbessert Lächeln nachweisbar das eigene Wohlbefinden und hebt die Stimmung – auch bei anderen. Mit Freude, Liebe und Anteilnahme verhält es sich ähnlich. Die Wissenschaft nennt das »Gesichtsfeedback«.

Probieren Sie es aus! Ihre Freundschaften werden sich festigen, wenn Sie sich wie ein glücklicher Mensch verhalten. Sie werden bei der Arbeit sowie in allen anderen Lebensbereichen erfolgreicher sein. Und Sie werden sich einfach besser fühlen. Nicht die schlechteste Voraussetzung für einen erfolgreichen Leader.

Übung zum Glücksprogramm

Vielleicht fühlen Sie sich ja von der schieren Menge der Vorschläge in diesem Buch erschlagen. Dann integrieren Sie fürs Erste in Ihren Alltag doch einfach möglichst viele der folgenden Punkte:

- *Dankbarkeit:* Führen Sie ein Dankbarkeitstagebuch. Notieren Sie jeden Tag drei Dinge, für die Sie dankbar sind. Jeden Tag von neuem. Sie werden überrascht sein, wie viele Gründe für Dankbarkeit es gibt und wie sehr dies Ihre Aufmerksamkeit verändert.

- *Erfolgstagebuch:* Schreiben Sie täglich drei Dinge auf, die Sie gut gemacht haben. So verändert sich Ihr Selbstbild und Sie lernen, sich weniger kritisch und mit mehr Wohlwollen wahrzunehmen.

- *Körpertraining:* Bringen Sie Ihren Körper durch Sport und/oder andere physische Aktivitäten in Bewegung. Unser Körper ist für Bewegung gemacht.

- *Meditation:* Verbessern Sie durch die tägliche Praxis Ihre Achtsamkeit und Ihr Konzentrationsvermögen. Unser Geist braucht Ruhe.

- *Jeden Tag eine gute Tat:* Tun Sie anderen etwas Gutes, ohne eine Gegenleistung zu erwarten. Wen Sie beglücken, lassen Sie am besten den Zufall entscheiden *(Random Acts of Kindness)*, Hauptsache er/sie kann Ihnen nichts zurückgeben: Putzfrau, Kofferträger, Kellnerin, Rezeptionist, Schaffnerin, älterer Herr am Zebrastreifen …

Diese Routinen verändern Ihr Glücksempfinden radikal. Um neue Gewohnheiten zu etablieren und zu verankern, reichen vier Wochen. Vier Wochen, in denen Sie mit Konsequenz diese Verhaltensweisen praktizieren. Dann läuft es automatisch. Und verändert Ihr Leben. Lassen Sie sich überraschen.

12 Schritte für vertikale Entwicklung

Beschließen wir nun den Abschnitt über die Selbstführung mit einigen praktischen Hinweisen. Wie Sie gesehen haben, brauchen Leader einen höheren Grad an Bewusstheit und komplexem Denken, um sich in der VUKA-Welt zu behaupten. Horizontales Lernen reicht hierfür nicht aus. Den Erwerb neuer Kompetenzen muss eine zusätzliche vertikale Entwicklung begleiten. Was kann man konkret tun, um diesen Prozess anzustoßen?

Wissenschaftler verschiedener Disziplinen haben hierfür einige wichtige Praktiken identifiziert, die ich Ihnen nun vorstellen möchte. Bisher wird auf diesem noch jungen Forschungsgebiet fast ausschließlich in den Vereinigten Staaten gearbeitet, große Bedeutung hat dabei die Harvard School of Education. Bis wir die Mechanismen der vertikalen Entwicklung und der *Adult Development Theory* besser verstehen, muss die Wissenschaft noch viele offene Fragen klären.

Die ersten sieben Empfehlungen in der folgenden Liste sind durch empirische Studien belegt. Die übrigen Vorschläge beruhen auf neuesten Theorien zur Erwachsenenentwicklung, ihre Wirksamkeit ist im Einzelnen aber noch durch wissenschaftliche Untersuchungen nachzuweisen:

1. Begeben Sie sich konsequent in komplexe Kontexte, die Ihre Gewohnheiten herausfordern (zwischenmenschlich und beruflich).
2. Stellen Sie sich bewusst den Herausforderungen des Lebens und reflektieren Sie Ihre Erfahrungen, auch mittels Methoden wie der Erforschung *(Inquiry)*.
3. Machen Sie sich Ihr inneres Erleben und Ihre mentalen Modelle zunehmend bewusst und erforschen Sie diese konsequent.
4. Entwickeln Sie Ihren Geist, Ihren Körper und Ihr Herz über einen längeren Zeitraum durch regelmäßige Praxis wie Meditation, Embodiment und / oder Yoga. Die gezielte Arbeit an Ihren mentalen Konstrukten entwickelt Ihr Bewusstsein.

5. Entwickeln Sie einen starken Wunsch zu wachsen und engagieren Sie sich nachhaltig dafür.
6. Seien Sie bereit, für sich einen neuen Bezugsrahmen zu schaffen, wenn Schwierigkeiten auftreten.
7. Kultivieren Sie im zwischenmenschlichen Umgang Mitgefühl und Empathie, entwickeln Sie eine offene und freundliche Persönlichkeit.
8. Öffnen Sie sich für Gipfelerfahrungen und höhere Bewusstseinszustände.
9. Verwenden Sie gezielt und regelmäßig Tools zur Selbstreflexion und für Ihre psychologische Entwicklung (z. B. ITC-Coaching, angeleitete Inquiry, Action Logic oder integrale Theorie).
10. Treten Sie konsequent in Kontakt mit anderen, die sich ebenfalls dem vertikalen Lernen verschrieben haben.
11. Sammeln Sie interkulturelle Erfahrungen und erweitern Sie so Ihren Bezugsrahmen.
12. Kultivieren Sie eine offene Persönlichkeit, die nach Neuem sucht, experimentell ist, den Status quo infrage stellt und für Unkonventionelles offen ist.

In der Regel dauert es fünf Jahre, bis ein Mensch nach und nach die nächste Stufe des Bewusstseins erreicht. Dieser Prozess ist nicht linear, sondern beinhaltet Fortschritte und Rückschritte. Das persönliche Tempo hängt ebenso von der »mentalen Ausstattung« des Einzelnen ab wie von den Lebensumständen und der Beharrlichkeit beim Verfolgen der Selbstentwicklung. Einige Menschen verharren jahrzehntelang auf einer bestimmten Bewusstseinsstufe, andere erleben geradezu rasante Fortschritte innerhalb von nur ein bis zwei Jahren.

Bislang gibt es nur wenige Programme, die Führungskräfte effizient und nachhaltig in ihrer vertikalen Entwicklung unterstützen und begleiten. Für den Anfang gibt Ihnen die obige Liste eine erste Orientierung, um Ihr eigenes vertikales Lernen bewusst in Angriff zu nehmen. Im Kapitel »Coaching als Transformationsbeschleuniger« erfahren Sie, warum es für Ihre weitere Entwicklung sinnvoll ist, mit einem qualifizierten Coach, Berater, Psychotherapeuten und/oder Meditationslehrer zusammenzuarbeiten.

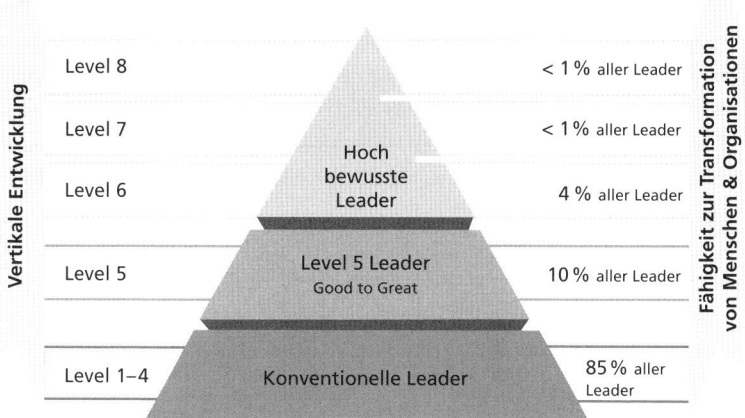

Abb. 19: Vertikale Entwicklung von Leadern ist das Gebot der Stunde: Nur 15 Prozent aller Leader verfügen über die Fähigkeit, Menschen und Organisationen zu transformieren.

Andere führen – der Leader ohne Ego

Wenn Ihre Handlungen andere dazu inspirieren, mehr zu träumen, mehr zu lernen, mehr zu tun und mehr zu werden, dann führen Sie.

John Quincy Adams

Donald Trump ist es, Henry Ford II war es und viele Patriarchen der industriellen Revolution sind es ebenfalls gewesen: ausgemachte Egomanen. Diese Männer waren einigermaßen erfolgreich darin, Ressourcen zu managen. Aber die Zukunft gehört denen, die in der Lage sind, Potenziale zu entwickeln. Das sind die Ressourcen von morgen.

»Eine Ressource habe ich dann, wenn ich aus dem Potenzial eine bestimmte Fähigkeit entwickelt habe«, erklärt der Hirnforscher Gerald Hüther. »Das Potenzial hingegen ist eine Möglichkeit, die sich *entfalten* könnte« (Wellnitz 2018). Zu jeder Zeit war Führung ein Ausgleich von Interessen. Nur die Methoden haben sich im Lauf der Zeit verändert. Heute betrachtet man Organisationen und die darin tätigen Menschen zunehmend als lebende Systeme, die sich von innen steuern und selbst organisieren.

Nach allgemeinem Verständnis besteht der Sinn einer Organisation darin, Aufgaben zu erfüllen, um ein Ziel zu erreichen. Menschen steuern Leistungen bei, ohne die der Unternehmenszweck nicht zu erreichen wäre. Ihr eigener Antrieb erwächst aus emotionalen, spirituellen, sozialen und materiellen Bedürfnissen, die befriedigt werden müssen. Die Mehrheit empfindet wie erwähnt vor allem das Stillen immaterieller Bedürfnisse als sinnstiftend.

Andere zu führen bedeutet, durch gute Kommunikation stets die Verbindung der Menschen miteinander sowie mit der Organisation und ihren Aufgaben sicherzustellen. Vermitteln Sie den Menschen, die mit Ihnen und für Sie arbeiten, Orientierung für ihr Handeln und das Gefühl, in der Organisation zur »Familie« zu gehören.

Das alte Führungsparadigma des streng hierarchisch geordneten wirtschaftlichen Absolutismus hat einige Tausend Jahre lang passabel funktioniert. Doch in einer global vernetzten, voll digitalisierten, hyperkomplexen Welt versagen die alten Hierarchien. Für große Teile der Wirtschaft sollten sie durch etwas ersetzt werden, für das zu arbeiten und zu leben es sich lohnt. »Einen inneren Kompass«, nennt das Gerald Hüther. Der Chef von morgen blicke nicht mehr von oben nach unten. »Er wird aus der Perspektive der Mitarbeiter schauen, was diese brauchen. Dann wird er ein Ermöglicher sein. Und ein Ermöglicher ist ein Liebender« (Wellnitz 2018).

Durch das Entwickeln von Potenzialen zu Ressourcen stärkt der »Ermöglicher« alles, was ein erfolgreiches Team ausmacht: Vertrauen, Konfliktkompetenz, Selbstverpflichtung, Verantwortung und die Fokussierung auf gemeinsame Ergebnisse. Menschen zu führen zählt zu den anspruchsvollsten Tätigkeiten überhaupt. Es verlangt den Führungskräften eine große Zahl von Fähigkeiten ab. Da sich die Spielregeln in Gesellschaft und Wirtschaft ändern, braucht es auch ein neues Set an Fertigkeiten. Die Leader von morgen sind smarter, kooperativer, folgen gar den Prinzipien des *Management by Love*.

Die gute Nachricht ist: Sie können lernen, bewusst zu führen. Viele dazu nötige Fähigkeiten sind uns bereits in die Wiege gelegt. Wir müssen sie nur wieder hervorholen und kultivieren. Mit *Mind Movement Mastery* werden Sie sich auf das Wichtige konzentrieren, Situationen und Potenziale klarer erkennen, Kreativität fördern und Mitgefühl leben. Es verlangt von Führungskräften, sich mehr auf das zwischenmenschliche WIR zu fokussieren.

In meinen Seminaren und Coachings höre ich Topmanager immer wieder sagen: »Menschen sind unsere wertvollste Ressource.« Aber dann handeln sie nicht danach. Bitte behandeln Sie Ihre Mitarbeiter *tatsächlich* wie Ihr kostbarstes Gut. So stärken Sie den WIR-Fokus, ein wichtiges Merkmal des transformationalen Führungsstils.

Emotionen heben die Welt aus den Angeln

Gib mir einen Punkt, wo ich hintreten kann,
und ich bewege die Erde.
ARCHIMEDES

Der griechische Mathematiker, Physiker und Ingenieur Archimedes von Syrakus behauptete, er könne buchstäblich die ganze Welt aus den Angeln heben, wenn er nur einen genügend langen Hebel hätte. Sein Hebelgesetz bildet die theoretische Grundlage für die spätere Entwicklung der Mechanik. Ein Hebel zum Beherrschen der VUKA-Welt sind Emotionen.

Gefühle machen uns menschlich. Sie unterscheiden uns von Maschinen, die menschliche Regungen bestenfalls vorgaukeln. Durch Emotionen fühlen wir uns mit anderen und uns selbst verbunden. Sie tragen unsere Entscheidungen. Ohnehin treffen wir diese meist »aus dem Bauch heraus« und schieben die Fakten nur nach, damit der Verstand sich nicht allzu überrumpelt fühlt.

Wie die Forschung zeigt, gehen unsere vielfältigen Gefühle auf eine kleine Zahl von lebenswichtigen Grundemotionen zurück: Freude und Lust, Neugier und Interesse, Trauer, Wut, Zorn und Aggression sowie Angst und Panik. Lustvolle Gefühle wie Liebe, Freude und Vergnügen schaffen Nähe, stärken die Abwehrkräfte des Körpers und laden den mentalen Akku auf. Angst vor Gefahr mahnt uns zur Vorsicht oder gar zur Flucht. Trauerarbeit kann dazu beitragen, den Verlust eines geliebten Menschen zu verarbeiten und ins Leben zurückzufinden.

Emotionen sind die wichtigsten Instrumente, um mit der Komplexität unserer Welt umzugehen und handlungsfähig zu bleiben. Der Schweizer Psychiater Luc Ciompi geht sogar noch weiter, wenn er schreibt (2002, S. 29):

»Verstehen wir […] emotionale Zustände als gerichtete Energien und berücksichtigen wir obendrein, dass Gefühle hochgradig ansteckend sind, besonders wenn sie von Führungspersönlichkeiten, Gurus und anderen sogenannten Alphaindividuen ausgehen, so wird sonnenklar, dass von dort her, und von nirgends sonst, die elementaren Kräfte stammen, welche alle Psycho- wie Sozialdynamik antreiben und in Gang halten.«

Besonders »ansteckend« sind glückliche Menschen. Studien der positiven Psychologie, Glücksforschung und Neurowissenschaften zeigen, dass äußere Umstände nur zu etwa 10 Prozent unser Langzeitglück beeinflussen, ganze 90 Prozent resultieren daraus, wie wir die Welt betrachten und unsere Wahrnehmungen verarbeiten.

Unser Gehirn bevorzugt eine einfache Wirkungskette: Schaffe ich in meinem Leben mehr Raum für Glück, arbeite ich fokussierter, und arbeite ich fokussierter, werde ich erfolgreicher. Wenn Sie das Level der Positivität einer Person erhöhen, erlangt das Gehirn dadurch einen »Glücksvorteil«, der unser Gehirn zu 31 Prozent produktiver arbeiten lässt und zu wesentlich besseren Leistungen führt als ein negativer, neutraler oder gestresster Zustand. Auch die Kreativität, die Energielevel und sogar die Intelligenz nehmen zu. Sie können für sich und Ihre Mitarbeiter somit ein enormes Glückspotenzial entfalten, wenn Sie Ihre und deren Wahrnehmung verändern.

Diese positive Sichtweise lässt sich erlernen: in Seminaren, Retreats oder mithilfe eines versierten Coaches. Ein guter Anfang ist ein dreiwöchiges Programm täglicher Praxis, das Sie für sich selbst umsetzen können. Es beruht darauf, sich jeden Tag drei Dinge bewusst zu machen, für die man dankbar ist. Wie Studien zeigen, stellt das Gehirn dabei seine Wahrnehmung um: Man beginnt sein Umfeld zunächst nach positiven statt nach negativen Dingen zu scannen.

Übung zu Gefühlen

Finden Sie eine bequeme Sitzposition (siehe »Tipps für die tägliche Praxis«). Wie wir gelernt haben, sollen Körper und Geist zunächst Ruhe finden und sich getragen fühlen. Verweilen Sie nun einige Zeit beim eigenen Atem und bei dem, was beim normalen Atmen mit Ihrem Körper geschieht. Richten Sie dabei Ihre Aufmerksamkeit allein auf das mit dem Ein- und Ausatmen verbundene Empfinden. Sobald Sie in Ruhe dem eigenen Atem folgen, fokussieren Sie sich auf Ihre Gefühle.

Wie jeder Atemzug hat auch jedes Gefühl einen Anfang und ein Ende. Die eigenen Gefühle neugierig und interessiert zu beobachten, mag für Sie anfangs eine Herausforderung darstellen. Bestimmt haben Sie schon oft das von den »ach so lästigen« Gefühlen verursachte Leid erforscht, doch für die Gefühle selbst interessieren sich die wenigsten.

Anfangs kommen Sie den Gefühlen am besten über den Körper auf die Spur. Manche Gefühle erregen Übelkeit, andere beschleunigen den Herzschlag, dritte wiederum verursachen einen Knoten im Magen. Nehmen Sie den Faden dieser »Signale« auf und folgen Sie ihm bis zu dem dahinter verborgenen Gefühl. Allmählich, vielleicht bei einer späteren Wiederholung der Übung, werden Sie die Gefühle auf direktem Weg kognitiv aufspüren.

Wie schon bei den anderen Übungen geht es nicht darum, die Gefühle zu bewerten oder zu analysieren. Nehmen Sie sie einfach zur Kenntnis als etwas, was da ist, das aber nicht Sie selbst sind. Statt zu grübeln: »Ich ärgere mich über meinen Chef, *weil er* wieder mal auf den letzten Drücker dies oder das von mir verlangt hat«, denken Sie einfach: »Da ist Missmut. Aha, so fühlt sich das an!«.

Als Sie Ihre Gedanken beobachtet haben, sagte ich Ihnen, Sie mögen nicht aufhören zu denken. Genauso wenig sollen Sie Ihre Gefühle unterdrücken oder gar auslöschen, während Sie diese beobachten. Die Reflexion versetzt Sie vielmehr in die Lage, Ihre Gefühle besser zu verstehen, weil Sie sie klarer erkennen und unverfälschter fühlen.

Führungspräsenz für das digitale Zeitalter

Es genügt nicht, dass man zur Sache spricht.
Man muss zu den Menschen sprechen.
STANISLAW JERZY LEC

Wie wir in den Kapiteln über das Herz und die Spiegelneuronen gesehen haben, können andere Menschen unsere Emotionen wahrnehmen. Sie spüren gleichsam die Energie, die ihr Chef ausstrahlt. Ist er ein echter »Radiator«, werden sie sich in seiner Nähe wohlfühlen und ihm gern folgen. Präsentiert er sich als Eisschrank, rücken seine Leute – zumindest innerlich – von ihm ab und machen »ihr eigenes Ding«. Der frühere US-Präsident Bill Clinton muss Berichten zufolge nur den Raum betreten, um andere sofort seine Präsenz spüren zu lassen, noch bevor sie ihn sehen. Und wenn er mit jemandem spricht, dann ist er ganz bei ihm.

Ein Manager mit *Mind Movement Mastery* wird diese E-Motion – die Energie in Bewegung – nicht nur ausstrahlen, sondern auch für sein Team *nutzen*. Doch Vorsicht: Auch negative Gefühle sind spürbar. Solche *Bad Vibrations* erzeugen ein eher chaotisches, verwirrendes Energiefeld. Deshalb ist es wichtig, sich erst in einen positiven Zustand zu versetzen, bevor man mit anderen in Kontakt tritt. Ein dieserart geordnetes Feld von Energie wirkt viel stärker und vor allem positiver als ein inneres Chaos.

Nur mit einer energetisch starken Führungspräsenz kann das Ganze größer sein als die Summe seiner Teile. Ein solcher Leader ist einerseits im Selbst bewusst und andererseits präsent im Hinblick auf sein Umfeld. Worin äußert sich diese Führungspräsenz? Leader, die sie verkörpern, sind …

- mitfühlend
- hilfsbereit
- bescheiden
- geduldig
- warmherzig
- aufgeschlossen
- nicht urteilend
- vollkommen im Moment gegenwärtig

Wenn wir Führungspräsenz mit *Mind Movement Mastery* entwickeln, geht es nicht länger bloß um die Frage, was wir als Leader einmal *tun* wollen. Uns interessiert dann mindestens ebenso die Frage: »Wer willst du dann *sein*?«

Andere mit *Mind Movement Mastery* zu führen, bedeutet auch, ihre Neuroplastizität miteinzubeziehen: das sich ständig verändernde Netzwerk von Nervenzellen. Der Hirnforscher Gerald Hüther spricht in diesem Zusammenhang von »unterstützender Führung«. Dazu gehört eine angenehme Arbeitssituation, in der sich intrinsische Kräfte frei entfalten können. Aber auch mit neuen anspruchsvollen Aufgaben und mit einer positiven Fehlerkultur kann der Leader sein Team »gehirngerecht« führen. Ebenso wichtig ist das Vernetzen von Wissen in der Organisation.

Sonja Lyubomirsky spricht in diesem Kontext von »Glücksaktivitäten«, aus denen positive Erfahrungen erwachsen. Nehmen wir etwa die Hilfsbereitschaft. Schon in der Bibel heißt es: »Geben ist seliger denn nehmen« (Apostelgeschichte 20, 35). Und einer der Leitsätze des 14. Dalai Lama lautet: »Wenn Sie glücklich sein wollen, üben Sie sich in Mitgefühl.«

Die aktuelle Forschung stützt diese Maximen: Gute Taten nützen nicht nur dem Empfänger, sondern auch dem Geber. Großzügigkeit macht einfach glücklich. Und wenn Ihre Hilfe nicht nur aus materiellen Zuwendungen oder Spenden, sondern auch aus tröstenden Worten oder praktischer Hilfe besteht, dann brauchen Sie sich nicht zu wundern, wenn Ihr Körper Glückshormone ausschüttet.

Die tiefe Verbindung, die Führungskräfte mit *Mind Movement Mastery* verkörpern, geht weit über das Einbeziehen der Mitarbeiter hinaus. Sie umfasst die eigene Mission im Leben, die ganze Menschheit und alles andere Leben. Für einen solchen bewussten Leader ist die Arbeit nicht Lebenszweck, sondern ein von seiner spirituellen Praxis getragener *Weg* und eine Erweiterung seiner großen Lebensaufgabe. Er arbeitet, um anderen zu dienen, die Gesellschaft zu verändern und Leiden zu lindern. Die Geschichte von Sheri Schellhaas und dem Taxifahrer aus Malawi ist ein schönes Beispiel für diese einbeziehende Weltsicht.

Wie sich *Mind Movement Mastery* im Führungsalltag auswirkt, zeigt auch mein Klient Roberto, ein 39 Jahre altes Sprachtalent aus Italien. Er arbeitet als Marketingdirektor für einen global aufgestellten Konzern in der Health Care. Die große Leidenschaft des gelernten Biotechnologieingenieurs ist die Reform des Bildungswesens oder anders ausgedrückt: Er möchte alles ihm Mögliche dazu beitragen, dass die Gesellschaft sich durch Bildung so weit wie möglich weiterentwickelt.

Roberto befindet sich auf der Bewusstseinsstufe eines Transformators (Ebene 6). Er sieht den Zweck seiner Arbeit darin, andere in sein Geschäftsumfeld einzubeziehen. Mitarbeiter und Kollegen sollen das Hier und Jetzt schätzen und die integrale Rolle erkennen, die sie in jedem Moment spielen. Er möchte jeder Person, mit der er irgendwie zu tun hat, mehr Bewusstheit vermitteln. Darauf achtet er insbesondere beim Entwerfen von Strategien und Initiativen für Veränderungen, sei es organisatorischer oder geschäftlicher Art.

Überdies ist Roberto jederzeit bereit, sich selbst und seine Strategie an eine veränderte Situation anzupassen. Wenn nötig, ändert er mit dem Team so lange ein Konzept, bis es passt. Diese Flexibilität versetzt ihn in die Lage, auch in anspruchsvollen, vieldeutigen und in sich rasch verändernden Situationen engagiert und fokussiert zu bleiben.

Noch einen Schritt weiter in ihrer eigenen Entwicklung ist die Französin Laure. Die 36-Jährige hat eine steile Führungskarriere in der Modebranche gemacht und »nebenher« eine Organisation gegründet, die transformative ökologische und soziale Projekte in Lateinamerika und Afrika unterstützt. Als Vereinigerin (Ebene 8) unterscheidet sich Laures Mindset grundlegend von dem fast aller anderen Führungskräfte.

Sie steuert selbst komplexe Veränderungen aus einer ganzheitlichen, hoch differenzierten Sicht heraus. Sie sieht sich und andere Menschen sowie die Welt und alle Situationen als Facetten eines großen Ganzen und jeden flüchtigen Moment als kontinuierlichen Fluss von sich ständig verändernden Erfahrungen.

Wenn Laure Führungsentscheidungen trifft und Maßnahmen begleitet, geschieht dies immer aus der Sicht heraus, dass es keine absolute Grenze zwischen ihr, anderen Menschen und der Welt um sie herum gibt. Alles ist miteinander verbunden.

In ihrer Change-Leadership, also bei der Planung und Umsetzung von komplexen, transformativen Initiativen, verankert sich Laure zunächst in einem Zustand der Einheit. Aus dieser alles durchdringenden Sicht heraus trifft sie ihre Entscheidungen und gestaltet ihre Arbeit. Überdenkt sie ihre Optionen, zieht sie dabei auch immer die Weiterentwicklung der beteiligten Menschen und Organisationen in Betracht. Erst dann wählt sie genau den Weg, der diese Entwicklung unterstützt. Manchmal scheinen die

Umstände eine solche Entwicklung nicht zu erlauben. Dann arbeitet Laure gezielt daran, die nötigen Voraussetzungen zu schaffen.

Durch ihr Mindset kann Laure multiple Perspektiven einnehmen und den eigenen Blickwinkel als einen von vielen ansehen. Sie vermag jederzeit über ihr persönliches »Zeug« und ihre »Geschichten« hinwegzusehen und sich mit klarer Präsenz dem zuzuwenden, was im Moment mit anderen Personen oder in ihrer Umgebung geschieht. Dieses völlige Lösen von ihrem mentalen Modell gibt ihr die Freiheit, ihr Handeln und alle Aspekte eines anspruchsvollen Projekts schnell und radikal zu ändern. ⬤

Führungskräfte wie Roberto und Laure legen die Messlatte zugegebenermaßen hoch. Doch ihr Beispiel zeigt, wie Leader mit *Mind Movement Mastery* umfassende Veränderungen in Teams und Organisationen souverän anstoßen, gestalten und zum Erfolg führen können. Dies geschieht aus einer tiefen Verbindung zu sich selbst, den Menschen, mit denen sie zusammenarbeiten, der Welt insgesamt und – bei Vereinigern wie Laure – dem »universellen Bewusstsein«.

Im Gegensatz zu transaktional führenden Managern sind diese Leader nicht mit dem »richtigen Weg« verheiratet. Ändern sich die Randbedingungen, wechseln sie dynamisch ihre Strategie – so oft wie nötig. Falls nötig, erfinden sie auch ihre eigenen Rollen und die ihrer Mitarbeiter immer wieder neu.

Die Change-Leadership dieser Führungskräfte gleicht der Arbeitsweise eines Landwirts: Er sorgt für einen fruchtbaren Boden, damit der Same Wurzeln treiben kann. Ab einem bestimmten Punkt lässt er die Natur ihren Teil zum Gedeihen der Pflanzen beitragen. Er versucht das Wachstum nicht zu beschleunigen, indem er nervös an den Sprösslingen zieht. Ebenso schafft auch der bewusste Leader die optimalen Bedingungen für die Saat des Wachstums. Und ab einem bestimmten Punkt lässt er auch Eigendynamik zu, damit Systeme und Organisationen sich in ihrem eigenen Tempo und auf ihre eigene Weise entwickeln können.

So finden diese Leader, wo andere scheitern, schnell einen »praktikablen Weg« und gelangen erfolgreich ans Ziel.

Übung zur Führungspräsenz

Wie viel Führungspräsenz besitzen Sie? Mit folgender Übung bekommen Sie ein Gespür dafür. Wir beginnen, wie Sie es ja schon gut kennen: Bequem hinsetzen, Augen schließen, den eigenen Atem spüren. Fokussieren Sie sich ganz darauf. Schieben Sie alle Ablenkungen auf die Seite.

Sind Sie so weit? Nun rufen Sie sich eine Person in den Sinn, deren Führungsqualitäten Sie für herausragend halten. Es kommt nicht darauf an, ob Sie ihn oder sie persönlich kennen. Haben Sie jemanden gefunden? Fragen Sie sich:

- Warum denke ich ausgerechnet an diese Person?
- Was an seinem/ihrem Führungsstil verbinde ich mit *Mind Movement Mastery*?

Begegnen Sie den Fragen mit Geduld, Offenheit und Interesse. Werten Sie nicht. Fertig? Legen Sie die Antworten kurz auf die Seite und schauen Sie, ob noch mehr auftaucht. Falls nicht, notieren Sie Ihre Erkenntnisse auf einem Zettel.

Jetzt interessiert mich brennend, was da auf Ihrem Zettel steht. »Erreicht immer seine Quartalszahlen«? Wohl eher nicht. Ich denke, Sie verbinden andere Dinge mit *Mind Movement Mastery* wie …

- freundlich
- geduldig
- respektvoll
- empathisch
- hört gut zu
- aufgeschlossen
- soziale Ader (hilft gern)
- klarer Fokus
- kreativ
- inspiriert andere
- Lehrer

Die wenigsten verstehen unter Führungsexzellenz das bloße Erteilen von Befehlen oder die Anordnung, Ziele auf Biegen und Brechen zu erreichen. Es geht auch nicht unbedingt um Kontrolle, Belohnung und

Bestrafung. Die meisten verbinden damit wohl eher die Fähigkeit, mit anderen in Kontakt zu treten und sie einzubeziehen. Und das erfordert Präsenz, für das Hier und Jetzt und vor allem für sich selbst.

Kontakt zu einem Team oder einer anderen Gemeinschaft entsteht, wenn man das Große und Ganze im Blick behält und sich nicht in den Einzelheiten eines Ziels verliert. Überdies wird eine Führungspersönlichkeit mit *Mind Movement Mastery* Veränderungen geschickt anstoßen und begleiten. Zu diesem Geschick gehört Interesse, Offenheit und die Bereitschaft, Vieldeutigkeiten zu akzeptieren, statt von vornherein auf eine – vorzugsweise die eigene – Lösung zu setzen. Achtsamkeit beim Führen ruht also auf vier Säulen:

◆ Konzentration
◆ Klarheit
◆ Kreativität
◆ Mitgefühl

Diese Basis von *Mind Movement Mastery* baut man nicht durch das Anhäufen von Wissen auf, also durch horizontales Lernen. Die vier fundamentalen Qualitäten für Leadership entspringen dem eigenen Herzen und Geist. Sie »hervorzukitzeln« gelingt nur durch die Kultivierung des Geistes, durch vertikale Transformation.

Offen für Intuition

Führungskräfte mit *Mind Movement Mastery* nutzen gern leistungsstarke analytische Werkzeuge. Diese liefern ihnen wertvollen Input für Entscheidungen. Ebenso aufgeschlossen ist der bewusste Leader für Intuition. Das klingt zunächst paradox, weil wir vermuten, dass Führungskräfte allem nicht Messbaren eher mit Skepsis begegnen.

Das ahnende Erfassen, das wir oft wie eine Eingebung empfinden, ist aber letztlich auch »nur« ein Produkt unserer mentalen Landkarte. Wir alle sind empfänglich für solche Signale, die in bestimmten Situationen aus den Tiefen unseres Gehirns aufsteigen. Auch hier müssen wir uns fragen: Welchen mentalen Konstrukten erlaube ich, mir als »Bauchgefühl« den Weg zu weisen?

Wenn ich im Moment präsent bin – in meinem Körper, in meinem Geist, in meinen Gefühlen, bei den anderen und mit der Außenwelt –, dann bin ich in der Lage, aus dieser Bewusstheit heraus, die richtige Entscheidung zu treffen. Ich erkenne den richtigen nächsten Schritt, der mich, mein Team oder die Lösung voranbringt. Hierin spiegelt sich die tiefe Verbundenheit mit dem Bewusstsein für unser Selbst. Wir müssen also nicht bewusst werden, sondern uns nur dem Bewusstsein öffnen, das wir ohnehin bereits sind.

Intuition, die aus dieser Präsenz erwächst, ist kein Feind unseres Verstands, sie ist sein bester Verbündeter.

Emotionale und soziale Intelligenz

Ich habe erfahren, dass die Menschen vergessen werden, was du gesagt hast, vergessen werden, was du getan hast, niemals aber werden sie vergessen, welches Gefühl du ihnen vermittelt hast.
MAYA ANGELOU

Toni ist Projektmanager in einem großen IT-Unternehmen. Er hat es mitunter nicht leicht mit seinem Boss, dem Vizechef der Softwareschmiede. Neulich hat der ihn bei der Präsentation einer Roadmap vor dem versammelten Team düpiert. Das persönlich zu nehmen, wäre nur allzu verständlich gewesen. Toni hätte ja nicht gleich beleidigt sein Notebook vom Tisch fegen und kündigen brauchen, doch ein Monat Dienst nach Vorschrift wäre wohl das Mindeste gewesen, was der Grobian verdiente. Aber Toni reagierte anders. Nachdem er sich beruhigt hatte, klopfte er an die Bürotür seines Chefs.

»Ja?«, drang dessen unwirsche Stimme in den Flur. »Ich bin's, Toni«, antwortete der Projektmanager. »Kann ich Sie kurz etwas fragen, Alex?« »Leichter geht's, wenn Sie reinkommen.« Toni betrat das Büro und setzte sich auf den ihm angebotenen Stuhl. »Mir ist nicht ganz klar, worauf Sie vorhin mit Ihrer Kritik hinauswollten, Alex«, begann er vorsichtig. Er bemühte sich dabei um einen versöhnlichen Ton. »Ich nehme nicht an, dass Sie mich vor meinen Leuten in Verlegenheit bringen wollten. Was wollten Sie mit Ihrer Bemerkung eigentlich erreichen?«

Der Vizepräsident war überrascht. Er hatte keine Ahnung, dass sein beiläufiger Einwurf eine so verheerende Wirkung gehabt hatte. »Das tut mir leid«, sagte er. »Ich hatte mich heute früh tierisch über eine E-Mail geärgert. Meine Bemerkung war unangemessen. Bitte entschuldigen Sie. Ich bin sehr zufrieden mit Ihrer Arbeit, Toni.«

Wie hatte es Toni geschafft, die Situation zu entschärfen? Mit emotionaler und sozialer Intelligenz. Diese hatte auch Alex gezeigt, als er seinen Fehler eingestand und sich entschuldigte.

Sich hin und wieder über andere zu ärgern ist kein Zeichen von Schwäche. Es gehört zum Leben dazu. Der Psychologe Daniel Goleman sagt: »Alle Gefühle sind natürlich, es gibt keine Gefühle, die wir nicht haben sollten, denn so sind wir gestaltet.« Golemans Spezialgebiet ist die emotionale Intelligenz, die er – angelehnt an den Intelligenzquotienten – mit »EQ« abkürzt. Ihm zufolge zeigt sie sich in fünf Dimensionen:

- Selbstbewusstsein
- Selbstkontrolle
- innere Motivation
- Mitgefühl
- soziale Kompetenz

Ein Leader mit emotionaler Intelligenz kann ohne Schwierigkeiten Verbindungen zu anderen herstellen sowie ihre Reaktionen und Gefühle klar erfassen. Er führt und organisiert also aus einer vereinigenden Sicht heraus und vermag auszusprechen, was alle im Stillen denken. So schafft er, gleichsam moderierend, für die Gruppe einen Konsens, aus dem heraus er sie den gemeinsamen Zielen entgegenführt.

Wie Goleman ausführt, werden die Anlagen zu emotionaler Intelligenz und Mitgefühl schon in frühester Kindheit gelegt. Er empfiehlt sogar Unternehmen und Staaten, ihre kollektive emotionale Intelligenz zu steigern. Eine pluralistische Gesellschaft braucht diese Fähigkeiten. Sie gestatten den Menschen, in gegenseitiger Achtung miteinander zu leben.

Richard Davidson, Professor für Psychologie und Psychiatrie, fügt den fünf Dimensionen seines Kollegen Goleman noch eine sechste hinzu: die Einstellung zu dem, was kommt *(Outlook)*. Je nach Situation und Bewusstseinsstufe neigen Menschen eher zu optimistischen oder pessimistischen Prognosen. Optimisten sind hier natürlich klar im Vorteil.

Schon als die Mehrzahl der Wissenschaftler noch glaubte, der Verstand regiere die Welt, vertrat der britische Ökonom, Mathematiker und Politiker John Maynard Keynes eine ganz gegensätzliche Auffassung. Er sagte bereits 1936, Menschen mit *Animal Spirits,* also mit Gefühlen, Intuition und Ideen, beeinflussten die Wirtschaft weit mehr als rational handelnde Personen.

Später griffen Wirtschaftswissenschaftler wie George A. Akerlof und Robert J. Shiller diese Sichtweise auf und begründeten einen neuen Forschungszweig der Ökonomie, die »verhaltenswissenschaftliche Wirtschaftstheorie«. In ihrem Buch *Animal Spirits: Wie Wirtschaft wirklich funktioniert* schreiben die beiden Nobelpreisträger (2009, S. 17):

> *»Um zu verstehen, wie Volkswirtschaften funktionieren und wie wir sie zu unserem Vorteil steuern können, müssen wir die Denkmuster berücksichtigen, die den Ideen und Gefühlen der Menschen zugrunde liegen – ihre Animal Spirits. Nur wenn wir uns klarmachen, dass* ökonomische Ereignisse im Kern großteils mentale Ursachen haben*, *können wir sie wirklich verstehen und erklären.«*

Und nicht nur das – wir besitzen damit Ansatzpunkte für emotionale und soziale Intelligenz, um andere zu motivieren. Die beiden Ökonomen benennen fünf Ausprägungen von *Animal Spirits*, also von nicht rationalen Aspekten des Handelns:

- Vertrauen
- Fairness
- Arglist
- Korruption
- Geldillusion
- Geschichten

Zum größten Teil erklärt sich diese Liste wohl von selbst. Unter »Geldillusion« verstehen die Wissenschaftler die irrtümliche Annahme, eine Entscheidung über einen Geldbetrag werde anhand der nominalen Summe getroffen. Tatsächlich spielt dabei die Vorstellung vom *Gegenwert* der Summe eine größere Rolle. Aus emotionaler Sicht gibt es Geld als neutrales Tauschmittel nicht. Ein Betrag X steht immer für den Sportwagen, den Malediven-Urlaub, die neue Fertigungsstraße, das moderne Bürogebäude …

---

* Hervorhebung des Autors

Gefühlen den roten Teppich ausrollen

Die klassisch-transaktionale Art des Führens nach Zahlen ist wie »Malen nach Zahlen«: Das fertige Bild ist nur ein Abklatsch des Möglichen. Es mag auf den ersten Blick ganz nett aussehen, doch ihm fehlt die Lebendigkeit und Authentizität, die das Original auszeichnet.

Indem Sie als Leader den Gefühlen einen roten Teppich ausrollen, erschaffen Sie Originale. Die Gefühle aller, die an einem Prozess beteiligt sind, stärker miteinzubeziehen, verbessert signifikant die Ergebnisse. Mit solcher Meisterschaft verbessern Sie …

- die Klarheit Ihrer Denkprozesse und die Fähigkeit zu lernen,
- die Qualität der Entscheidungsfindung,
- die Beziehungen zu Mitarbeitern und
- die Effektivität des Änderungsmanagements.

Was bedeutet das? Die Klarheit der Denkprozesse und die Fähigkeit zu lernen verbessern sich, indem man seine Emotionen nicht von äußeren Wahrnehmungen triggern lässt. Besonders in unserer westlichen Welt gilt das Kontrollieren von Gefühlen als Tugend. Wir sind so sehr mit dem Erreichen der nächsten Ziele beschäftigt, dass wir warme, lichte Emotionen wie Freude und Zufriedenheit einfach an uns vorbeirauschen lassen.

Als bedeutender Teil unseres Selbst können uns Gefühle viel über uns selbst verraten. Sie zu unterdrücken, macht uns nicht zu einem besseren Leader. Statt auf sie zu hören, unterwerfen sich viele Führungskräfte dem Diktat ihrer To-do-Liste. Sie versuchen auf Knopfdruck zündende Ideen zu produzieren, jonglieren im Kopf ständig mit einem Dutzend Bällen, beißen die Zähne zusammen und machen weiter – bis zum Burn-out.

Achtsamkeit hilft dabei, uns der eigenen Emotionen gewahr zu werden, ihre Ursachen zu ergründen und die Emotionen zu akzeptieren. Wir werden dann immer noch viele Gefühle bemerken. Doch wir können sie vorüberziehen lassen. Was wir da spüren, das sind ja nicht mehr wir. Es sind nur Gefühle, deren Ursachen wir nun kennen, und die wir neugierig beobachten. Und das ist es dann auch schon.

Manche sind ungemein erleichtert, wenn sie sich endlich von den Mühen des Leugnens und Verdrängens befreit haben. Es sind nur Ihre Emotionen, die Ihnen Unbehagen bereiten, es ist nicht die Realität. Und was ohnehin da ist – eben die Gefühle –, das brauchen Sie nicht zu fürchten. In dieser Gewissheit können Sie leichter neue Wege erkennen, die

Sie aus der Knechtschaft dunkler Gefühle befreien. Und indem Sie die lichten Gefühle bewusst für sich und andere nutzen, gewinnen Sie neue Handlungsspielräume für Ihre Führung durch emotionale und soziale Intelligenz.

Wie tief diese Faktoren ineinandergreifen, zeigt die tragische Geschichte eines hoffnungsvollen, jungen Mannes in den USA. Mitte des 19. Jahrhunderts schoss ihm etwas durch den Kopf, das sein Leben dramatisch verändern sollte:

Sommer 1848. Phineas P. Gage ist Vorarbeiter bei Rutland & Burlington Railroad. Seine Vorgesetzten halten ihn für den tüchtigsten und fähigsten Mann der Eisenbahngesellschaft. Sein Auftrag: Er verlegt mit seinen Männern Schienen am Ufer des Black River. Doch gerade versperrt ihnen ein massiver Fels den Weg. Ein Kamerad hat schon die Löcher in den Fels gebohrt, das Sprengpulver eingefüllt und mit Sand zugedeckt. Phineas kontrolliert alles noch einmal mit seiner Spezialanfertigung, einer fast zwei Meter langen, dicken Eisenstange.

Plötzlich ruft ihm jemand etwas zu. Als er sich dem Mann zuwendet, bewegt Phineas unbewusst die Stange in der Bohrung, ein Funke löst eine Explosion aus und schießt die Stange aus dem Loch. Wie ein Speer dringt sie in Phineas' linke Wange ein, durchbohrt die Schädelbasis, durchquert den vorderen Teil seines Gehirns, fliegt aus dem Schädeldach wieder heraus und landet, blutig und mit Hirnmasse verschmiert, ein Stück weiter auf dem Boden.

Der Treffer hat Phineas von den Beinen gerissen. Er ist benommen, aber bei Bewusstsein. In einem Bericht des *Boston Medical and Surgical Journal* heißt es später über den Unfall, der Verletzte habe schon nach wenigen Minuten wieder gesprochen. Da er wider Erwarten keine Anstalten macht zu sterben, bringt man ihn auf einem Ochsenwagen zu einem Arzt. Im Kopf des Vorarbeiters klafft ein Loch von vier Zentimetern Durchmesser. Der Schädel drumherum ist wie ein umgekehrter Trichter aufgewölbt. Trotzdem beantwortet Phineas alle Fragen des Arztes willig und vernünftig.

Noch erstaunlicher: Weniger als zwei Monate später erklärt ihn sein behandelnder Arzt für geheilt. Bis auf ein erblindetes linkes Auge sei Phineas' physische Genesung »nahezu vollkommen«. Doch das ist nur die halbe Geschichte. Phineas ist nicht mehr derselbe wie früher. Der Unfall hat seine Persönlichkeit verändert, »seine ganze Veranlagung, seine Vorlieben und Abneigungen, seine Träume und Hoffnungen [...] Gages Körper mag lebendig und wohlauf sein, aber er wird von einem neuen Geist belebt« (Damásio 1994, S. 30 f.).

Wie sein Arzt berichtet, ist Phineas' Gleichgewicht zwischen seinen geistigen Fähigkeiten und seinen animalischen Neigungen gestört. Der junge Mann ist plötzlich launisch, respektlos und bisweilen cholerisch. Seine frühere emotionale und soziale Intelligenz ist praktisch ausgelöscht. Am 21. Mai 1861, etwas mehr als zwölf Jahre nach dem Unfall, verstirbt Phineas Gage, vermutlich an den Folgen eines tags zuvor erlittenen epileptischen Anfalls. ●

So tragisch diese Geschichte auch sein mag, für Generationen von Neurologen ist sie ein Segen. António R. Damásio schreibt in seinem Buch *Descartes' Irrtum* (1994, S. 34):

> *»Gages Beispiel zeigte, dass Teile des Gehirns für spezifisch menschliche Eigenschaften zuständig sind, unter anderem für die Fähigkeit, die Zukunft vorwegzunehmen und sie in einem komplexen sozialen Umfeld angemessen zu planen, für das Verantwortungsgefühl sich selbst und anderen gegenüber und für das Vermögen, das eigene Überleben nach Maßgabe des freien Willens zu organisieren.«*

Ausgehend von diesem Fall (und zahlreichen anderen in späterer Zeit) haben Neurowissenschaftler erkannt, dass funktionierende Emotionen das Fundament guter Entscheidungen sind. Ohne Gefühle wären die meisten von uns kaum fähig, ihren Alltag zu meistern.

Einfachen Freuden Räume eröffnen

In vielen Unternehmen herrscht eine Kultur des knappen *Mission Accomplished* – »Wir haben es geschafft«. Wer die harte Arbeit seines Teams so reduziert würdigt, muss sich nicht über dessen reduziertes Engagement wundern.

Daniel Goleman betrachtet Sozialkompetenz als Dimension der emotionalen Intelligenz. Sie zeigt sich in dem Moment, in dem andere bewusst oder unterschwellig bemerken, wie wir Zufriedenheit, Freude und andere lichte Gefühle wahrnehmen. So können wir Mitarbeiter, Familienangehörige und Freunde mit unseren eigenen positiven Emotionen anstecken. Und woher nehmen wir die?

Das Feuer eines Sonnenuntergangs, der funkelnde Sternenhimmel, das Spiel der kleinen Kätzchen, der Geschmack einer reifen Frucht – es gibt unzählige Dinge, aus denen wir Freude und Zufriedenheit schöpfen können. Je mehr Bewusstheit Sie für die großen und kleinen Freuden des Lebens entwickeln, desto mehr können Sie diese genießen. Oder wie der Schriftsteller Thornton Wilder es ausdrückte:

»Ich würde Ihnen raten, nicht nach dem Warum und Woher zu fragen, sondern Ihr Eis zu essen, ehe es schmilzt.«

Genuss ist ein nicht zu unterschätzender Glücksfaktor. Forscher definieren ihn als Denk- und Verhaltensweise, die dazu beiträgt, »Freude zu schaffen, zu verstärken und zu verlängern« (Pollner 1989).

Wie enorm wichtig ein positives Mindset für Freude und Lebensqualität ist, zeigt sich an jenen Menschen, die jeden Tag 16 Stunden arbeiten und sich trotzdem nicht gestresst fühlen. Stress entsteht im Inneren – im Kopf – und nicht im Äußeren. Auch die materiellen Rahmenbedingungen spielen, wie wir wissen, nur eine untergeordnete Rolle für unsere Zufriedenheit und das Lebensglück. Beides wächst nur bis zu einer jährlichen Einkommensgrenze von etwa 60 000 Euro oder 75 000 US-Dollar (Watkins 2014, S. 116). Dann hat der Mensch alles, um in materieller Hinsicht ein sorgloses Leben zu führen. Steigt das Einkommen weiter, macht ihn das nicht zufriedener. Oft ist sogar das Gegenteil der Fall.

Mit der oben gezeigten Übung zur Bewusstheit für die eigenen Gefühle lernen Sie, den in Ihrem Körper aufsteigenden Emotionen mehr Aufmerksamkeit zu schenken. Daraus entsteht Präsenz, die Ihnen einen klaren Blick auf die einfachen Freuden des Lebens verleiht. Nähern Sie sich Ihren Gefühlen mit offenem Interesse, finden Sie darin womöglich eine Quelle der Weisheit, die Ihnen hilft, Menschen und Umstände zu würdigen und mehr Freude zu finden. Wir lauschen sozusagen der Sprache des Herzens und damit öffnen wir uns auch den Herzen anderer. Oder wie sollten wir je das Verhalten anderer verstehen, wenn uns die eigenen Emotionen fremd sind? Das ist unmöglich.

Durch Zahlen oder durch Beziehungen führen?

Der Mensch ist ein soziales Wesen. Obwohl viele sich über ihre Rolle, ihre Qualifikation, ihren Expertenstatus, ihre Herkunft und Kultur definieren, sind es doch in Wahrheit unsere Beziehungen zu anderen, die uns ausmachen. In Sanskrit gibt es dafür den Ausdruck *so hum,* der ins Deutsche übertragen etwa so viel bedeutet wie »Du bist, darum bin ich«. Dahinter steckt eine ähnliche Philosophie wie im Bantuwort *Ubuntu:* »Ich bin, weil wir sind.« Wer diese Weisheit verinnerlicht, besitzt den Schlüssel zur sozialen Intelligenz.

Im Verhältnis zwischen engen Angehörigen mag uns das leichtfallen. Doch es trifft ebenso auf die Beziehungen im Freundes- und Bekanntenkreis zu sowie auf das Miteinander in Organisationen. Gute Beziehungen sind in jedem Bereich wichtig und dabei spreche ich nicht vom berühmten »Vitamin B«.

Wenn in der Familie Chaos herrscht, der Partner einem schon zwei Mal die gelbe Karte gezeigt hat oder Freunde uns nur von hinten oder von knappen WhatsApps kennen, dann wirkt sich das früher oder später auch auf die Qualität der Führung im Unternehmen aus. Die Forschung beweist, dass glückliche Menschen eher Partner und Freunde finden. Sie belegt aber auch, dass das Glück anderer auf uns abfärben kann. Nutzen Sie diese Chance!

Gerade bei klassischen Topmanagern führt deren abgehobene Position oft zu Beziehungsverlust. Dies zeigt nicht zuletzt die Dieselkrise der deutschen Autobauer. Der dadurch verursachte Schaden ist gigantisch. Derartige Auswüchse sind die Folge, wenn Manager durch Zahlen führen: Quartalszahlen, Bilanzzahlen, Bonuszahlen. Beim Management durch Zahlen ist das Ganze immer gleich der Summe der einzelnen Teile – meistens sogar weniger. Ein auf quantitativ messbaren Daten fußender Führungsstil bringt mehr negative als positive Effekte hervor:

- ◆ *Zahlenziele sind oberflächlich.* Sie ignorieren andere erfolgskritische Faktoren: Klima, Energie, Kundentreue, Leidenschaft, Engagement, Kreativität etc.
- ◆ *Zahlenziele fördern bei Mitarbeitern zielkonformes Verhalten.* Man tut gerade so viel wie nötig, um die Planzahlen zu erreichen.
- ◆ *Zahlenziele sind Gift für Kreativität.* Wer seinen Blick nur auf das nominale Ziel richtet, büßt auf Dauer seine Neugier ein und damit auch das Bedürfnis, über den Tellerrand hinauszusehen.

Im Gegensatz zum Management durch Zahlen ist bei Leadership durch Beziehungen das Ganze größer als die Summe seiner Teile. Es geht dabei auch um die Unterscheidung zwischen einem *relativen* und einem *qualitativen* Ziel. Doch worin besteht dieser Unterschied? Dazu eine kleine Geschichte, die sich so tatsächlich hätte zutragen können.

Minik war ein Marathonläufer, der es dank seines äthiopischen Coaches bis zu den Olympischen Spielen geschafft hatte. Was sagt ihm sein Trainer wohl, bevor Minik an den Startpunkt tritt?

Er könnte ihm ein quantitatives Ziel setzen: »Heute, Minik, musst du die Strecke unter 2:01 Stunden laufen.« Aber wenn die drei Kenianer, die sowieso immer gewinnen, die gut 42 Kilometer in weniger als zwei Stunden schaffen, bekäme Minik trotzdem keine Medaille. Vielleicht hetzt er sich mit dem Zahlenziel vor Augen auch so sehr ab, dass er vorzeitig aufgeben muss. Das quantitative Ziel ist somit keine gute Wahl.

Der Coach könnte auch die Order ausgeben: »Ich möchte, dass du heute als Erster ins Ziel kommst.« Das wäre ein relatives Ziel. Egal wie schnell die anderen sind, Minik muss ihnen mindestens um Haaresbreite voraus sein. Aber traut er sich das auch zu?

Tatsächlich hat der Coach seinem Schützling zugeflüstert: »Heute hast du die Chance, dein Volk stolz zu machen.« Das war ein qualitatives Ziel. Und damit hat er das Beste aus Minik herausgeholt. Übrigens ist Minik ein Inuk aus Grönland, der erste seines Volkes, der je an einem Marathon teilgenommen hatte. Allein das Ziel zu erreichen, würde die Inuit stolz machen. Und Minik schaffte es! Er ging als Vorletzter durchs Ziel. ●

Unsere Geschichte zeigt anschaulich, wie unterschiedliche Arten von Zielen wirken. Zahlenziele können leicht destruktiv wirken. Im Vergleich zu ihnen stellen relative Ziele einen konkreten Bezug her, der Menschen emotional anspricht – manchmal auch negativ. Sie könnten Ihrer Belegschaft etwa sagen: »Lasst uns im neuen Jahr den Marktanteil unseres größten Mitbewerbers überflügeln!« Dieses Relativieren hat noch einen weiteren Vorteil: Es ist *flexibel*, weil es sich automatisch veränderten Gegebenheiten anpasst.

Und wie sähe im Business ein qualitatives Ziel aus? Angenommen, Sie führen ein pharmazeutisches Unternehmen, das für seine Produkte nur natürliche Wirkstoffe nutzt. Gerade haben Sie ein neues Schmerzmittel entwickelt und wollen es zur Nummer 1 im Markt machen. Was sagen Sie

Ihren Mitarbeitern? Vielleicht: »Wenn die Leute eine Kopfschmerztablette brauchen, fragen sie nach Aspirin. Lassen Sie uns unser neues Produkt zum natürlichen Aspirin ohne Nebenwirkungen machen!«

Relative und qualitative Ziele motivieren weitaus stärker als Management nach Zahlen. Wo Mitarbeiter ihre Leitlinien selbst bestimmen, werden solche Ziele den Vorrang genießen.

Ein Leader mit *Mind Movement Mastery* wird mit seinen Zielen an die Gefühle seines Teams appellieren und das Miteinander stärken. Er fürchtet nicht um seinen Status, wenn er enge Beziehungen zu anderen und auch die Bindungen in der Belegschaft, zu Kunden und anderen Stakeholdern fördert. Zugegeben, das ist eine enorme Herausforderung, weil wir alle so wunderbar komplizierte Menschen sind. Es ist wichtig, die Beweggründe der Menschen zu verstehen und uns mit ihnen als Individuen statt nur als Mitarbeiter zu beschäftigen. Dadurch eröffnen wir uns einen riesigen Handlungsspielraum und erstaunliche Dinge sind möglich.

Ein Leader mit höher entwickeltem Mindset besitzt die Sozialkompetenz, die als Teil der emotionalen Intelligenz alles enthält, was er zum Knüpfen dauerhafter Beziehungen braucht. Dies schließt die Fähigkeit ein, seine eigenen Gefühle auszudrücken. So lang uns das nicht gelingt, werden wir kaum andere begeistern.

Damit Sie mich nicht missverstehen: Mit »Gefühle ausdrücken« meine ich nicht den Ausraster am Telefon, weil man sich über das schiefgelaufene Meeting vom Vormittag ärgert. Unmut, Enttäuschung und andere Gefühle werden Sie selbst dann verspüren, wenn Sie Ihre Emotionen »im Griff« zu haben glauben. Doch statt sich an solche Gefühle zu klammern oder auszurasten, können Sie sie einfach akzeptieren und sich fragen, was es damit auf sich hat: Was hat die Gefühle getriggert, welche Ihrer mentalen Muster wurden dabei aktiviert und lassen Sie gerade rotsehen? Was hilft Ihnen jetzt, wieder in Ihre Balance zurückzufinden? Welche Ziele wollen Sie verfolgen? Worauf kommt es dabei an? Und dann lassen Sie die Gefühle einfach wieder gehen.

Mit der Übung zum Thema Gefühle wird es Ihnen leichter fallen, Ihren Fokus auf etwas Positives zu richten. Sie erkennen Emotionen dann schon im Moment des Entstehens und sehen, wie der Verstand Sie damit manipuliert und Ihre bewussten Entscheidungen torpediert.

Der Transformationsprozess: ein emotionales Auf und Ab

Der in der VUKA-Welt notwendige Prozess der Transformation ist eine Achterbahn. Die schweizerisch-amerikanische Psychiaterin Elisabeth Kübler-Ross beschreibt fünf Stadien der Trauer, die jemand angesichts des eigenen drohenden Todes oder vor dem Ableben eines geliebten Menschen durchlebt: das Leugnen, den Zorn, das Verhandeln, die Depression und die Akzeptanz.

Doch auch weniger tragische Veränderungen verlangen über das reine Verstehen hinaus emotionales Verarbeiten und Akzeptieren. Der innere Widerstand, den Veränderungen in uns heraufbeschwören, entspringt Gefühlen und drückt sich in Gefühlen aus. Nur emotional kompetente Leader können Change daher gestalten und andere in diesem Prozess mitnehmen und führen. Dieser emotionale Prozess umfasst sieben Stadien (siehe Abb. 20).

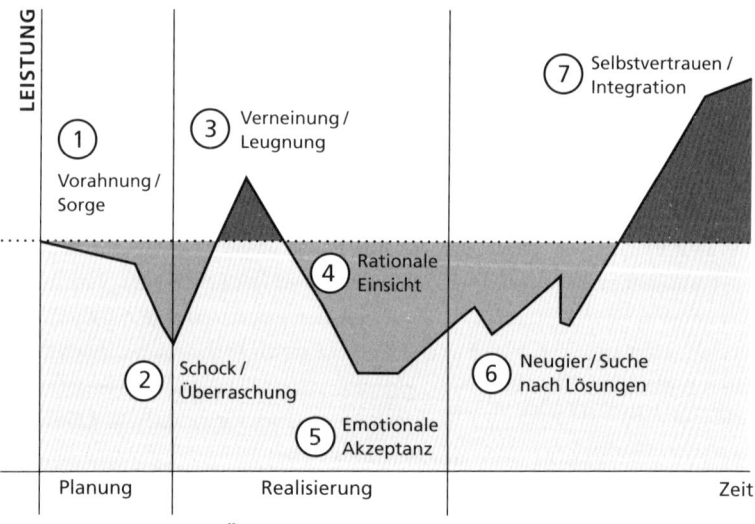

Abb. 20: Die Change-Kurve: Veränderungsprozesse sind eine Achterbahn der Gefühle.

Ein notwendiger Wandel im Business ruft meist dieselben emotionalen Zustände hervor. Leader, die innerhalb des Transformationsprozesses gegenüber ihren Mitarbeitern einen Informationsvorsprung haben, sollten ihr Wissen nutzen, um das Team bewusst durch den Wandel zu führen. Soziale Kompetenz bedeutet in diesem Fall, die Notwendigkeiten und Vorteile der Änderungen zu kommunizieren, aber auch mögliche Nachteile klar und ehrlich zu benennen. Der Leader sollte Richtung und Orientierung vermitteln und empathisch mit den in solchen Prozessen unvermeidlichen Gefühlen wie Sorge, Wut, Angst und Trauer umgehen. Dazu muss er sich der eigenen Gefühle und der seiner Mitarbeiter gewahr werden.

Und dann sollte er die Emotionen auch *zeigen*. Er steht sozusagen schon bis zum Bauch im kalten Bergsee und sein Team wartet zitternd am Ufer. »Kommt Leute, das Wasser mag kalt und tief sein«, ruft er ihnen zu. »Aber wir müssen da durch und wir werden das schaffen. Hier können wir nicht bleiben und am anderen Ufer warten verlockende Aussichten auf uns.«

Je nachdem, wo seine Leute auf der Achterbahn des Change stehen, muss der Leader anders auf sie einwirken. Er läuft gleichsam ein Stück zum Ufer zurück und streckt seine Arme aus, um sie abzuholen und mit in den See zu nehmen. So führt er durch Beziehungen, und das ist tausendmal besser als Management durch Zahlen:

Pflegen und fördern Sie gute Beziehungen.
Sie stillen unsere überlebenswichtige Bedürfnisse.

Meetings mit Wert und Sinn

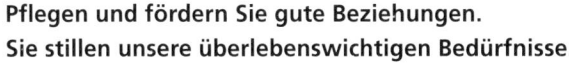

Manchmal sitze ich stundenlang in Meetings und überlege,
wie sie wohl den großen Tisch in das Zimmer bekommen haben.
ANONYM

Wie der Software-Anbieter Clarizen in einer internationalen Untersuchung herausfand, verliert ein Beschäftigter im Schnitt pro Woche 4,5 Stunden durch nutzlose Besprechungen. Hinzu kommt, dass laut einem im *European Journal of Work and Organizational Psychology* erschienenen Artikel 37 Prozent der täglich 11 Millionen Meetings in den

USA unpünktlich beginnen (Marturano 2015, S. 198). In vielen Fällen sind Meetings also echte Produktivitätskiller.

Überlegen Sie ruhig zweimal, ob eine Sitzung tatsächlich von Nutzen ist. Natürlich lässt sich nicht jedes Meeting einfach streichen. Doch vielleicht können Sie Ihre nächste Sitzung mit Ihren Mitarbeitern mit etwas mehr Achtsamkeit beginnen, wie ich es Führungskräften empfehle. Sie könnten mit einem freundlichen Lächeln in die Runde blicken und sagen: »Auf einer Skala von null bis hundert Prozent: Wie sehr sind Sie gerade anwesend und warum? Es genügt, wenn Sie sich das selbst beantworten. Wenn Ihr Prozentwert niedrig ist – okay. Ich hatte selbst eine schlaflose Nacht und liege höchstens bei 60 Prozent. Natürlich will ich trotzdem mein Bestes geben, damit unser Meeting allen nützt.«

Durch die kleine Selbstreflexion können sich die Teilnehmer des Meetings kurz ihrer eigenen Präsenz bewusst werden. Möglicherweise sind Ihre Mitarbeiter überrascht, Sie so zu erleben. Sie werden feststellen, dass die wohlwollende Akzeptanz der Grenzen aller am Tisch mehr Präsenz und Verbundenheit schafft. Geben Sie auch anderen die Möglichkeit, über Belastendes oder Erfreuliches zu sprechen. Achten Sie aber darauf, dass es nicht ausufert, und kommen Sie trotzdem schnell zu den eigentlichen TOPs des Meetings.

Zur Präsenz in Meetings gehört auch, pünktlich anwesend (präsent) zu sein, die Handys auf lautlos zu stellen, alle anderen digitalen »Störfaktoren« auszuschalten und sich mental wie auch physisch ganz auf das Thema zu konzentrieren.

Auch wenn zu viele Personen an der Besprechung teilnehmen, leidet die Präsenz. Um das zu vermeiden, praktiziert Jeff Bezos, der Gründer von Amazon, die »Zwei-Pizza-Regel«. Sie besagt, dass nie mehr Personen an einer Sitzung teilnehmen sollten, als man mit zwei (großen) Pizzen satt bekommt.

Loben Sie Ihre Mitarbeiter auch ruhig zunächst, bevor Sie auf konstruktive Weise Unangenehmes auf den Tisch bringen. Dann fällt es allen leichter, Unbehagen und Komplikationen offen anzusprechen oder ihnen mit Neugier und Gelassenheit zu begegnen. Letztlich wird dieses Vorgehen dazu führen, Probleme schneller und entspannter zu lösen.

Achtsamkeit in Meetings schließt überdies den Respekt vor den anderen ein. Fördern Sie eine Teamkultur, die das »Runtermachen« anderer nicht duldet. Auch abfällige Bemerkungen und das Witzemachen über die Fehler oder Eigenheiten von Kollegen sollten ein absolutes No-Go sein.

Inspirierend führen

Deine Handlungen haben Auswirkungen,
und du musst entscheiden, was du bewirken willst.
JANE GOODALL

Menschen mit einer starken Präsenz bezeichnen wir als charismatisch. Solchen Frauen und Männern fällt es leichter, andere zu inspirieren. Ist das wichtig? Unbedingt!

Menschen blühen bestimmt nicht auf, wenn der Chef von ihnen einfach nur mehr Leistung fordert oder ständig mit dem Wurstzipfel des Bonus winkt. Aber sie blühen auf, wenn er sie inspiriert. Inspiration bringt das authentische Selbst ins Spiel. Sie macht den Menschen ebenso wie seine individuellen Werte und Prinzipien erlebbar. Sie berührt und erzeugt Resonanz. Und hieraus erwächst gegenseitige Wertschätzung.

Wann fühlt sich ein Mensch authentisch? Wenn er sich selbst verwirklichen darf. Dieses vielleicht etwas abgegriffene Wort spielt auf die Lebensträume an, die jeder von uns hat. Selbstverwirklichung bedeutet also für uns, das tun zu dürfen, was uns *vollständig* macht.

Geschieht dies im Beruf, empfinden wir unser Tun nicht mehr als notwendiges Übel, sondern als erfüllende, sinn- und identitätsstiftende Tätigkeit. Arbeit ist dann, wie Ruth Seliger schreibt, »ein Faktor, der den Menschen erst zum Menschen macht. Durch Arbeit verwirklicht sich der Mensch, er wird zum ›Homo Faber‹, dem sich selbst erschaffenden Menschen.« (2014, S. 66)

Es gibt vieles, das Menschen inspiriert: die Idee, eine bessere Welt zu erschaffen; nachhaltige Produkte; karitatives Engagement; Sicherheit für die Lebensplanung der eigenen Familie … Führungskräfte, die ihre Mitarbeiter inspirieren, sind der Beweis dafür, wie ansteckend *Mind Movement Mastery* sein kann.

Eine starke Quelle der Inspiration ist ein positives Zukunftsbild. Es gehört zu den Aufgaben des Leaders, diese Vision Kollegen, Mitarbeitern und Stakeholdern greifbar zu machen. Ein Paradebeispiel dafür ist Martin Luther Kings berühmte »I have a dream«-Rede. Ethisch korrekte Visionen dürfen ruhig ein bisschen verrückt sein oder gar disruptiv, den Status quo völlig auf den Kopf stellend.

Insbesondere das Gefühl, die Welt zu einem besseren Ort machen zu können, weckt in Menschen ungeheure Energien. Positive Visionen stiften bei den Beteiligten Sinn und verleihen Flügel, auf denen sie sich zu ungeahnten Höhenflügen aufschwingen. Mehr noch als das Ziel sind Visionen der *Weg*, auf dem alle gemeinsam voranstreben.

Eine Inspiration wirkt jedoch nur richtig, wenn sie aus eigener Überzeugung erwächst. Flunkern – das Vortäuschen von Begeisterung für eine Vision – funktioniert also nicht. »Um jemanden zu ermutigen, muss ich selbst daran glauben, dass es geht. Um jemanden zu inspirieren, muss ich selbst inspiriert sein«, konstatiert der Neurobiologe Gerald Hüther (Wellnitz 2018).

Übung zur Inspiration

Nehmen Sie wieder die Meditationshaltung ein (siehe Abschnitt »Tipps für die tägliche Praxis«). Richten Sie dann Ihre Aufmerksamkeit bei geschlossenen Augen auf Ihren Atem. Halten Sie den Fokus. Erst, wenn Ihr Körper und Geist zur Ruhe gekommen sind, starten Sie die Reflexion über die Inspiration. Stellen Sie sich dazu Fragen wie:

- Wann war ich zuletzt inspiriert und wollte zu einem Projekt einen eigenen Beitrag leisten?
- Was hat mich inspiriert, zu dem Erfolg beizutragen?
- Was fühle ich in mir, da ich jetzt darüber reflektiere?

Wie schon bei Ihrer Reflexion über Führungsprinzipien können Sie die ersten ein oder zwei Antworten zunächst auf die Seite legen und weitere Antworten in sich aufsteigen lassen. Nehmen Sie sich Zeit. Bleiben Sie vorurteilsfrei, neugierig und dicht bei den Empfindungen, die beim Stellen der Fragen aufkommen.

Falls Sie merken, dass Sie zu werten oder zu analysieren beginnen, kehren Sie einfach zu der Atemübung zurück, bis der Geist wieder ganz ruhig und konzentriert ist.

Es ist völlig normal, wenn Sie in Ihrer jüngsten Vergangenheit nichts Inspirierendes finden. Dann weiten Sie Ihre Beobachtung aus auf frühere Jahre oder auf Ereignisse außerhalb der Arbeit. Vielleicht haben Sie ja irgendwo ehrenamtlich mitgeholfen oder etwas Inspirierendes gelesen oder gehört oder sich für ein Umweltprojekt stark gemacht oder …

Es ist schön, wenn Sie viele Antworten finden, aber das verbessert nicht die Qualität Ihrer Reflexion. Wenn nichts mehr aus Ihnen aufsteigt, öffnen Sie wieder die Augen und schreiben Sie Ihre Antworten auf. Oft vertiefen sich dabei bestimmte Wörter oder Wendungen, die zuvor im Sinn aufgetaucht sind. Fragen Sie sich beim Durchgehen der Liste:

- Was inspiriert mich heute?
- Gehört es zu meiner Arbeit oder zu etwas anderem?
- Ist die Inspiration ein Teil meines Führungsstils?

Wer sich lang nicht inspiriert gefühlt hat, kann vielleicht nicht von einem Augenblick zum nächsten auf den »Inspiriert-Modus« umschalten. Falls nötig und sinnvoll, wiederholen Sie die Übung ruhig alle paar Tage. Möglicherweise bemerken Sie im Alltag ja etwas an Ihrer Arbeit, was Sie verändern können, um das Feuer der Inspiration neu zu entfachen. Nochmals: Lassen Sie sich Zeit, zu den Antworten vorzustoßen.

Den Welleneffekt nutzen

> *Bei Leadership geht es nicht um Titel, Positionen oder Flowcharts. Es geht darum, dass ein Leben ein anderes beeinflusst.*
> JOHN C. MAXWELL

Die meisten Manager besitzen das Potenzial zu *Mind Movement Mastery*. Leider waren bisher nur wenige dazu bereit und hatten auch das Stehvermögen, um zu ihrer inneren Führungsstärke durchzudringen. Allzu viele verfangen sich im Spinnennetz aus Konditionierungen und den *Big Assumptions*, den Grundannahmen darüber, wie man zu handeln und was man zu erwarten hat.

Wer sich jedoch auf den Weg der Selbstbewusstheit und Präsenz begibt und zu *Mind Movement Mastery* vorstößt, wird etwas Erstaunliches beobachten. Er gleicht einem Stein, den man in einen dunklen Teich wirft. Es breiten sich Wellen aus und dann geschieht ein Wunder: Das trübe Wasser wird plötzlich klar.

Weniger metaphorisch gesprochen: Bewusste Führungskräfte wirken ansteckend. Diese Frauen und Männer scheuen sich nicht, mit weit offenen Herzen zu leben. Sie haben einen starken Charakter und besitzen den Mut, moralisch integre, nachhaltige und umwälzende Entscheidungen zu treffen.

Solche Menschen beeinflussen andere im besten Sinne des Wortes. Auch indem sie sich ein eigenes positives Bild von ihren Mitarbeitern schaffen und die eigene Sichtweise für andere erlebbar und fühlbar machen. Die so mit ins Boot geholten Menschen wiederum prägen dann das Unternehmen oder die Organisation. Und das ist ein echter Welleneffekt.

Eine Spielart des Welleneffekts ist der sogenannte co-kreative Dialog. Bestimmt haben Sie das auch schon erlebt, wenn Sie sich mit einem Gesprächspartner wie im Pingpong die Bälle zuspielen. Sie beide geraten in einen Flow, in dem Sie gemeinsam zu einer Idee finden, auf die keiner allein je gekommen wäre.

Wissenschaftler wie der MIT-Forscher Claus Otto Scharmer nennen dies *Presencing*, ein Kunstwort, das sich aus den Begriffen *Presence* (»Präsenz«) und *Sensing* (»Erkennen, Erfassen«) zusammensetzt. Diese Momente kollektiver »Erleuchtung« scheinen willkürlich aufzutreten, doch durch Achtsamkeit und spirituelle Praxis können Sie ein Milieu schaffen, in dem Co-Kreativität prächtig gedeiht.

Teams zu Höchstleistungen führen

Transaktional geführte Teams sind heute nach wie vor der Regelfall – mit all den sich daraus ergebenden Dysfunktionen. Abbildung 21 zeigt links, wie sich diese »Funktionsstörungen« bedingen und welch geradezu tragische Konsequenzen daraus entstehen. Indes wirkt das typische Führungsverhalten transformationaler Leader (rechts) solchen Dysfunktionen entgegen und entwickelt leistungsstarke, erfolgreiche Teams. Sie sehen es auch hier einmal mehr: Die Rolle des Leaders verändert sich dabei von der des Befehlsgebers und Kontrolleurs hin zu der eines Ermöglichers, Vorbilds und Moderators (Lencioni 2002).

Nun ist so ein hübsches Modell die eine Sache, die Transformation gezielt in Angriff zu nehmen, jedoch eine ganz andere. In seinem »Projekt Aristoteles« versuchte Google herauszufinden, warum einige Teams um Längen erfolgreicher sind als andere. Julia Rozovsky und ihre Kollegen gruben sich durch einen Berg von Studien aus einem halben Jahrhundert akademischer Forschung. Sie wollten zunächst wissen: Was weiß die Wissenschaft über die Arbeitsweise von Teams? Und dann schraubte Rozovsky Google auseinander. Im Verlauf von zwei Jahren führte ihre Gruppe 200 Einzelinterviews in 180 Teams durch (Duhigg 2016).

Die Untersuchung führte zu der Erkenntnis, dass viele bisherige Rezepte für erfolgreiches Teamwork nicht oder nicht mehr funktionierten.

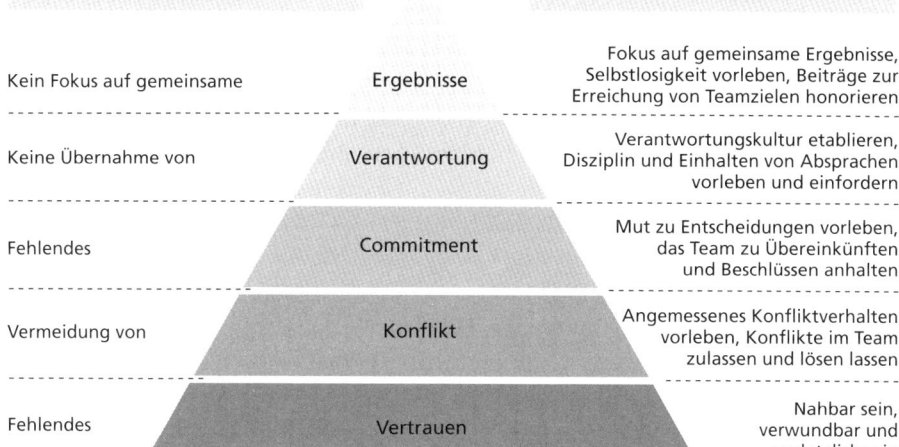

DYSFUNKTION		ROLLE DER FÜHRUNGSKRAFT
Kein Fokus auf gemeinsame	Ergebnisse	Fokus auf gemeinsame Ergebnisse, Selbstlosigkeit vorleben, Beiträge zur Erreichung von Teamzielen honorieren
Keine Übernahme von	Verantwortung	Verantwortungskultur etablieren, Disziplin und Einhalten von Absprachen vorleben und einfordern
Fehlendes	Commitment	Mut zu Entscheidungen vorleben, das Team zu Übereinkünften und Beschlüssen anhalten
Vermeidung von	Konflikt	Angemessenes Konfliktverhalten vorleben, Konflikte im Team zulassen und lösen lassen
Fehlendes	Vertrauen	Nahbar sein, verwundbar und verletzlich sein

Abb. 21: Kritische Faktoren für Dysfunktionen von Teams und wie Leader sie verhindern können (angelehnt an Lencioni 2002, Five Dysfunctions of a Team)

Die Essenz von »Projekt Aristoteles«: Überdurchschnittlich erfolgreiche Teams zeichnen sich durch fünf fundamentale Prinzipien aus:

1. *Zuverlässigkeit:* Können wir uns darauf verlassen, dass jeder seine Arbeit pünktlich und gut erledigt?
2. *Struktur und Klarheit:* Sind die Ziele, die Rollenverteilung und die Prozeduren im Team klar?
3. *Sinn:* Arbeiten wir an etwas, was jedem im Team persönlich bedeutsam ist?
4. *Einfluss:* Glauben wir daran, dass unsere Arbeit für die Welt wichtig ist?
5. *Psychologische Sicherheit:* Kommunizieren wir in einem sicheren Raum für Gedanken und Meinungen? Können wir im Team Risiken eingehen, ohne uns unsicher zu fühlen?

Den letzten Punkt hatten die Forscher als am wichtigsten eingestuft. Das ist insofern bedeutsam, als klassische Manager das kritische Hinterfragen ihrer Ideen und Anweisungen häufig als eine Art Wehrkraftzersetzung auffassen, die ihrer »Truppe« die Schlagkraft raubt und daher rigoros geahndet werden muss. Diese für die transaktionale Führung typische Haltung resultiert aus dem hierarchischen Denken.

Die Wissenschaften über lebende Systeme fordern zu einem Umdenken auf. Jede Organisation besteht aus Menschen und diese wiederum sind Teil einer Gesellschaft mit all ihren kulturellen Randbedingungen. Ein Unternehmen, eine Behörde oder eine NGO wie einen lebenden Organismus zu betrachten, ist ein veränderter Blickwinkel, der einer neuen, positiveren Leadership den Weg ebnet. Wenn wir über Transformation im Großen sprechen, müssen wir Führung, Organisation und Gesellschaft somit als *ein* großes, komplexes, vielfach vernetztes System betrachten.

Eine der wichtigsten Aufgaben des Leaders bei der Teamentwicklung ist die Kommunikation. Dazu gehört auch, gute Gespräche über schlechte Dinge zu führen. Neben dem direkten Gedankenaustausch kann das »Ausbringen der Saat« auch indirekt geschehen: durch positives Vorleben, organisiert in Form von Regeln und Meetings, oder formlos, etwa durch informelle Netzwerke.

Der US-amerikanische Psychologe Bernard Morris Bass sah den Leader der Zukunft als Botschafter einer neuen Kultur. Nur wenn Führungskräfte positive Werte selbst verkörpern, werden sie ihre Mitarbeiter mitnehmen. Nach dem Prinzip *Walk the Talk* sollte der Leader nicht nur über das Ziel reden, sondern Vorbild sein und als Erster aktiv darauf zugehen. So verstärkt er die Transformation der Organisation auf jeder Ebene:

◆ Er schafft durch Vorbildverhalten Identifikation.
◆ Er spricht Mitarbeiter emotional an und baut Vertrauen auf.
◆ Er ist glaubwürdig, handelt integer und lebt positive Werte vor.
◆ Er verhält sich umgänglich und ist ein echter Teamplayer.
◆ Er zeigt Bescheidenheit in allem, was er tut.

Mind Movement Mastery in der Führung bedeutet also Potenziale freizulegen und Ressourcen zu aktivieren. Dadurch stärkt der Leader die Funktionalitäten seines Teams und entfacht eine neue Dynamik.

Grundlegend für erfolgreiche Veränderung ist die Art, wie Leader kommunizieren, den Wandel verkörpern, vorleben, fördern und wie sie agieren.

Transformationale Führung erfordert ein neues Menschenbild: Mitarbeiter haben eigene Interessen, Werte und Ziele. Wie wir bereits gesehen haben, ist die intrinsische Motivation besser als jedes Belohnungssystem. Sie speist sich aus den Antrieben, die aus der Aufgabe erwachsen. Diese Antriebe – Neurologen nennen sie »Grundmotive« – kann ein Manager nicht wecken. Er kann sie nur ansprechen. Der Hirnforscher Manfred Spitzer formuliert diesen Sachverhalt so: »Die Frage danach, wie man Menschen motiviert, ist etwa so sinnvoll wie die Frage ›Wie erzeugt man Hunger?‹. Die einzig vernünftige Antwort lautet: ›Gar nicht, er stellt sich von alleine ein.‹« (2002, S. 192)

Ein fokussierter, bewusster Leader wird die Grundmotive seiner Mitarbeiter nicht als Störfaktoren ansehen. Er versteht unter Team Spirit nicht: »Ich gebe die Befehle und jeder bringt sich voll ein.« Vielmehr betrachtet er die tiefen Bedürfnisse seiner Mitarbeiter als Verbündete zum Motivieren und Inspirieren, indem er die anstehenden Aufgaben mit Sinn »auflädt« und klare Ziele sowie eine attraktive und inspirierende Vision formuliert. Zudem zeigt er echte Wertschätzung für seine Mitarbeiter, gibt ihnen direktes Feedback und sorgt für eine optimistische Grundhaltung. So schafft er die Bedingungen für Kreativität, Spitzenleistungen und Flow. Die meisten Mitarbeiter werden ihre Arbeit dann mit großer Freude und Hingabe verrichten. Niemand muss sie mehr motivieren. Ihr Antrieb kommt von innen.

Feedback ist übrigens keine Einbahnstraße. Ein Leader mit *Mind Movement Mastery* erwartet ebenso Rückmeldungen vom Team sowie von dessen Mitgliedern untereinander.

Der Wechsel von der transaktionalen zur transformationalen Führung geht zudem mit neuen Überzeugungen einher. Statt sich selbst als »knallharten Macher« zu beweisen, sucht der Leader die geistige Herausforderung, indem er im Miteinander …

- zu Kreativität und unabhängigem Denken anspornt,
- Annahmen hinterfragt, Risiken wagt und Ideen einholt,
- Innovationen, Veränderungen und Lernen anregt sowie
- Sachverhalte ganzheitlich betrachtet.

Ein transformationaler Leader gewinnt andere überdies durch seine Persönlichkeit und die Kraft seiner Vision. Er definiert seinen Erfolg darüber, wie erfolgreich er *andere* macht. Damit entfacht er Loyalität, Vertrauen und Bewunderung. Im Alltag zeigt er Wertschätzung für seine Mitarbeiter und fördert den gegenseitigen Respekt, indem er …

- unterschiedliche Persönlichkeiten der Mitarbeiter akzeptiert,
- die Motive und Gefühle anderer berücksichtigt,
- Mitarbeiter ermuntert, sich selbst weiterzuentwickeln, und
- als Mentor agiert und unterstützende Beziehungen fördert.

Somit hebt ein transformationaler Leader die Leistung aller auf ein höheres Niveau, indem er für jeden im Team ein Umfeld für intrinsische Motivation schafft, in dem dieser seine Potenziale bestmöglich entfalten kann. Für so einen Chef engagieren sich die Mitarbeiter gern.

Mit fortschreitender Selbsttransformation werden sich Ihre Führungsqualitäten immer mehr verbessern. Doch selbst wenn Sie erst am Anfang des *Mind Movement Mastery* stehen, werden Sie schnell die Vorteile des transformationalen Führungsstils kennen und schätzen lernen:

> **Transformationale Führung schafft wirksame und nachhaltige Veränderungen durch vorbildhaftes Handeln, Inspiration und Motivation, geistige Herausforderung sowie Wertschätzung und Respekt.**

Coaching als Transformationsbeschleuniger

Warum ich nach dem Weg frage?
Weil ich nicht gerne Zeit verschwende.
HARRISON FORD

Früher gaben sich Führungskräfte nur ungern die Blöße, sich helfen zu lassen. Sie empfanden dies als Zeichen von Schwäche. Das hat zu einigen spektakulären Firmenpleiten geführt, und das selbst bei Unternehmen, die einst wie Mammutbäume im Wald der Weltwirtschaft standen. Das mag ein Grund von vielen sein, warum die Front der beratungsresistenten Verweigerer inzwischen bröckelt.

Manche holen sich heute die Grundlagen zu Themen wie moderne Führung, Achtsamkeit, Meditation oder vertikales Lernen aus Büchern und Filmen, andere besuchen pro Jahr mindestens ein Seminar zur Weiterentwicklung. Schon »eine Schwester oder einen Bruder im Geiste« zu haben – einen Verbündeten, mit dem wir uns öfters zur Praxis austauschen können –, stärkt unseren Durchhaltewillen. Retreats unterstützen diese Entwicklung. Außerdem bieten Ihnen solche bewussten Auszeiten an Orten des Rückzugs die Möglichkeit zum Erfahrungsaustausch mit Gleichgesinnten.

Jede Transformation ist ein Prozess – sie geschieht nicht über Nacht. Ob einzeln oder als Team, die Entwicklung ist immer eine Reise. Ein nettes Event bringt da leider sehr wenig. Forscher und Berater schätzen, dass es ohne externe Unterstützung etwa fünf Jahre dauert, sich zur nächsthöheren Bewusstseinsstufe zu entwickeln. Manche legen aufgrund ihrer Lebensumstände und/oder Talente eine rasante Entwicklung hin, andere verharren Jahrzehnte auf derselben Stufe.

Allmählich setzt sich die Erkenntnis durch, dass Leader die Transformation zunächst bei sich selbst beginnen müssen. Entwicklungsprogramme für Führungskräfte, die sich nicht auf die Vermittlung von Skills beschränken, sondern auch die vertikale Entwicklung unterstützen, können einen solchen Prozess in Gang setzen und ihm zu mehr Dynamik verhelfen. Wie Jack Mezirow und Kristina Sammut in ihren wegbereitenden Studien zeigten, kann ein Coaching durch einen entsprechend qualifizierten und erfahrenen Coach vertikale Transformation maßgeblich beschleunigen (Reams 2017, S. 334–348).

Das deckt sich mit meinen Erfahrungen aus unzähligen Gesprächen, Seminaren und Workshops mit Vorständen und Topmanagern: Nur wenige schaffen die persönliche Transformation ohne die Unterstützung eines Coachs. Meine Klienten betonen immer wieder, wie sehr die Zusammenarbeit mit einem qualifizierten Executive Coach ihre Entwicklung beschleunigt hat. Selbst mein Meditationslehrer Daniel Brown, eine der größten Koryphäen auf seinem Gebiet, hatte viele Lehrer und »Coaches«. Einer von ihnen war übrigens der Meditationslehrer des Dalai Lama.

In vielen Fällen ist der Coach vor allem ein Begleiter, vergleichbar mit einem Scout in einem fremden, unwegsamen Gelände. Der Scout zwingt seine Schutzbefohlenen nicht, weiterzugehen. Er vermag sie nur zu *ermutigen*, kann beim Identifizieren von Stärken und Entwicklungsfeldern helfen, kann Bewusstheit für Denk- und Verhaltensmuster oder eingefahrene Strategien schaffen und beim Ändern derselben helfen. Für die Betroffenen sind gerade die tief verwurzelten Grundannahmen, Glaubenssätze und verborgenen Verpflichtungen ohne eine »neutrale Instanz« nur schwer zu erkennen, geschweige denn zu verändern.

Überdies unterstützt der Coach seine Klienten je nach Wunsch und Bedarf sowohl beim horizontalen Lernen wie auch in ihrer vertikalen Entwicklung, beim Anwenden neuer Kompetenzen in der Interaktion mit anderen *(Interpersonal Skills)* sowie bei der Orientierung im Kontext der Organisation, etwa bei der Steuerung komplexer Stakeholder-Systeme.

Und manchmal ist der Coach auch einfach nur eine psychologische Stütze, wie ich es anfangs für Frank in Amsterdam gewesen bin.

Die Entwicklung des Bewusstseins verläuft nicht linear. Nach einigen Fortschritten kann es auch immer wieder mal einen Rückschritt geben. Hier fungiert der Coach dann oft als »Spiegel«, der als neutrale Instanz in einer behutsamen Erforschung *(Inquiry)* den Klienten dabei unterstützt, seine äußere wie innere Situation sowie seine Verstrickungen und Blockaden sichtbar zu machen. Diese Reflexion gleicht dem Hinaustreten auf einen Balkon: Sie blickten auf die Tanzfläche hinab und betrachten sich selbst und Ihr ganzes Umfeld von oben. Deswegen sprechen Ronald Heifetz und Marty Linsky in diesem Zusammenhang auch von *Balcony Moments* (2002). Die meisten Manager sind viel zu viel auf dem Dancefloor unterwegs und nutzen viel zu selten den »Balkon«, um innezuhalten und sich selbst sowie das Tun der anderen von dieser höheren Warte aus zu reflektieren.

Die Transformation einer Organisation ist ein kaskadierender Prozess. Er beginnt beim Topmanagement und pflanzt sich dann über die weiteren Führungsebenen »nach unten« fort. Möglicherweise gibt es von diesem »Unten« im Zuge des Wandels bald viel weniger als zu Beginn des Coachings, weil die Hierarchien sich verflachen. Aus diesem Grund betreue ich überwiegend die Top Executive Teams. Sie beginnen dann mit der Umwandlung und geben ihre Erfahrungen an die von ihnen geführten Leader weiter, bis die Transformation schließlich die einzelnen Mitarbeiter erreicht.

Als Executive Coach vermittle ich bei *Team Journeys* die Grundzüge der Achtsamkeit und der Meditation und nutze die Synergien und die Dynamik der Gruppe, um die allgemeine Präsenz zu schärfen. In solchen gemeinsamen Workshops entwickeln die Teams ihre Arbeits- und Vertrauensbeziehungen: Sie klären Konflikte, geben einander Feedback und wachsen zusammen zu einer starken und geeinten Führungsmannschaft mit einer klaren Vision für sich und ihren Verantwortungsbereich. Das Ziel der Journeys besteht darin, aus den Leadern glaubwürdige »Motoren des Wandels« zu machen. Meist sind dazu auch begleitende Einzelcoachings nötig, weil jeder Leader seinen eigenen »Rucksack« aus mentalen Konstrukten mit sich herumträgt.

Wiederkehrende *Reviews* oder *Pulse Checks* unterstützen den Prozess der Transformation. Die Teilnehmer erkennen ihre Fortschritte und erhalten Unterstützung beim »Feintuning« oder für konkrete Aufgaben ihres Führungsalltags.

Wichtig zu wissen: Der Coach sollte mindestens eine Entwicklungsstufe über der Ihren stehen. Dadurch kann er Sie tief gehender und nuancierter herausfordern.

Durch den Veränderungsdruck der digitalen Welt wächst die Bereitschaft, sich beim Change-Management von erfahrenen Coaches begleiten zu lassen. Die »Dinosaurier« unter den Managern, die sich nichts sagen lassen, sind schon nahezu ausgestorben und eine neue Generation von Leadern übernimmt das Heft des Handelns. Immer mehr sind bereit, ausgehend von der Selbsttransformation ihre Teams, die Organisation und das ganze Business zu verändern. Wie wir gesehen haben, brauchen vertikales Lernen und menschliche Transformation Zeit. Doch der Lohn, der Ihnen am Ende winkt, ist Erfolg, der alle Investitionen von Ressourcen und Energie bei Weitem aufwiegt.

Organisationen führen – neuer Spirit im Großformat

Unternehmenskultur ist wichtig. Wie das Management seine Mitarbeiter behandelt, hat Auswirkungen auf alles.
Simon Sinek

In diesem letzten großen Teil des Buches geht es um Leadership für Unternehmen, Behörden, NGOs und andere Organisationen. Sie werden sehen, wie bewusste Leader, aufbauend auf ihrer Selbsttransformation, auch Organisationen umfassend verändern können, um in der VUKA-Welt erfolgreich zu agieren.

Schon in den 1980er-Jahren hat Professor Karl Edward Weick, einer der weltweit renommiertesten Organisationsforscher, die Komplexität von Organisationen erforscht. Arie de Geus, der 38 Jahre lang in leitender Funktion bei Royal Dutch Shell arbeitete, rückte Unternehmen und andere Organisationen in ein neues Licht, indem er über deren Verantwortung publizierte. Der Harvard-Professor Chris Argyris forderte von ihnen sogar Lernfähigkeit. Sein Begriff der »Lernenden Organisation« trug wesentlich zum Entstehen eines neuen Organisationsbildes bei. Und Peter M. Senge vom MIT in Cambridge meint, die einzige Antwort auf die VUKA-Welt sei eine »notwendige Revolution«.

Tatsächlich ist der Begriff der »Evolution« wohl passender, denn die Entwicklung von Organisationen erfolgte bisher eher in kleinen Schritten. Die Forschung ist der unternehmerischen Realität da schon ein gutes Stück voraus. Sie spricht vom *Organization Design* und meint damit die Gestaltung von Organisationen rund um Prinzipien. Dies beginnt beim eigenen Verantwortungsbereich und erstreckt sich hin zu den vielen Entscheidungen, die ein Leader täglich treffen muss, um Komplexes handzuhaben und die Organisation handlungsfähig zu erhalten. Diese Entscheidungen betreffen einerseits die Arbeit selbst, andererseits aber auch die Prozesse, Strukturen, Werte, Strategien und Perspektiven der Organisation.

Die Systemtheorie betrachtet den Menschen und die Organisation dabei als zwei unterschiedliche, aber in einem gemeinsamen Rahmen interagierende Dinge. Die Organisation sieht sie als unpersönlich. Aber das ist zu kurz gesprungen.

Für Leader mit *Mind Movement Mastery* existiert so etwas wie ein Unternehmen im Grunde gar nicht. Es definiert sich nicht über den Eintrag im Handelsregister oder über irgendeine andere Art der behördlichen Anmeldung. Das Unternehmen ist der Kreis, der sich um Menschen, Anlagen, organisatorische Struktur, Ideen, ethische Leitlinien, Visionen und um alles andere zieht, für das der Name des Unternehmens steht. Auch die Stakeholder prägen das *Wesen* (!) des Unternehmens. Ein Unternehmen kann nur dann mit einem höheren Bewusstsein agieren, wenn auch die darin mitwirkenden Menschen ihre inneren Fähigkeiten genauer erkunden und nötigenfalls vertikal transformieren.

Um etwas grundlegend zu verändern, muss man das Sein verändern, nicht das Tun.
Und schon gar nicht das Haben.

Shell-Manager Arie de Geus untersuchte in den 1990er-Jahren zahlreiche Unternehmen, einige davon schon Hunderte von Jahren alt. Über die Ergebnisse berichtete er in seinem Bestseller *The Living Company*. Darin beschrieb er Unternehmen mit lebenden Systemen. Ihm zufolge »funktionieren« diese Arbeitsgemeinschaften nach denselben Regeln wie biologische Systeme (1997, S. 30):

> *»Wenn wir uns ein Unternehmen als lebendes Wesen vorstellen, haben wir bereits den ersten Schritt getan, um seine Lebenserwartung zu erhöhen.«*

Früher waren Abteilungen oder Projektteams eher Zweckbündnisse als Arbeits*gemeinschaften*. Wenn alles wie ein gut geöltes Uhrwerk lief, war der Manager zufrieden. Die Teams in modernen Organisationen gleichen eher Familien mit all ihren formellen und informellen Arten der Kommunikation und des Zusammenwirkens. Die Gemeinschaft akzeptiert die Unwägbarkeiten, die es in jeder Familie gibt, und geht bestmöglich damit um.

Die Zahl der Unternehmen, die – mehr oder weniger – mit *Mind Movement Mastery* geführt werden, ist zwar noch klein, doch es gibt sie. Rosabeth Moss Kanter spricht von *Vanguard Organizations* – »Avantgarde-Organisationen«. Dazu gehören auf internationaler Bühne unter anderem Gore, IBM, Southwest Airlines und Zappos. In Deutschland zählt der 1973 von Götz Werner in Karlsruhe gegründete dm-Drogeriemarkt dazu. Werner hat selbst jahrzehntelang meditiert.

Der US-amerikanische Organisationspsychologe Edgar Schein definiert den Begriff der Unternehmenskultur als »System grundlegender Überzeugungen und der damit verbundenen Werte und Normen, die das sichtbare Verhalten der Beschäftigten in einem Unternehmen bestimmen« (2016, o. S.). Ihm zufolge lassen sich die spezifischen Merkmale einer Organisationskultur in dem aus drei Ebenen bestehenden »Seerosen-Modell« einordnen:

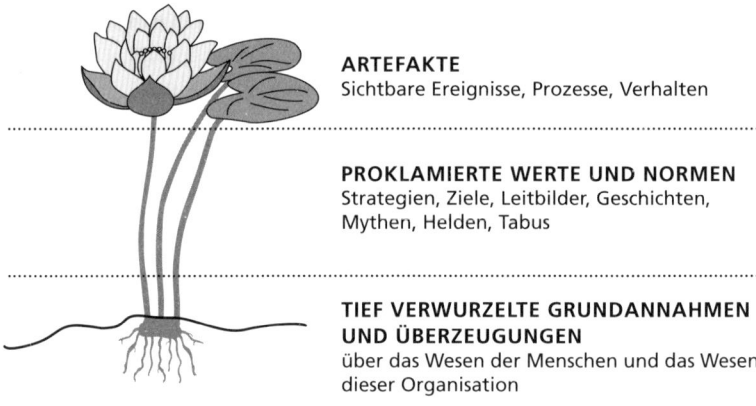

ARTEFAKTE
Sichtbare Ereignisse, Prozesse, Verhalten

PROKLAMIERTE WERTE UND NORMEN
Strategien, Ziele, Leitbilder, Geschichten,
Mythen, Helden, Tabus

**TIEF VERWURZELTE GRUNDANNAHMEN
UND ÜBERZEUGUNGEN**
über das Wesen der Menschen und das Wesen
dieser Organisation

Abb. 22: Seerosen-Modell: Die verborgenen Grundannahmen prägen die Kultur
eines Unternehmens (nach Edgar Schein).

1. Artefakte:	Auf dieser oberen Ebene ist alles Sichtbare angesiedelt, das zur Firmen- oder Organisationskultur gehört, von den Verhaltensweisen über die Gestaltung der Büros bis zu den Ritualen und Symbolen.
2. Proklamierte Kultur:	Die mittlere Ebene vereint die kollektiven Werte, also das Ideal des gemeinsamen Handels. Hierzu gehören auch Leitbilder, Mission Statements etc.
3. Grundannahmen:	Die tiefste Ebene umfasst alles, was im Umgang mit anderen und mit der Umwelt unbewusst als selbstverständlich gilt. Solche tief im Denken verwurzelten Grundannahmen hinterfragt niemand.

Edgar Schein identifiziert die *Big Assumptions* oder Grundannahmen als kulturelles Fundament einer Organisation (Ebene 3). Um eine Kultur jedweder Art grundlegend zu erneuern, muss man die kollektiven Grundannahmen verändern. Wenn die Führungskräfte und damit das ganze Unternehmen die daraus erwachsenen, proklamierten Werte (Ebene 2) nicht leben, machen sie sich unglaubwürdig. Dies erzeugt sowohl bei Mitarbeitern wie bei Stakeholdern Spannungen und Widerstände. Ändern sich indes die Grundannahmen, zieht dies auch ein anderes Verhalten nach sich. Und schließlich erfordert es Arbeit an Ritualen und Symbolen, die die neue Kultur für alle sichtbar zum Ausdruck bringen (Ebene 1).

Und über allem stehen Glaubwürdigkeit und Konsistenz.

Eine auf allen drei Ebenen des »Seerosen-Modells« transformierte Organisation dürfte dann zu jener oben erwähnten Avantgarde gehören. Das AQAL-Modell hilft uns, diese Organisationen besser zu verstehen. Ihre Leader blicken über das ICH und WIR hinaus. Sie sehen sich in der Verantwortung, einen positiven Beitrag für die Gesellschaft und damit auch für den Schutz der Umwelt zu leisten – das eine lässt sich vom anderen nicht trennen. Andererseits reduzieren sie ihre Führungsarbeit auch nicht allein aufs ES – die Ziele, Prozesse und so weiter.

Für Leader mit *Mind Movement Mastery* sind alle vier AQAL-Perspektiven gleich wichtig.

»Kultur verspeist Strategie zum Frühstück«, sagte einmal der US-Ökonom Peter Drucker. Weiche Faktoren schaffen also harte Realitäten und sind oft sogar wichtiger als ausgeklügelte Strategien. Wer das Menschliche vernachlässigt, wird auch in der Unternehmensführung scheitern.

Wie wir gesehen haben, befinden wir uns mitten in einem Kulturwandel, der viel tiefer reicht als nur bis zur Außendarstellung und zur Verpflichtung auf gemeinsame Werte. Er muss auch die Grundannahmen verändern. Nur so können Leader die Menschen bei ihren inneren Antrieben abholen und sie dann mitnehmen. Sie müssen Strategien entwickeln, um mit Unsicherheit kontrolliert umzugehen und sie im besten Fall für positive Veränderungen zu nutzen. Je besser Ihnen das gelingt, desto stärker positionieren Sie sich gegenüber dem Mitbewerb.

Weithin herrscht noch die Einstellung: Wir dürfen unseren Vorsprung an Know-how und Können auf keinen Fall mit anderen teilen. Aber in einer vernetzten Welt gibt es keine »chinesischen Mauern« mehr, hinter denen man sich vor dem Feind verschanzen kann. Wissen lässt sich auf Dauer nicht einschließen. Es wird gestohlen, geteilt oder einfach neu entwickelt.

Einzigartig kann Ihr Unternehmen nur durch sein *Wesen* bleiben, seine unverwechselbare Identität, die sich in gemeinsamen Werten, Zielen und Visionen ausdrückt. Ohne seinen Charakter aufzugeben, muss das Unternehmen flexibel durch eigene Transformation auf den Wandel der Welt antworten. Das bedeutet Leadership mit *Mind Movement Mastery*.

Die Zukunft ist dezentral

Früher besaßen Organisationen meist eine zentralistische Struktur. Der CEO und sein Vorstand steuerten alles von der Hauptverwaltung aus, so als wäre diese die Brücke eines Schiffs und sie wären der Kapitän und die Offiziere. Es herrschte die Ansicht, ein gewünschtes Ergebnis sei nur zu erreichen, wenn »da oben« einer oder eine kleine Führungsriege sämtliche Fäden in den Händen hielte.

In einer extrem komplexen, vielfach vernetzten Welt muss dieses Konzept unweigerlich scheitern. Zugegeben, auf den ersten Blick wirkt eine Organisation, die wie eine Pyramide aufgebaut ist, beruhigend einfach und gut geordnet: Alle Positionen und Funktionen sind klar geregelt. Doch gemessen an den heutigen und zukünftigen Herausforderungen überwiegen die Nachteile:

- lange Informations- und Entscheidungswege
- hoher Informationsverlust
- mangelhafte oder gar keine Entscheidungen
- niedrige Motivation der Mitarbeiter
- fehlende Identifikation und Vision
- starre, träge Strukturen und Abläufe
- ungünstiges Milieu für Innovationen und Optimierungen

Die Unternehmen der Zukunft werden dezentral strukturiert sein. So wie die neuronalen Netze im Gehirn eine Repräsentation der äußeren Welt abbilden, muss auch die Organisation von morgen die realen Gesellschaften und Märkte widerspiegeln. Mit anderen Worten: Sie muss vielfach vernetzt sein, sich flexibel veränderten Umständen anpassen und schnell auf Unvorhergesehenes reagieren können. Das verlangt vielleicht nicht gleich nach einer »Firma ohne Chef«. Doch zukünftig werden die Hierarchien verflachen und sich regional verteilen. Mehr Schultern werden die Verantwortung tragen und die Rollen werden sich je nach Bedarf ändern.

In einigen Bereichen sieht dieses Konzept vielleicht wie ein Rückschritt aus. Der Kommunikationsaufwand ist größer. Funktionen und Rollen sind weniger klar umrissen. Mehr Mitarbeiter müssen sich in die Verantwortung nehmen *lassen* … Fällt Ihnen etwas auf? All das ist nur ein Handicap, solange sich Manager an ihrem alten Führungsstil festklammern.

Die bewussten Leader von morgen indes verwandeln die vermeintlichen Nachteile in Vorteile. Fließende Funktionen und Rollen erhöhen die Flexibilität. Mehr Verantwortung führt allgemein zu stärkerer Motivation und höherem Engagement. Mitarbeiter, die »echte Arbeit« leisten, sind im Entscheidungsprozess miteingebunden, was dem ganzen System eine ungeheure Dynamik verleiht. Die meisten fühlen sich als Teil von etwas Großem und bringen sich stärker ein. Die Organisation lernt schneller. Und mit einem Mal bedeutet Dezentralisieren in Wahrheit Potenzieren.

Die vertikale Entwicklung von Organisationen

Führungskräfte schaffen in einer Organisation Kulturen und Strukturen, Prozesse und Richtlinien. Das klingt banal, ist aber essentiell, denn kaum ein Manager kann seine Weltsicht verleugnen, wenn wir »sein Werk« betrachten: Der Führungsstil ist immer ein Spiegelbild der Weltanschauung, mit allen daraus erwachsenden Chancen und Abstrichen.

Folgerichtig vertritt Frederic Laloux in seinem Buch *Reinventing Organizations* (2015) die Ansicht, Organisationen könnten sich nicht weiter entwickeln, als es die Bewusstseinsstufe des Managements zulässt. Zwar mag es »Inseln« geben, die bereits weiter entwickelt sind, doch im Wesentlichen spiegelt die Kultur der Organisation die mentale Reife seiner Führungskräfte wider.

Auf die Gefahr hin, mich zu wiederholen: Deshalb muss die vertikale

Transformation der Leader immer der erste Schritt in der Transformation eines Unternehmens sein. Erst dann werden und können die Führungskräfte die vertikale Entwicklung der Mitarbeiter vorantreiben. Das gilt für Abteilungen, Niederlassungen und Konzerne ebenso wie für ganze Gesellschaften.

Es gibt also nicht nur für Menschen Reifegrade, wie wir sie im Kapitel »Entwicklungsstufen des Bewusstseins« beschrieben haben, sondern auch für Organisationen. Bei Letzteren zeigen sie sich in den Strukturen, Arbeitsweisen, Richtlinien und der Kultur.

Wenn die Entwicklungsstufen von Führungskräften mit denen ihres Unternehmens in einer wechselseitigen Beziehung stehen, dann kennen wir bereits die Zahlen: 85 Prozent der Organisation agieren von ihrem Wesen her unterhalb der kultivierten Stufen und sind für die VUKA-Welt schlecht gerüstet. Nur 15 Prozent befinden sich auf der Stufe des Individualisten oder darüber.

Es gibt also viel Arbeit für Leader, die vertikale Entwicklung bei sich selbst und bei den Mitarbeitern zu fördern. Ein Element hiervon ist ja die Förderung der Achtsamkeitspraxis. Hier lassen sich in vielen Unternehmen bereits beachtliche Erfolge erkennen. So beweisen verschiedene beim Softwarekonzern SAP durchgeführte Studien, dass sich der für solche Programme notwendige Kapitaleinsatz lohnt. Peter Bostelmann, bei dem deutschen Software-Unternehmen für »Global Mindfulness Practice« verantwortlich, beziffert die Kapitalrendite (RoI) für das hauseigene Achtsamkeitsprogramm auf stolze 200 Prozent. Andere Unternehmen wie LinkedIn, Marriot und Starbucks treiben das Thema Mindfulness ebenfalls voran. Sie sind nicht einfach nur agil, sondern haben ihre innere Einstellung verändert, die Flexibilität im Umgang mit Komplexität und die Offenheit. Auf diesem Gebiet kann Achtsamkeit wesentlich zur Kompetenzentwicklung beitragen.

Solche Unternehmen sind laut Untersuchungen von Rosabeth Moss Kanter geschäftlich erfolgreicher als Organisationen klassischen Zuschnitts. Sie repräsentieren, so die Soziologin, ein »neues Paradigma für das Geschäft« (2009, S. 3 f.) und dienen damit anderen Organisationen als Rollenmodell. Wir können von ihnen lernen …

- ◆ wie man eine nachhaltige Kultur aufbaut, die stetige Veränderung und Erneuerung ermöglicht und auf Krisen schnell reagiert.
- ◆ wie man aus Werten und Prinzipien Leitlinien entwickelt.

- wie sich im Prozess der Innovation jeder Schritt durch ein starkes soziales Ziel und die Verbindung zur Gesellschaft ergänzen lässt.
- wie man eine Community für sich gewinnt, Reputation aufbaut und mit Business-Skills zur öffentlichen Agenda beitragen kann.
- wie gegenseitiger Respekt die im Umfeld von Umstrukturierungen auftretenden Spannungen zu glätten und produktive neue Teams zu schaffen vermag.
- wie Menschen jeglicher Herkunft und Ethnie und jedweden Geschlechts ohne Furcht vor Diskriminierung auf einer gemeinsamen Basis ihre Identität leben.
- wie Arbeitsplätze digitale Werkzeuge und Ansätze nutzen können (z. B. Homeoffice und soziale Netzwerke), um die Energie der Mitarbeiter zu mobilisieren.
- wie sich die negativen Folgen der Globalisierung minimieren lassen, ohne Politiker arbeitslos zu machen.
- wie die aktuellen und potenziellen Führungskräfte sich so weit entwickeln können, dass sie in der Lage sind, die Herausforderungen der zukünftigen globalisierten Welt zu meistern.

Oft wird es in einer Organisation Vorreiter geben, die dann eine Leuchtturmfunktion einnehmen. Ihre bewussten Leader zeigen ja, dass Transformation auch im Großen »funktioniert«, und lösen im besten Fall einen positiven Schneeballeffekt aus. Da hochtalentierte Mitarbeiter, die ihre eigene vertikale Entwicklung ernsthaft vorantreiben wollen, vor allem in diese »Leuchttürme« der Wirtschaft drängen, wächst der Druck auf die »Zurückgebliebenen«, ihre Transformation zu beschleunigen. In naher Zukunft werden sich wohl mehr CEOs Coaches ins Haus holen, um mit ihren Unternehmen nicht endgültig abgehängt zu werden.

Doch selbst dies ist noch zu eng gedacht. Mitarbeiter von Organisationen sind immer auch Mitglieder einer Gesellschaft. Deshalb tragen sie ihr neues Selbst-bewusst-sein mit hinaus in die Welt. Aufgrund ihrer inneren Transformation sind sie reflektierende, neugierige, sensible, sozial kompetente, strategisch bewusste Menschen. Falls sie nicht schon Leader sind, besitzen sie das Potenzial zu bewussten Führungskräften. Somit können sie, selbst wenn sie keine Politiker sind, Zukunft gestalten. So eröffnen sich spannende, erweiterte Möglichkeiten, die politischen, sozialen, wirtschaftlichen und ökologischen Herausforderungen der Zeit zu meistern.

Damit haben wir den Bogen jetzt schon sehr weit gespannt. Lassen Sie uns zurückkehren in den Mikrokosmos Ihres Unternehmens oder Ihrer Abteilung. Welche Rahmenbedingungen, welche Spielregeln, welche konkreten Angebote lassen hier den Wandel hin zu *Mind Movement Mastery* gelingen?

Führungskräfte sind Kulturschaffende

Kultur ist ein kollektives Phänomen. Eine Person allein begründet keine Kultur, höchstens Gewohnheiten. Zur Kultur gehört die gemeinsame Grundhaltung einer Gemeinschaft etwa zu Werten, erwünschten Verhaltensweisen, zur Körpersprache – einschließlich der Mimik – und zur verbalen Kommunikation. Diese umfasst auch die Ausdrucksweise und selbst das, was nicht gesagt werden darf oder sollte. Weiter gefasst ist da schon wieder die »kulturelle Orthografie«, die Übereinkunft der sich miteinander Austauschenden über angemessenes Verhalten in einer bestimmten Situation.

Nicht zuletzt für Führungskräfte spielt das Kulturelement »Sprache« eine besondere Rolle. Sie schließt den Wortschatz ebenso ein wie die Bedeutung(en), die wir einem Wort oder Wortbild beimessen. Das Englische etwa kennt eine Vielzahl von Begriffen, die wir mit dem Wort »Ziel« übersetzen: *Objective, Target, Goal, Aim …* Ein Muttersprachler interpretiert jedes dieser Worte vor dem Hintergrund seines kulturellen Umfelds. Dazu muss er nicht erst eine Checkliste durchgehen, es geschieht weitgehend unbewusst.

Um einen Begriff möglichst richtig zu deuten, verwendet er den Kontext aus Worten und Ereignissen. Ein Fan des FC Liverpool etwa versteht das englische *Goal* während eines Spiels in der Champions League vermutlich als »Tor«. In einem Kick-off-Meeting mit der Geschäftsleitung interpretiert derselbe Mann das Wort als »Unternehmensziel«.

Die gleichen Mechanismen des Verstehens wirken auf allen Ebenen der Kommunikation. Gerade in einem multikulturellen Umfeld besteht die Herausforderung für Leader darin, unterschiedliche Kulturen zu vereinen. Wenn der Deutsche *Ja* sagt, dann meint er gewöhnlich *Ja*. Antwortet ein Japaner mit *Hai,* dann bedeutet das eher so viel wie: »Ich habe das gehört und werde es bedenken.« Schwierig wird es jetzt, wenn sich die beiden auf Englisch unterhalten und *Ja / Hai* in *Yes* übersetzen. Ohne Präsenz, die kulturelle Unterschiede voraussetzt und sich ihrer in jedem Moment des Gedankenaustauschs gewahr ist, können verheerende Missverständnisse entstehen.

Jenseits der bisher erwähnten Kulturäußerungen gibt es noch weitere Dimensionen: die Kultur von Ländern und ethnischen Gruppen, die Subkultur bestimmter sozialer Schichten und Kasten und eben auch die Kultur innerhalb eines Teams oder eines Unternehmens. Letztere manifestiert sich in Bräuchen, Ritualen, Symbolen, Dogmen, Mythen, Metaphern, Geschichten und Überlieferungen.

Ein sich durch *Mind Movement Mastery* auszeichnender Führungsstil berücksichtigt nicht nur die bestehende Kultur. Change-Leadership verlangt von der Führungskraft auch, kulturstiftend zu agieren. In diesem Sinne ist der Chef ein Kultur*schaffender*. Wie ein Dirigent, der aus lauter Solisten ein Orchester formt, das Außenstehende als einheitlichen Klangkörper wahrnehmen, so schafft der bewusste Leader eine von allen getragene Team- oder Firmenkultur.

Das ist etwas völlig anderes als der alte »Ich befehle und ihr gehorcht«-Ansatz. Um ihn zu verwirklichen, muss das Ego zurücktreten und dem Vertrauen sowie der Empathie Raum geben.

Vertrauen

Andere zu führen, ohne ihnen zu vertrauen, ist wie Strafgefangene zum Ernteeinsatz auf ein Maisfeld zu schicken und sie mit der Schrotflinte zu bewachen. Das mag im Strafvollzug noch funktionieren, in einer Organisation indes kommen Sie ohne Vertrauen nicht weit.

Ein bewusster Leader, der seinen Mitarbeitern vertraut, muss nicht jedes und alles kontrollieren. Er unterstellt ihnen a priori gute Absichten und beste Kompetenzen. Vertrauen ist also immer eine bewusste Entscheidung. Dies schließt nicht aus, die Entscheidung zu bestimmten Zeitpunkten erneut zu überprüfen und nötigenfalls zu ändern. Solche »Check-ups« sind kein Zeichen von Misstrauen, sondern vielmehr eine unterstützende Maßnahme eines verantwortungsvollen, an der Entwicklung seiner Mitarbeiter interessierten Leaders.

Auf einer höheren Ebene verlangt die Vertrauenskultur dem Manager aber auch eine optimistische Sicht auf die Zukunft ab. Er ist sich der Potenziale und Kompetenzen des Teams bewusst. Deshalb kann er in der Überzeugung handeln, die Zukunft des Unternehmens erfolgreich zu gestalten.

Und weil Vertrauen weniger Reporting, weniger Kontrolle und weniger Hierarchie bedingt, reduziert sich dadurch die Komplexität der Organisation.

Mitgefühl hoch drei

Man kann den Menschen nicht auf Dauer helfen, wenn man für sie tut, was sie selbst tun können und sollten.
ABRAHAM LINCOLN

Wie bereits ausgeführt, ist Mitgefühl eine wichtige Facette von *Mind Movement Mastery*. Dieses Kapitel habe ich »Mitgefühl hoch drei« genannt, weil wir dieser Eigenschaft nun nach dem Selbst und den anderen eine dritte Dimension hinzufügen wollen: den ganzen Raum Ihres Unternehmens oder Ihrer Organisation.

Diese Ausdehnung ist nicht nur nötig, sondern inzwischen von transformativen Unternehmen auch anerkannt. Bei LinkedIn etwa, seit 2016 ein Unternehmen der Microsoft Corporation, schreibt man Mitgefühl groß. Es ist ein wichtiger Faktor beim Bewerten von Führungskräften. Die Zukunft gehört den empathischen Leadern.

Mitgefühl bedeutet weder, andere zu bemitleiden noch ihnen unangenehme Gefühle abzunehmen. Es muss auf Augenhöhe erfolgen und sollte weder beschönigen noch kleinreden noch Vergleiche mit anderen anstellen, denen es noch schlechter geht.

Getreu dem Sprichwort »Geteiltes Leid ist halbes Leid« dürfen uns durchaus die Tränen kommen, wenn unser Gegenüber weint. Doch dabei sollten wir die Nöte des anderen nicht adoptieren oder sie uns selbst aufladen. Mitgefühl bedeutet insofern eher »mit Gefühl« beobachten, was der andere durchmacht, um ihm bei der eigenen Verarbeitung *beizustehen*.

Übrigens bereichert das Mitgefühl auch den Gebenden. Es stimuliert in dessen Gehirn Areale, die man mit Glücksempfinden, sozialen Bindungen und Vertrauen verbindet. In einer Studie verspürten diesen

Warm-Glow-Effekt – ein warmes, wohliges Glücksgefühl – jene Teilnehmer, die Geld für andere statt für sich ausgaben.

Mitgefühl ist also keine Weichheit, kein Mitjammern, kein Zeichen von Schwäche und auch kein Wischiwaschi. Im Gegenteil, es ist ziemlich tough und bezieht klar Position. Nun fragen Sie sich vielleicht, wie man mitfühlend klare Ansagen macht. Das Prinzip »Zuckerbrot und Peitsche« ist da eher ungeeignet. Aber halbgares Herumgeeiere bringt auch nichts. *Be tough on the issue and soft on the person* pflege ich meinen Klienten zu sagen. *Mind Movement Mastery* bedeutet Klarheit in der Sache und Wärme in der Beziehung.

Ein positives Menschenbild ist grundlegend für eine mitfühlende Führung. Bei einer solchen Sicht auf andere stehen die Entwicklungspotenziale im Vordergrund statt die einzudämmenden Auslöser eines Versagens. Der Leader unterstellt seinen Mitarbeitern Kompetenz und gute Absichten statt Dummheit und Faulheit.

Nach dem Gesetz der Selffulfilling Prophecy werden sich dann auch eher die Stärken des Teams entwickeln als dessen Schwächen. Die prinzipiell positive Sicht bildet den Kern des Erfolgs und führt zu einer ebenso positiven »Kettenreaktion«. Führungskräfte können sich mit den Stärken und Talenten ihrer Mitarbeiter verbünden, wenn sie diese erkennen, entfalten und entwickeln. Gelingt Ihnen das, arbeitet die Energie Ihrer Mitarbeiter für Sie. Ihre Mitarbeiter engagieren sich dann hochmotiviert aus eigenem Antrieb, ohne dass Sie das Team in Bewegung bringen müssen.

Neue Leitbilder braucht das Land

Unternehmen mit einem klaren Leitbild – oft sogar im Claim verbal auf den Punkt gebracht – besitzen einen unverwechselbaren Charakter. Die Wertekultur trägt dieses Leitbild. Als kulturprägende Elemente machen positive Werte und Leitbilder ein Unternehmen wehrhaft, weil Wettbewerber diese Kultur nicht ohne weiteres kopieren können.

Dies zeigt sehr schön der Schokoladenfabrikant Alfred Ritter. Das Unternehmen hinter der Marke Ritter Sport gehört zu den wenigen in der deutschen Wirtschaft, die ihre Transformation hin zu mehr Nachhaltigkeit und zu fairem Handel schon sehr früh begonnen haben. Bereits

Anfang der 1990er-Jahre sagte Alfred T. Ritter: »Der Schutz der natürlichen Lebensgrundlagen ist eine der vordringlichsten Aufgaben unserer Zeit. Wir verpflichten uns zu umweltschonendem Handeln« (Nachhaltigkeitsziele 2019). Zudem zählt bei Ritter Vertrauen zu den grundlegenden Werten der Firmenkultur – nicht Zeitmanagement.

Ein anderes Beispiel für ein deutsches, wertegeleitetes Familienunternehmen ist Trigema. Während andere große Marken ihre Bekleidung in sogenannten *Sweatshops* – »Schweißläden« – in Bangladesch und anderen Billiglohnländern teils unter menschenunwürdigen Bedingungen herstellen lassen, fertigt Trigema seit 1919 »ausschließlich in Deutschland«. Weiter schreibt das Unternehmen in seinem *Code of Conduct:*

> »*Alle Angestellten und Arbeiter müssen ausnahmslos mit Respekt und Würde behandelt werden. [...] TRIGEMA bekennt sich zum Schutz unserer Umwelt als Unternehmensziel [...]*«

Die Gesellschaft nimmt solche Leitlinien nicht nur zur Kenntnis. Inzwischen gibt es eine wachsende Käuferschicht, die ihren Beitrag zu Fair Trade und zum Schutz der Natur auch durch ihr Kaufverhalten leistet: Sie bestraft »Ausbeuter« und »Umweltsünder« an der Ladenkasse und belohnt nachhaltig agierende Unternehmen durch bereitwilliges Zahlen auch etwas höherer Preise.

Heute arbeiten Unternehmen wie IBM, Procter & Gamble oder die Svenska Handelsbanken mehr nach intrinsischen Leistungsprinzipien: »Ich will besser werden und das schaffe ich, indem ich bessere Qualität abliefere.« Und diese Haltung tragen sie auch zunehmend in die Gesellschaft.

Warum ist die Avantgarde der Unternehmen, die diese Form des *Mind Movement Mastery* bereits praktizieren, noch so klein? Weil die Transformation das Ergebnis eines neuen Verständnisses und dessen *konsequenter Umsetzung* in der Führung ist. Wenn Sie sich dem anschließen, befinden Sie sich also – noch – in einem exklusiven Klub.

Holakratie: flache Hierarchien, tiefe Kraft

Zur vertikalen Transformation eines Unternehmens gehört auch der Abbau der Organisationspyramide, also das Abflachen von störenden Hierarchien. In diesem Zusammenhang prägte Arthur Koestler 1967 den Begriff »Holon«. Er beschreibt ein Ganzes, das selbst wieder *Teil* eines anderen Ganzen ist. Alles, vom Neutron bis zur Nation, ist nicht nur eine Größe (Entität) für sich. Es ist zugleich Teil von etwas Größerem. Dieses Umfassendere wiederum gehört zu etwas noch Größerem – ein universelles Prinzip.

Holakratische Prozesse im Business nutzen diese Ganzes-Einzelnes-Dualität, um auf jeder Ebene des Geschäfts das Ganze und jedes seiner Teile zu berücksichtigen. Hierfür bieten sie ein System zur Strukturierung, Steuerung und Leitung von Organisationen. Einige der wenigen auf dieser Grundlage aufgebauten Unternehmen besitzen keine herkömmliche Firmenzentrale mehr. Alle Mitarbeiter arbeiten von zu Hause aus, sind samt und sonders rechtliche Partner und erfüllen verschiedene Rollen. Diese Unternehmen gleichen eher einem neuronalen Netzwerk, dessen einzelne »Nervenzellen« sich je nach Beanspruchung immer wieder neu organisieren können.

Das klingt ziemlich revolutionär. Und erste Ansätze (seit ungefähr 2010) sind mehr als vielversprechend. In Untersuchungen zeigte sich, dass holakratisch strukturierte Teams Herausforderungen in kürzester Zeit angehen, wo sie zuvor monatelang auf der Stelle getreten waren. Leider gibt es keinen Schalter, mit dem sich eine Organisation einfach von Hierarchie auf Holakratie »umswitchen« ließe. Wie wir am Beispiel von Heiler – der »Firma ohne Chef« – gesehen haben, kann dieser Prozess Jahre dauern. Oft ist Coaching nötig, um die vielen Aspekte der Transformation zu berücksichtigen.

Holakratie ist also keine Utopie, auch wenn es für Sie nach dem ersten Lesen so klingen mag. Sie könnte der nächste große Schritt in der Evolution von Organisationen sein. Und weil wir gerade dabei sind: Lassen Sie uns die Zukunftsmusik noch etwas weiterspielen.

I have a dream …

Die Zukunft hängt davon ab, was du heute tust.
Mahatma Gandhi

»Ich habe einen Traum.« Sieben Mal wiederholte Martin Luther King am 28. August 1963 diese Worte vor dem Lincoln Memorial in Washington, D. C. Seine Vision von einer Welt, in der alle Menschen gleich sind, hat das Denken ganzer Generationen geprägt. Ich kann und möchte mich nicht mit King vergleichen, doch auch ich habe, wie Sie spätestens jetzt wissen, einen Traum von einer besseren Welt. Einer der Hauptschlüssel hierzu ist *Mind Movement Mastery*. Ich hoffe und wünsche, dass ich Ihnen in diesem Buch den Nutzen dieses erweiterten, bewussteren Seinszustands vermitteln konnte. Wäre doch schade, das Füllhorn von Möglichkeiten, die uns die moderne Wissenschaft und die jahrtausendealten Traditionen der Spiritualität bieten, unbeachtet zu lassen.

Jeder Versuch, ein so großes Thema wie »bewusste Leadership« umfassend zu behandeln, muss immer ein Kompromiss bleiben. Mit meinem Balanceakt, präzise und verständlich, sachlich und dennoch unterhaltsam zu bleiben, möchte ich – pathetisch ausgedrückt – die große Vision von einer besseren Welt für Sie ein kleines Stück realer machen.

Dazu war es nötig, Ihnen ein Gefühl der Dringlichkeit zu vermitteln. Die VUKA-Welt verändert sich zu schnell und ist zu komplex, um einfach so weiterzumachen wie bisher. Sie verlangt bewusste Leader, die das eigene Ich, die Mitarbeiter und ihre Organisationen vertikal und radikal transformieren.

Die Selbsttransformation ist kein 100-Meter-Sprint, bei dem der Sieger einen Pokal bekommt. Der Veränderungen, die Sie zu einem bewussten Leader mit *Mind Movement Mastery* machen, gleichen eher einer langen Seereise, der Reise Ihres Lebens. Wer je die Welt in einem Segelschiff umrundet hat, ist danach ein anderer Mensch – meistens ein glücklicherer.

Genauso werden Sie und Ihr Unternehmen sich ändern, wenn Sie die »Reise der Transformation« wagen.

Auf dieser Reise werden Sie viele neue Perspektiven kennenlernen. Sie lernen, was Achtsamkeit im Alltag bedeutet und wie Sie sich durch Meditation, Embodiment und/oder andere Formen der spirituellen Praxis zu höheren Bewusstseinsstufen entwickeln können. Vermutlich wird das vertikale Lernen Ihre Sicht auf die Welt völlig auf den Kopf stellen, denn letztlich müssen wir nicht bewusst werden. In unserer »wahren Natur« *sind* wir Bewusstheit in ihrer reinsten Form. Wir müssen »nur« die Illusion überwinden, davon getrennt zu sein.

So erkennen Sie etwa den begrenzten Nutzen rein materieller Belohnungen, die auf die Dauer nur innere Leere hinterlassen. Natürlich muss die Bilanz stimmen. Aber Rendite äußert sich eben nicht nur in Dividenden oder Gewinnbeteiligungen. Auch das »Humankapital«, die Gesellschaft und nicht zuletzt die Natur fordern ihr Recht auf nachhaltige Gewinne.

Effektive Werkzeuge für die innere und äußere Transformation gibt es etliche, die integrale Theorie etwa, Vertical Leadership Development, Immunity to Change, Action Logic, Inquiry, Meditation und Embodiment, um nur einige zu nennen – man muss sie nur nutzen. Scheuen Sie sich auch nicht, sich bei der Transformation von einem erfahrenen Coach begleiten zu lassen. Er kann Sie anleiten, ermutigen, bei der Selbstreflexion unterstützen und den ganzen Prozess der Veränderung beschleunigen.

Wo die Reise der Selbsttransformation uns hinführen wird, können wir nicht vorhersagen. Mitunter ist der Weg beschwerlich. Dann wieder gibt es Strecken, die der reine Genuss sind. Eines kann ich Ihnen aus meiner eigenen Erfahrung und der vieler Klienten versprechen: Es gibt keine Reise, die mehr bereichert und belohnt als der Weg der eigenen Transformation.

Je weiter Sie Ihren Weg fortsetzen, desto mehr werden Sie erkennen, was das Entscheidende für Ihre Reise ist: der jetzige Moment. Das einzige, was wirklich existiert, ist dieser aktuelle Moment. Wenn Sie im Hier und Jetzt präsent sind, ergeben sich Ihre Vision, Ihr Sinn und der nächste Schritt aus diesem Moment heraus. Alles, was Sie jetzt denken, sagen und tun, erschafft den nächsten Moment. Ihre Zukunft beginnt immer *jetzt*.

… für Unternehmen

Sollte der Hirnforscher Gerald Hüther recht behalten, dann wird der Chef von morgen »ein Liebender sein«. Das alte Paradigma aus Kommando und Kontrolle kennt er nur aus den Leadership-Geschichtsbüchern. Er lebt im Hier und Jetzt und geht achtsam mit sich selbst um. Eigene Fehler bedeuten für ihn nicht Schmach, sondern ein Sprungbrett für seine weitere Entwicklung.

Der Chef von morgen sucht in der Meditation, der inneren und äußeren Erforschung, im Yoga oder anderen spirituellen Praktiken die innere Klarheit, die er für seine anspruchsvolle Führungsrolle benötigt. Dieser innere Fokus verhilft ihm zu mehr Bewusstheit für seinen Körper und Geist sowie für sein Umfeld. Durch Akzeptanz und Erforschung lernt er, sein natürliches Ich zu erkennen und sich von Prägungen und mentalen Konstrukten zu befreien. Dieses Mindset verleiht ihm in jedem Lebensbereich eine kristallklare Präsenz.

Seinen Mitarbeitern fühlt sich dieser bewusste Leader fast so nahe wie der eigenen Familie. Diese Verbundenheit erwächst aus seiner vereinigenden Weltsicht: Er glaubt an ein »universelles Band des Teilens, das alles Menschliche verbindet«, das die Bantus *Ubuntu* nennen. Die buddhistische Philosophie des *so hum* – »Du bist, darum bin ich« – ist für ihn gelebte Praxis.

Dieses Verständnis ändert alles. Es enthebt ihn der tradierten, hierarchischen Sichtweise des klassischen Managements. Für den bewussten Leader sind Menschen keine Objekte mehr, die Befehle auszuführen haben. Jeder Mensch ist einzigartig. Er hat ein Recht auf Individualität und ein Leben ohne Leid.

Der bewusste Leader von morgen möchte überdies die Potenziale seiner Mitmenschen entfalten und sie in ihrer Entwicklung fördern, damit diese dann wiederum anderen genauso helfen. Dafür macht er sich stark, nicht nur in seiner Organisation, sondern ebenso in der Gesellschaft.

Letztlich ist sie auch nur Teil eines Ganzen, der Natur, für deren Schutz er sich engagiert einsetzt. Wie alles Lebendige ist sie für ihn nicht länger Objekt, das es möglichst profitabel auszubeuten gilt. Sie ist Lebensraum für ihn, seine Familie, seine Mitarbeiter, die Gesellschaft und für zukünftige Generationen.

Und in all diesem steht der bewusste Leader nicht allein da. Es gibt in dieser Zukunft, die ich mir vorstelle, unzählige, die genauso denken, fühlen und leben. Das muss Auswirkungen haben, die weit über Organisationen und die Wirtschaft hinausreichen. Das hat auch einen Impact …

… für die Gesellschaft

Der Meditationslehrer Jack Kornfield sagte einmal sinngemäß: Solange wir der Illusion der Getrenntheit anhängen, solange beuten wir die Natur aus. Solange wir andere oder anderes als Objekt betrachten, beuten wir auch diese aus.

Damit beschreibt er treffend die *Me-first*-Gesellschaft von heute: Jeder nimmt sich das, was er kriegen kann, ohne Rücksicht auf Verluste. Wir brauchen aber eine Wirtschaft, die versteht, dass alles eins ist, sonst gehen wir den Bach runter.

Ich denke und wünsche mir, dass *Mind Movement Mastery* die »alte Welt« verändern wird. Sobald eine kritische Masse von Organisationen das neue Mindset in ihrem Umfeld einführt, gibt es eine Kettenreaktion. Das jedenfalls ist meine Utopie. Wenn Millionen von Mitarbeitern die Weltsicht eines Transformators, Alchemisten oder gar eines Vereinigers in die Gesellschaft hineintragen, kann das nicht ohne Wirkung bleiben.

Es wird zu einer universellen, vereinigenden Sichtweise führen. Wenn ich nicht nur rational verstehe, sondern spirituell *verinnerliche,* dass jeder Frevel an der Natur eine mir selbst zugefügte Wunde ist, dann ändere ich mein Verhalten.

Und die nächste Generation denkt erst gar nicht daran, an dem Ast zu sägen, auf dem sie sitzt. Bewusst-sein ist dann allgegenwärtig. Bewusste Leader erziehen ihre Kinder zu bewussten Erwachsenen. Die wiederum sind die bewussten Lehrer oder Erzieher, die ihr Mindset an die nächste Generation weitergeben. In den Schulen werden Fächer wie Mitgefühl und Meditation gelehrt.

Mind Movement Mastery hat sich dann zu einem Kulturmerkmal entwickelt, das alle Ebenen der Gesellschaft durchdringt. Eine solche Gesellschaft überwindet die Grenzen der Ungleichheit und heilt die Wunden, die durch Vorurteile und Ausgrenzungen entstanden sind. Die Leader dieser Gesellschaft sind wahrhaft mitfühlend, empathisch und liebevoll. Und das wäre dann eine wahrhaft neue und bessere Welt.

Literatur- und Quellenverzeichnis*

Achor, Shawn (2011): The happy secret to better work [Video], in: *TED Conferences*, https://t1p.de/l8mp [18.07.2019].

Akerlof, George A. / Robert J. Shiller (2009): *Animal Spirits: Wie Wirtschaft wirklich funktioniert*, Frankfurt am Main, Deutschland: Campus Verlag.

Almaas, A. H. (2010): *In die Tiefe des Seins: Realisieren Sie Ihre wahre Natur durch die Praxis der Präsenz*, Bielefeld, Deutschland: Kamphausen.

Amrhein, Christine (2018): Rache ist der Hauptgrund vieler Kriege – wissenschaft.de, in: *wissenschaft.de*, https://www.wissenschaft.de/geschichte-archaeologie/rache-ist-der-hauptgrund-vieler-kriege/ [29.11.2019].

Apfel, Petra (2016): Alle paar Jahre erneuert sich der Körper: Der Sieben-Jahres-Mythos: Sie sind viel jünger als Sie glauben, in: *FOCUS Online*, https://t1p.de/d76p [30.07.2019].

Badische Neueste Nachrichten (2019): Der Chef? Der wurde abgeschafft!, in: *Bruchsaler Rundschau*, https://bnn.de/lokales/bruchsal/der-chef-der-wurde-abgeschafft [05.09.2019].

Baecker, Dirk (2011): *Organisation und Störung: Aufsätze*, Berlin, Deutschland: Suhrkamp.

Baran, Ben (2017): On the Origins of VUCA and How it Affects Decision Making, in: *benbaran.com*, https://www.benbaran.com/blog/2017/11/16/on-the-origins-of-vuca-and-how-it-affects-decision-making [22.08.2019].

---

* Datenschutzhinweis: Einige Internetlinks in diesem Literatur- und Quellenverzeichnis sind im Original sehr lang. Um Ihnen die Eingabe zu erleichtern, haben wir diese URLs mithilfe des Webdienstes T1P.de abgekürzt. Nach eigenen Angaben wird dieser »Kurzlink-Service […] von Deutschland aus betrieben [und] arbeitet datenschutzfreundlich«. Zum Zeitpunkt der Veröffentlichung dieses Buches galt T1P.de als DSGVO-konform. Dennoch übernehmen weder der Autor noch der Verlag eine Garantie dafür, dass dieser Dienst sich zu 100 % daran hält und auch in Zukunft halten wird. Im Zweifel rufen Sie bitte keine URLs auf, die mit »https://t1p.de« beginnen.

Berger, Daniel (2017): Smarte Jacke von Google und Levi's im Handel, in: *heise online*, https://www.heise.de/newsticker/meldung/Smarte-Jacke-von-Google-und-Levi-s-im-Handel-3842754.html [23.08.2019].

Berndt, Robert (2018): Inselbegabte als IT-Sicherheitsexperten, in: *Computerwoche*, https://www.computerwoche.de/a/inselbegabte-als-it-sicherheits-experten,3545009 [15.08.2019].

Bluckert, Peter (2019): A comprehensive guide to vertical growth and development, in: *courage and spark*, https://t1p.de/ohwi [31.07.2019].

Blume, Michael (2009): Religion ohne Gott – Zen-Buddhismus, in: *Spektrum. de SciLogs*, https://scilogs.spektrum.de/natur-des-glaubens/religion-ohne-gott-zen-buddhismus/ [29.07.2019].

Boston Consulting Group (2019): The Death and Life of Management, in: *BCG*, https://t1p.de/oxht [23.09.2019].

Brach, Tara (2013): *True Refuge: Finding Peace and Freedom in Your Own Awakened Heart*, London, UK: Hay House.

Branson, Richard (2006): *Screw It, Let's Do it: Lessons in Life*, Quick Reads edition, London, UK: Virgin Books.

Brown, Barrett C. (2013): The Future of Leadership for Conscious Capitalism, in: *PEAQ*, https://t1p.de/721c [05.07.2019].

Buckingham, Marcus / Donald Clifton (2016): *Entdecken Sie Ihre Stärken jetzt!: Das Gallup-Prinzip für individuelle Entwicklung und erfolgreiche Führung*, 5. Aufl., Frankfurt am Main, Deutschland: Campus Verlag.

Bundeszentrale für politische Bildung (bpb) (2018): Migration, in: *Bundeszentrale für politische Bildung (bpb)*, https://www.bpb.de/nachschlagen/zahlen-und-fakten/globalisierung/265535/themengrafik-migration [29.11.2019].

Burnout rechtzeitig erkennen – Auf diese Warnsignale sollte man achten (2014): in: *DBVB, Deutscher Bundesverband für Burnout-Prophylaxe und Prävention*, https://t1p.de/c3yf [14.08.2019].

Cain, Susan (2012): *Quiet: The Power of Introverts in a World that Can't Stop Talking*, New York (NY), USA: Crown Publishers.

Campillo-Lundbeck, Santiago (2018): IoT Marketing: Mit der Nescafé É-Mug zeigen Nestlé und Ogilvy, wie digitale Transformation funktioniert, in: *horizont.net*, https://t1p.de/tq1w [04.09.2019].

Carsten (2015): Gipfelerfahrungen und Flows, in: *Psychologie Magazin*, https://www.psymag.de/7338/gipfelerfahrungen-flow/view-all/ [17.09.2019].

Chade-Meng Tan (2012): *Search Inside Yourself: Das etwas andere Glücks-Coaching*, 2. Aufl., München, Deutschland: Goldmann.

Charakter (o. J.): in: *Positive Psychologie, Universität Zürich, Psychologisches Institut*, http://www.positive-psychologie.ch/?page_id=27 [12.08.2019].

Ciaramicoli, Arthur / Katherine Ketcham (2001): *Der Empathie-Faktor: Mitgefühl, Toleranz, Verständnis*, München, Deutschland: Dt. Taschenbuch-Verlag.

Ciompi, Luc (2002): *Gefühle, Affekte, Affektlogik: Ihr Stellenwert in unserem Menschen- und Weltverständnis [Vortrag im Wiener Rathaus vom 9. Mai 2001, gleichzeitig Schlussvortrag zum Jubiläumskongress 25 Jahre Institut für Ehe- und Familientherapie Wien]*, Wien, Österreich: Picus-Verlag.

Csíkszentmihályi, Mihály (2002): *Flow: The Classic Work on How to Achieve Happiness, with a new Introduction by the author*, London, UK: Rider & Co.

Cuddy, Amy (2015): *Presence: Bringing Your Boldest Self to Your Biggest Challenges*, New York (NY), USA: Little, Brown and Company.

Dahlsgaard, Katherine / Christopher Peterson / Martin E. P. Seligman (2005): *Shared Virtue: The Convergence of Valued Human Strengths across Culture and History*, Washington, D. C., USA: Educational Publishing Foundation.

Damásio, António R. (1994): *Descartes' Irrtum: Fühlen, Denken und das menschliche Gehirn*, München, Deutschland: Paul List Verlag.

Davidson, Richard J. / Jon Kabat-Zinn / Jessica Schumacher / Melissa Rosenkranz / Daniel Muller / Saki F. Santorelli / Ferris Urbanowski / Anne Harrington / Katherine Bonus / John F. Sheridan (2003): Alterations in Brain and Immune Function Produced by Mindfulness Meditation, in: *Psychosomatic Medicine*, Jg. 65, Nr. 4, S. 564 – 570, doi: 10.1097/01. psy.0000077505.67574.e3.

Deci, Edward L. / Richard Koestner / Richard M. Ryan (1999): A meta-analytic review of experiments examining the effects of extrinsic rewards on intrinsic motivation, in: *Psychological Bulletin*, Jg. 125, Nr. 6, S. 627 – 668, doi: 10.1037/0033-2909.125.6.627.

de Geus, Arie (1997): *The Living Company*, Boston (MA), USA: Harvard Business School Press.

Deutsches Ärzteblatt (2017): WHO: Millionen leiden an Depressionen, in: *aerzteblatt.de*, https://www.aerzteblatt.de/nachrichten/73297/WHO-Millionen-leiden-an-Depressionen [22.08.2019].

DiPerna, Dustin (2017): Beyond Mindfulness – How to Enter the Meditative Path of Waking up, in: *dustindiperna.com*, https://www.dustindiperna.com/beyond [23.08.2019].

Dörner, Astrid (2014): Entspannung für Manager: Der für Ruhe sorgt, in: *Der Tagesspiegel*, https://www.tagesspiegel.de/wirtschaft/entspannung-fuer-manager-der-fuer-ruhe-sorgt/9521208.html [14.08.2019].

Duggan, William (2007): *Strategic Intuition: The Creative Spark in Human Achievement*, New York (NY), USA: Columbia University Press.

Duggan, William (2014): *Creative Strategy: A Guide for Innovation*, New York (NY), USA: Columbia University Press.

Duhigg, Charles (2016): What Google Learned From Its Quest to Build the Perfect Team, in: *The New York Times Magazine*, 25.2.2016, https://t1p.de/dms2.

EB (2008): Neuroplastizität auch bei Senioren, in: *Deutsches Ärzteblatt*, Jg. 105, Nr. 31-32/2008, S. A1642.

Effron, Lauren (2013): Mandela: »A South African Lincoln«, in: *abc News*, https://t1p.de/znwl [12.09.2019].

Enomiya-Lassalle, Hugo Makibi (1968): Erleuchtungsweg des Zen-Buddhismus und christliche Mystik, in: Bitter, Wilhelm (Hrsg.), *Abendländische Therapie und östliche Weisheit*, Stuttgart, Deutschland: Klett, S. 81–107.

EQ – Emotionale Intelligenz (2003): in: *Deutschlandfunk*, https://www.deutschlandfunk.de/eq-emotionale-intelligenz.680.de.html?dram:article_id=33109 [14.11.2019].

Fürst, Ronny A. (2004): *Wissenschaftliche Methodik*, Wiesbaden, Deutschland: Deutscher Universitäts-Verlag.

Gallwey, Timothy (2000): *The Inner Game of Work*, New York (NY), USA: Random House.

Garvey Berger, Jennifer (2012): *Changing on the Job: Developing Leaders for a Complex World*, Stanford (CA), USA: Stanford University Press.

Gladwell, Malcolm (2010): *What the Dow Saw and Other Adventures*, London, UK: Penguin.

Gloger, Boris (2016): Das Ende der Befehle: Die Firma ohne Chef funktioniert, in: *FOCUS Online MONEY*, https://t1p.de/mvlf [05.09.2019].

Goleman, Daniel (o. J.): Emotional Intelligence, in: *danielgoleman.info*, http://www.danielgoleman.info/topics/emotional-intelligence/ [09.07.2019].

Greger, Wolfgang (Hrsg.) (2018): *Majjhima Nikāya: Die Mittlere Sammlung*, Stammbach, Deutschland: Beyerlein-Steinschulte.

Gruber, Hans (2000): Hamburg – Buddhas Hochburg, in: *Hamburger Abendblatt*, 31.10.2000, o. S., https://www.abendblatt.de/archiv/2000/article204420115/Hamburg-Buddhas-Hochburg.html.

Grün, Anselm (2013): Vom Mut, hinabzusteigen, in: *Handelsblatt*, 12.12.2013, https://t1p.de/b261.

Gschwandtner, Gerhard (2012): The Powerful Sales Strategy behind Red Bull, in: *SellingPower.com*, https://www.sellingpower.com/2012/03/01/9437/the-powerful-sales-strategy-behind-red-bull [16.07.2019].

Haas, Michaela (2007): Religion: Buddhismus im Labortest, in: *ZEIT Online*, https://www.zeit.de/2007/12/Meditation-Interview [20.09.2019].

Haese, Diana (2019): Legasthenie, Lese-Rechtschreibschwäche (LRS) und Hochbegabung, in: *Begabtenzentrum*, https://www.begabtenzentrum.de/legasthenie.html [15.08.2019].

Haller, Peter M. / Ulrich Nägele (2013): *Praxishandbuch Interkulturelles Management*, Heidelberg, Deutschland: Springer Gabler.

Harlow, John Martyn (1848): Passage of an Iron Rod through the Head, in: *The Boston Medical and Surgical Journal*, Jg. 39, Nr. 20, S. 389–393, doi: 10.1056/nejm184812130392001.

Harlow, John Martyn (1993): Recovery from the passage of an iron bar through the head, in: *History of Psychiatry*, Jg. 4, Nr. 14, S. 274–281, doi: 10.1177/0957154x9300401407.

Heifetz, Ronald / Marty Linsky (2002): A Survival Guide for Leaders, in: *Harvard Business Review*, Jg. 2002, Nr. 6, o. S., https://hbr.org/2002/06/a-survival-guide-for-leaders.

Heinrich, Christian / Tobias Hürter / Claudia Wüstenhagen (2011): Die Kunst der Entscheidung, in: *ZEIT Online*, https://t1p.de/yrzb [12.09.2019].

Hung, Iris W. / Aparna A. Labroo (2011): From Firm Muscles to Firm Willpower: Understanding the Role of Embodied Cognition in Self-Regulation, in: *Journal of Consumer Research*, 27.03.2011, o. S., https://ssrn.com/abstract=1790324.

Joung, Frank (2014): Mythos Endorphine: Warum Laufen wirklich glücklich macht, in: *Achilles Running*, https://www.achilles-running.de/mythos-endorphine/ [21.09.2019].

Kabat-Zinn, Jon (1982): An outpatient program in behavioral medicine for chronic pain patients based on the practice of mindfulness meditation: Theoretical considerations and preliminary results, in: *ScienceDirect (Elsevier)*, https://t1p.de/ztk5 [23.08.2019].

Kanta Friedewald, Cornelia (2017): Mitfühlender Austausch – Beschreibung & Erfahrungen, in: *Heilverzeichnis*, https://www.heil-verzeichnis.de/therapien/mitfuehlender-austausch/ [31.07.2019].

Kegan, Robert (1994): *Die Entwicklungsstufen des Selbst: Fortschritte und Krisen im menschlichen Leben*, München, Deutschland: Kindt.

Kegan, Robert / Lisa Laskow Lahey (2009): *Immunity to Change: How to Overcome it and Unlock Potential in Yourself and Your Organization*, Boston (MA), USA: Harvard Business Press.

Kegan, Robert / Lisa Lahey / Nohria, Nitin / Rakesh Khurana (Hrsg.) (2010): *Handbook of Leadership Theory and Practice: An HBS Centennial Colloquium on Advancing Leadership*, Boston (MA), USA: Harvard Business Press.

Killingsworth, Matthew A. / Daniel T. Gilbert (2010): A Wandering Mind Is an Unhappy Mind, in: *Science*, Jg. 330, Nr. 6006, S. 932, doi: 10.1126/science.1192439.

Kleint, Olaf (2003): *Traditionelle und moderne Führungsstile des Managements im Vergleich: Die besondere Führung im Rettungsdienst*, München, Deutschland: GRIN Verlag.

Kornfield, Jack (2007): Doing the Buddha's Practice, in: *Lion's Roar*, https://www.lionsroar.com/doing-the-buddhas-practice/ [08.07.2019].

Kornfield, Jack (2012): *Bringing Home the Dharma: Awakening Right Where You Are*, Boston (MA), USA: Shambala Publications.

Krüger, Daniel (2017): Die makabre Legende des Aokigahara-Waldes, in: *Welt*, https://www.welt.de/reise/Fern/article162864227/Die-makabre-Legende-des-Aokigahara-Waldes.html [08.06.2019].

Kutzbach, Cajo (2007): Das Phänomen der Empathie, in: *Deutschlandfunk*, https://t1p.de/0cde [11.09.2019].

Laloux, Frederic (2015): *Reinventing Organizations: Ein Leitfaden zur Gestaltung sinnstiftender Formen der Zusammenarbeit*, München, Deutschland: Franz Vahlen.

Layard, Richard (2005): *Happiness: Lessons from a New Science*, New York (NY), USA: Penguin Press.

Lechter, Sharon (2019): *Napoleon Hills »Denke nach und werde reich« mit Best-Practice-Beispielen von über 300 erfolgreichen Frauen: Der Weltbestseller neu interpretiert von Sharon Lechter*, München, Deutschland: Ariston.

Lehner, Sabine (2015): Psychodynamische Aspekte der Führung, in: *Change Leadership: Systemtheorie und Emotionsmanagement als Säulen der Führungsarbeit*, Wiesbaden, Deutschland: Springer Fachmedien, o. S.

Lencioni, Patrick (2002): *The Five Dysfunctions of a Team: A Leadership Fable*, Hoboken (NJ), USA: Wiley.

Luczak, Hania (2016): Neurologie: Wie der Bauch den Kopf bestimmt, in: *GEO.de*, https://www.geo.de/wissen/13364-rtkl-neurologie-wie-der-bauch-den-kopf-bestimmt [14.08.2019].

Lungtok Ling (2019): *H. H. Menri Trizin 33rd, Oral teaching on Atri, 2004*, Facebook Eintrag vom 3.10.2019.

Lyubomirsky, Sonja (2018): *Glücklich sein: Warum Sie es in der Hand haben, zufrieden zu leben*, 2. Aufl., Frankfurt am Main, Deutschland: Campus Verlag.

Mächler, Eric-Oliver (2018): Netflix – die neueste Statistik, in: *Chefblogger*, https://www.chefblogger.me/2018/07/20/netflix-die-neueste-statistik/ [15.11.2019].

Marturano, Janice (2015): *Mindful Leadership: Ein Weg zu achtsamer Führungskompetenz*, Freiburg, Deutschland: Arbor.

Meck, Georg (2018): Egomanen bevölkern die Chefetagen, in: *F.A.Z. Schulportal*, https://t1p.de/a8x4 [18.06.2019].

Mikkelson, David (2001): Special Olympics Linked Arms Race Finish, in: *Snopes*, https://t1p.de/u3yb [05.09.2019].

Mingyur Rinpoche, Yongey (2007): *Buddha und die Wissenschaft vom Glück:*

Ein tibetischer Meister zeigt, wie Meditation den Körper und das Bewusstsein verändert, München, Deutschland: Wilhelm Goldmann Verlag.

Mind Tools Content Team (o. J.): Level 5 Leadership: Achieving »Greatness« as a Leader, in: *MindTools*, https://www.mindtools.com/pages/article/level-5-leadership.htm [05.09.2019].

Morad, Natali (2017): How To Be An Adult – Kegan's Theory of Adult Development, in: *medium.com*, https://t1p.de/uyj3 [29.07.2019].

Moss Kanter, Rosabeth (2009): *Supercorp: How Vanguard Companies Create Innovation, Profits, Growth, and Social Good*, New York (NY), USA: Crown Business.

Nachhaltigkeitsziele (2019): in: *Ritter Sport*, https://www.ritter-sport.de/de/familienunternehmen/nachhaltigkeit/RITTER-SPORT-Nachhaltigkeitsziele/ [15.07.2019].

Narbeshuber, Ester / Johannes Narbeshuber (2019): *Mindful Leader: Wie wir die Führung für unser Leben in die Hand nehmen und uns Gelassenheit zum Erfolg führt*, München, Deutschland: O. W. Barth.

Neurotransmitter (2007): in: *Universität Trier*, https://t1p.de/xhqu [09.07.2019].

Nolen-Hoeksema, Susan / Christopher G. Davis (2002): Positive responses to loss: Perceiving benefits and growth, in: *PsycNET*, https://psycnet.apa.org/record/2002-02382-043 [19.07.2019].

Nolen-Hoeksema, Susan / Shane J. Lopez (2002): Positive responses to loss: Perceiving benefits and growth, in: C. R. Snyde / S. J. Lopez (Hrsg.), *Handbook of positive psychology*, Oxford, UK: Oxford University Press, S. 598 – 606.

Oman, Douglas / Dwayne Reed (1998): Religion and mortality among the community-dwelling elderly, in: *American Journal of Public Health*, Jg. 88, Nr. 10, S. 1469 – 1475, doi: 10.2105/ajph.88.10.1469.

Ott, Ulrich (2010): *Meditation für Skeptiker: Ein Neurowissenschaftler erklärt den Weg zum Selbst*, München, Deutschland: Barth.

Penzel, Joachim / Martin-Luther Universität Halle-Wittenberg (o. J.): Grundlagen der Integralen Entwicklungstheorie, in: *Integrale Kunst Pädagogik*, http://www.integrale-kunstpaedagogik.de/assets/ikp_it_wilber3.pdf [10.07.2019].

Peterson, Christopher (2000): The future of optimism, in: *American Psychologist*, Jg. 55, Nr. 1, S. 44–55, doi: 10.1037/0003-066x.55.1.44 [10.12.2019].

Pink, Daniel H. (2010): The surprising truth about what motivates us [Video], in: *YouTube*, https://www.youtube.com/watch?v=u6XAPnuFjJc&feature=youtu.be [15.08.2019].

Planck, Max (1949): *Max Planck Vorträge Reden Erinnerungen*, Berlin, Deutschland: Springer-Verlag.

Pollner, Melvin (1989): Divine relations, social relations, and well-being, in:

Journal of Health and Social Behavior, Jg. 1989, Nr. 30, S. 92–104, https://psycnet.apa.org/record/1989-36490-001.

Przybylski, Andrew K. / Netta Weinstein (2012): Can you connect with me now?: How the presence of mobile communication technology influences face-to-face conversation quality, in: *Journal of Social and Personal Relationships*, Jg. 30, Nr. 3, S. 237–246, doi: 10.1177/0265407512453827.

Pütter, Christiane (2019): Wie Levis eine Jacke mit Google entwickelte, in: *CIO von IDG*, https://www.cio.de/a/wie-levis-eine-jacke-mit-google-entwickelte,3589731 [23.08.2019].

Reams, Jonathan (2017): An overview of adult cognitive development research and its application in the field of leadership studies, in: *Behavioral Development Bulletin,* Vol 22(2), Jg. 2017, Oktober, S. 334–348.

Redaktion (2009): Wie viele Neurone stecken im Gehirn?, in: *Hamburger Abendblatt*, https://www.abendblatt.de/ratgeber/wissen/article107575383 [10.07.2019].

Romhardt, Kai (2011): *Slow down your life: Vom Glück der Gelassenheit*, Berlin, Deutschland: Edition Steinrich.

Romhardt, Kai (2014): Achtsamkeit im Arbeitsalltag 2014, Kalender, in: *Dr. Kai Romhardt*, www.romhardt.de [14.08.2019].

Romhardt, Kai (2017): *Achtsam wirtschaften: Wegweiser für eine neue Art zu arbeiten, zu kaufen und zu leben*, Freiburg, Deutschland: Herder.

Rooke, David / William R. Torbert, (2005): Seven Transformations of Leadership, in: *Harvard Business Review*, Jg. 2005, Nr. 4, o.S., https://hbr.org/2005/04/seven-transformations-of-leadership.

Rosenberg, Larry (1998): *Breath by Breath: The Liberating Practice of Insight Meditation*, Boulder (CO), USA: Shambhala Publications.

Sammut, Kristina (2014): Transformative learning theory and coaching: Application in practice, in: *International Journal of Evidence Based Coaching and Mentoring*, Jg. 2014, Nr. 8 (SpecIssue), S. 39–53.

Sandy (2012): Thank You for Everything, in: *Unity of Fairfax*, https://www.unityoffairfax.org/blog/revsandy/12/09/2012 [19.08.2019].

Schein, Edgar H. (2016): *Organizational Culture and Leadership*, 5. Aufl., Hoboken (NJ), USA: Wiley & Sons.

Scheuerer, Patrick (2015): Holacracy und Reflexive Praxis, in: *Xpreneurs*, https://xpreneurs.co/holacracy-und-reflexive-praxis/ [12.07.2019].

Schneider, Iris K. / Anita Eerland / Frenk van Harreveld / Mark Rotteveel / Joop van der Pligt / Nathan van der Stoep / Rolf A. Zwaan (2013): One Way and the Other, in: *Psychological Science*, Jg. 24, Nr. 3, S. 319–325, doi: 10.1177/0956797612457393.

Schulze Buschoff, Karin (2002): Die Flexibilisierung der Arbeitszeiten in der Bundesrepublik Deutschland, in: *Bundeszentrale für politische Bildung (bpb)*, https://www.bpb.de/apuz/25662/die-flexibilisierung-der-arbeitszeiten-in-der-bundesrepublik-deutschland?p=all [22.08.2019].

Seliger, Ruth (2014): *Positive Leadership: Die Revolution in der Führung*, Stuttgart, Deutschland: Schäffer-Poeschel.

Seligman, Martin E. P. (2005): *Der Glücks-Faktor: Warum Optimisten länger leben*, Köln, Deutschland: Bastei Lübbe.

SPIEGEL Online (brt/dpa) (2019): Keine Lust auf Karriere: Viele Arbeitnehmer wollen nicht ins Management, in: *SPIEGEL Online*, https://t1p.de/9d85 [23.09.2019].

Spitzer, Manfred (2002): *Lernen: Gehirnforschung und die Schule des Lebens*, Heidelberg, Deutschland: Spektrum Akademischer Verlag.

Staehle, Wolfgang / Peter Conrad (Hrsg.) (1994): *Management: Eine verhaltenswissenschaftliche Perspektive*, München, Deutschland: Franz Vahlen.

Stippler, Maria / Sadie Moore / Seth Rosenthal / Bertelsmann Stiftung, Gütersloh (2010): Führung: Ansätze – Entwicklungen – Trends, Teil 1: Erste Ansätze, in: *DGFP*, https://t1p.de/tc4d [05.07.2019].

Suzuki, Shunryū (2006): *Zen Mind, Beginner's Mind: Informal Talks on Zen Meditation and Practice*, Boulder (CO), USA: Shambhala Publications.

Timmermann, Manfred (Hrsg.) (1977): *Personalführung: Führungsstil, Motivation, Mitbestimmung*, Stuttgart, Deutschland: Kohlhammer.

Todaro, Michael P. / Stephen Smith (2003): *Economic Development*, 11. Aufl., Upper Saddle River (NJ), USA: Prentice Hall.

Tolle, Eckhart (2011): *Jetzt!: Die Kraft der Gegenwart*, 3. Aufl., Bielefeld, Deutschland: Kamphausen.

Topmanager trennen sich häufig von ihren Ehepartnern. Der Abschied von Frau (oder Mann) kann sehr unangenehm und teuer werden – es sei denn, ein paar Regeln werden beherzigt. (2012): in: *Manager Magazin*, https://heft.manager-magazin.de/MM/2012/12/89624153/index.html [01.08.2019].

Trigema (2019): Code of Conduct – der Verhaltenskodex bei TRIGEMA, in: *Trigema*, https://www.trigema.de/nachhaltigkeit/code-of-conduct/ [25.09.2019].

Trompenaars, Fons / Ed Voerman (2009): *Servant-Leadership across cultures*, Oxford, UK: Infinite Ideas.

UNHCR Deutschland (2019): Statistiken, in: *UNHCR*, https://www.unhcr.org/dach/de/services/statistiken [29.11.2019].

Universitätsklinikum Hamburg-Eppendorf (2008): Auch Gehirne älterer Menschen können noch wachsen: Veröffentlichung im »Journal of Neuroscience«, in: *UKE News*, Jg. 2008, August, S. 15, https://www.uke.de/dateien/einrichtungen/unternehmenskommunikation/dokumente/ukenews/2008/ukenews_august_2008.pdf.

van de Wetering, Janwillem (2012): *Der leere Spiegel: Erfahrungen in einem japanischen Zen-Kloster*, Hamburg, Deutschland: Rowohlt.

Vincent, Nicola C. (2014): Adelaide Research & Scholarship: Evolving consciousness in leaders: promoting late-stage conventional and post-conventional development, in: *The University of Adelaide*, https://digital.library.adelaide.edu.au/dspace/handle/2440/87864 [05.07.2019].

Watkins, Alan (2014): *Coherence: The secret science of brilliant leadership*, London, UK: Kogan Page.

Watkins, Alan (2015): *4D Leadership: Competitive Advantage Through Vertical Leadership Development*, London, UK: Kogan Page.

Wellnitz, Jeanne (2018): Der Chef von Morgen ist ein Liebender, in: *Human Resources Manager*, https://www.humanresourcesmanager.de/news/der-chef-von-morgen-ist-ein-liebender.html [15.08.2019].

Wilber, Ken (2007): *A Theory of Everything: An Integral Vision for Business, Politics, Science and Spirituality*, Boulder (CO), USA: Shambhala Publications.

Wilber, Ken (2009): *Integrale Vision: Eine kurze Geschichte der integralen Spiritualität*, München, Deutschland: Kösel.

Winter, Jörn (Hrsg.) (2008): *Handbuch Werbetext: Von guten Ideen, erfolgreichen Strategien und treffenden Worten*, Frankfurt am Main, Deutschland: Deutscher Fachverlag.

Wiseman, Richard (2015): *Rip it Up: Forget positive thinking, it's time for positive action*, London, UK: Pan Books.

Wolff, Philip (2015): »Wolfgang Amadeus war kein Wunderkind«, in: *Süddeutsche Zeitung*, https://www.sueddeutsche.de/wissen/musiker-wolfgang-amadeus-war-kein-wunderkind-1.589438 [28.11.2019].

Wolter, Ute (2019): Gallup Engagement Index 2019: Jeder sechste Mitarbeiter hat innerlich gekündigt, in: *Personalwirtschaft*, https://www.personalwirtschaft.de/fuehrung/artikel/deutsche-arbeitnehmer-bemaengeln-fehlende-unterstuetzung-bei-digitaler weiterbildung.html [29.11.2019].

Wright, Robert (2018): *Warum Buddhismus wirkt: Die Wissenschaft und Philosophie von Meditation und Erleuchtung*, München, Deutschland: Lotos.

Yeh, Chris (2018): CS183C Session 16: Reed Hastings, in: *Medium*, https://medium.com/cs183c-blitzscaling-class-collection/cs183c-session-16-reed-hastings-4e1058d2439f [22.08.2019].

Zeit Online (2013): Berlin: Der Sound von Istanbul, in: *ZEIT Online*, 28.8.2013, https://www.zeit.de/heimat/berlin/goeroglu/komplettansicht.

Zenger, Jack / Joe Folkman / Scott K. Edinger (2019): How Extraordinary Leaders Double Profits, in: *zengerfolkman.com*, https://zengerfolkman.com/white-papers/how-extraordinary-leaders-double-profits/ [28.11.2019].

Zhong, Chen-Bo / Katie Liljenquist (2006): Washing Away Your Sins: Threatened Morality and Physical Cleansing, in: *Science*, Jg. 313, Nr. 5792, S. 1451–1452, doi: 10.1126/science.1130726.

Danksagung

Mein besonderer Dank gilt Eva, die mich bei der Arbeit an diesem Buch immer wieder kritisch hinterfragt, mich bei den Recherchen unterstützt und mir mit ihrem Wissen wichtigen Input geliefert hat. Ohne sie, ihren Zuspruch und ihre Liebe wäre dieses Buch nie entstanden.

Zutiefst dankbar bin ich überdies meinem Meditationslehrer, dem Harvard-Professor Daniel Brown. Er hat mich in geistige Territorien und zu Einsichten geführt, die zu erreichen ich in diesem Leben nicht für möglich gehalten hätte. Mein Dank geht auch an meine tibetischen Lehrer H. H. Menri Trizin 33rd, Geshe Sonam Gurung und Tulku Rinpoche.

Auf meinem spirituellen Weg vorangebracht haben mich überdies die Diamond-Approach-Lehrer Hameed Ali – besser bekannt unter seinem Autorennamen A. H. Almaas – sowie Jeanne Rosenblum und Sandra Maitri. Auch ihnen danke ich aus vollem Herzen.

Mein Dank gilt überdies meinen Lehrern in den innovativen Ansätzen des Vertical Leadership Development. Ganz besonders verbunden fühle ich mich dem Harvard-Professor Robert Kegan, der mich mit seinem Wissen und seinem Witz immer wieder inspiriert. Mein aufrichtiger Dank gilt zudem Mariana Bozesan, Professor Jonathan Reams und Barrett Brown für ihren wertvollen Input.

Schließlich danke ich allen Leadern, die sich schon mit mir auf die große Reise der Transformation begeben haben oder die es in der Zukunft noch tun werden.

Stichwortverzeichnis

Über den Autor

Nicholas Pesch (München) kennt beide Welten – die des Topmanagements und die der Meditation und Spiritualität. Als langjähriger Manager trug er Verantwortung für mehr als 1000 Mitarbeiter, als Sinnsucher praktiziert er seit über 20 Jahren intensiv Meditation.

Seine These: Wenn es gelingt, die Welt des Business und die der Spiritualität zu versöhnen, können wir auch im hektischen Alltag Sinn, Ausgeglichenheit und Freude erfahren und zugleich wirtschaftlich erfolgreich sein.

Mit seinem Ansatz *Mind Movement Mastery* verbindet er Elemente aus Vertical Development, Meditation und Embodiment. Als Top Executive Coach, Unternehmensberater und Speaker unterstützt der studierte Sozialwissenschaftler damit Entscheider und Führungskräfte rund um den Globus.

www.transformationbeyond.com